中国龟鳖
疾病诊治原色图谱

章 剑 著

海洋出版社

2017年·北京

内容提要

权威解析龟鳖病害，大量案例为您解惑；调节平衡对因诊治，为您带来经济效益。本书图文并茂，系统完整，内容创新。重点讲述77种常见性、疑难性和应激性龟鳖疾病的对因诊治，详细介绍龟鳖疾病的检索方法，生态防病与免疫防病等关键技术，龟鳖药物与食品安全方面的知识。强调生态平衡理念，通过生物修复治愈疾病。大量实例和原色图片，使读者一目了然，从书中找到需要的知识。实用性、新颖性和创造性是本书的一大亮点，对因治疗是目前最为核心的技术，很多对疑难杂症疗效显著的药方首次公开。本书是我国目前最具权威的龟鳖疾病防治工具书，具有很高的阅读价值和收藏价值。

图书在版编目(CIP)数据

中国龟鳖疾病诊治原色图谱 / 章剑著. — 北京 : 海洋出版社, 2016.12

ISBN 978-7-5027-9663-1

Ⅰ. ①中… Ⅱ. ①章… Ⅲ. ①龟属－动物疾病－防治－中国－图解②鳖－动物疾病－防治－中国－图解 Ⅳ. ①S947.1-64

中国版本图书馆CIP数据核字(2016)第303302号

责任编辑：高显刚　杨　明
责任印制：赵麟苏

海洋出版社 出版发行
http://www.oceanpress.com.cn
北京市海淀区大慧寺路 8 号　邮编：100081
北京朝阳印刷厂有限责任公司印刷　新华书店北京发行所经销
2017年1月第1版　2017年1月第1次印刷
开本：787mm × 1092mm　1 / 16　印张：19.75
字数：321千字　定价：200.00元
发行部：62132549　邮购部：68038093　总编室：62114335

前　言

目前龟鳖病害发生的种类增多，病情变得更加复杂，疑难性和应激性疾病不断有新的发现。本书介绍龟鳖病害77种，包括常见病17种、疑难病27种和应激病33种。那么关键问题出在哪里？为什么会有这么多疾病发生？怎样做好预防和治疗工作？一旦发病，我们采取怎样的应对措施？

一. 龟鳖为什么会发病？

鳖的皮肤直接包裹着机体，柔软的皮肤容易受到外来因子的袭击，造成皮肤损伤，为病原体打开感染和侵袭的大门。龟类好一点，它有盾片保护机体，皮肤裸露少一些，但也会因环境中各种因子的侵害，引起腐甲、穿孔等疾病的发生。龟鳖的外表仅仅是一方面，病从口入也是致病因素，一些变质食物通过摄食，进入龟鳖消化道，会引起肠胃炎和脂肪代谢不良症等疾病。应激引起的疾病，已变得常见，温差、转群、运输、冲洗和操作不当等都会引发各种类型的应激综合征。

二. 如何预防龟鳖疾病？

疾病是生态系统失衡的表现。龟鳖发病本质上是由于其生态系统失去平衡所致。如果想避免龟鳖发病，必须要注意生态平衡。龟鳖无时无刻不处在动态的平衡之中，如果环境、病原、应激等因子打破了龟鳖生态平衡，就会发生各种疾病。龟鳖的平衡包括龟鳖与环境之间的体外平衡，同时包括体内平衡。体外平衡中包括藻相平衡、菌相平衡，体内平衡包括微生态系统平衡、电解质平衡等。因此，我们在进行龟鳖养殖时，每天都要注意生态平衡，不平衡就会发病，体内平衡受到威胁就会产生应激，那么平衡就是我们龟鳖养殖中的技术核心。调节平衡，是预防龟鳖发病的关键。

三. 怎样诊治龟鳖疾病?

龟鳖一旦发病，就要诊治。诊断是针对龟鳖的症状来诊断还是查出发病原因进行诊治呢？一般我们看到的是表面症状，普遍采用对症治疗。然而，核心技术是治本，必须查明发病原因，进行对因治疗，这样治愈后的疾病就不会再发生。从症状上看，有细菌性、病毒性、真菌性和寄生性疾病等，但是从病因上查，就会发现有常见性、疑难性和应激性，不同的思路，会采取不同的对应措施。以防为主，积极治疗，查出病因，正确治疗。根据对因治疗的新思路，逐渐形成新的核心技术，笔者通过大量病例临床实践，总结对因诊治的新方法，在本书中与大家分享。具体的治疗方法，包括浸泡、泼洒、注射和口服药物等，此外，有生态调控、免疫防病和动物福利等方法可供选择。

四. 为什么要进行对因诊治?

笔者强调对因诊治而不是对症诊治，这是长期实践中摸索出来的核心技术。龟鳖疾病是生态系统失衡的表现，龟鳖的应激是内平衡受到威胁的结果。

1. 对因诊断

如果从表面上看，引起龟鳖疾病的主要病原是细菌、真菌、病毒和寄生虫，那么，我们遇到龟鳖生病，一般思路就是去检测病原，化验水样，弄清了病原，再做药敏试验，找到有效药物，问题就得到解决了。其实，这样做是传统的思维模式，不能解决问题，按照这样的程序做一遍下来，龟鳖早就死亡了。这样的思路也找不到真正的发病原因。为什么呢？因为除了上述病原检测，还有其他原因，比如机械损伤、理化因子的影响、营养不良、饲料变质、应激反应等，这些因子都会引起疾病，并导致死亡。比如应激性疾病，应激在前，内脏变性在后，我们只看最后的解剖，肝脏坏了，就是肝病，肺部发炎了就是肺病，而忽视了应激源可能是温差引起，一系列的生物学反应与病理变化所引起的病变只是结果。只简单地检查病原体，有时很难做出正确的诊断。只有同时对环境因子、饲料因素、饲养管理、应激源、疾病发生和流行情况进行调查，做出综合分析，才有可能正确诊断。

2. 对因治疗

龟鳖发病后，找到病因后，对因治疗。选用安全、可靠、方便、优质精准的药物，才能发挥药物作用，收到药到病除的防治效果。有的渔药厂为了推销药物，误导说："龟鳖发病后，先用西药，不行就用中药，再不行用添加剂。"有读者反映，龟鳖发病后用了好多渔药就是不见效果。我们坚决反对滥用药物和乱用药物的现象。对于真菌与细菌并发感染导致的疾病，首先要针对真菌性疾病使用药物，使该病好转或治愈后，再针对细菌性疾病进行用药，次序不可颠倒，这也是核心技术之一。

综上所述，在龟鳖生态系统中，处处要注意系统的平衡。无论是外平衡，还是内平衡，龟鳖与环境和龟鳖体内，这两个生态系统都必须时刻保持动态的平衡状态，只有平衡，才有健康的可能。养殖的精髓是平衡，养殖的目的是高产高效，平衡为生产服务，为龟鳖创造福利。利用生态平衡原理进行生物修复，可以治愈龟病。今天你平衡了吗？希望成为每一位龟鳖养殖者牢记并时刻提醒自己的座右铭。您为龟鳖制造平衡，龟鳖给您带来观赏价值和效益报酬；您感恩龟鳖，它们会为您带来成就感和快乐。

本书图文并茂，完整、系统地讲述77种常见病、疑难性和应激性龟鳖疾病的对因诊治，详细介绍龟鳖疾病的检索方法，生态防病与免疫防病等关键技术，龟鳖药物与食品安全方面的知识。大量实例和图片，使读者一目了然，很多对疑难杂症疗效显著的药方首次公开，从书中能找到您需要的知识，实用性、新颖性和创造性是本书的一大亮点，对因治疗是目前最为核心的技术。本书具有很高的阅读价值和收藏价值，希望能成为广大读者爱不释手的工具书。作者愿意倾听您的反映，用心与您沟通，我们一起努力，为推动中国龟鳖业的健康发展做出贡献。

章 剑

目 录

第一章　龟鳖为什么会生病……1

第一节　按照传播途径分析……2

一、环境……2

二、病原……3

三、宿主……4

第二节　按照养殖过程分析……6

一、环境因素……6

二、饲料因素……8

三、应激因素……10

第三节　按照平衡原理分析……13

一、体内平衡……14

二、体外平衡……14

三、营养平衡……16

第二章　龟鳖疾病预防……19

第一节　药物防病……20

一、什么是药物……20
二、使用方法……20
三、常用药物……21
第二节　免疫防病……25
一、免疫机理……25
二、免疫接种……26
三、免疫实例……28
第三节　生态防病……29
一、平衡法……30
二、调控法……31
三、修复法……36

第三章　龟鳖疾病检索……39

第一节　检索表的原理和使用方法……50
一、检索表的种类……50
二、检索表的优缺点……52
三、检索表的使用方法……52

第二节　龟病检索表……53
第三节　鳖病检索表……55

第四章　龟鳖疾病诊断……57

第一节　现场诊断……58
第二节　远程诊断……63
一、什么是远程诊疗……63
二、诊疗的具体方法……63
三、远程诊疗实例……64
第三节　龟鳖疾病的调查……66
一、现场调查……67
二、目检……68
三、镜检……68
四、血清学鉴定……68
五、病原分离……70
六、高免血清制作……71
七、高免血清的应用……72

第五章　龟鳖疾病治疗……73

第一节　常见性疾病……74
一、常见性龟病……74
二、常见性龟鳖病……90

第二节 疑难性疾病……95
一、龟类疑难性疾病……95
二、鳖类疑难性疾病……134
第三节 应激性疾病……142
一、龟应激性疾病……146
二、鳖应激性疾病……209

第六章 龟鳖健康养殖管理……221

第一节 种苗健康……222
一、种苗引进……222
二、种苗繁殖……227
三、种苗培育……229
第二节 环境整洁……232
一、如何创造良好的生态环境……233
二、不良环境引起的疾病……235
三、放养前的消毒措施……236
第三节 水源卫生……236
一、为什么水源卫生对龟鳖养殖重要……237
二、建立新场如何对水源水质进行检测……237
三、养殖过程中如何调节水质……238
第四节 饲料营养……240
一、植物性饲料……240
二、动物性饲料……241

三、配合饲料……242

第五节　生态平衡……245

一、什么是生态……245

二、什么是生态学第一定律……246

三、什么是疾病……247

第七章　龟鳖药物与食品安全……249

第一节　控制养殖过程……250

一、食品安全关系到人民群众的健康……250

二、从养殖过程把控食品安全……254

三、做好龟鳖食品安全工作……256

第二节　提高品牌效应……257

一、香港的“绿洲”经验……257

二、实施品牌战略提高龟鳖附加值……258

第三节　安全质量追溯……260

一、龟鳖质量安全追溯带来可观效益……260

二、龟鳖出口申报需要的材料……261

三、对不合格品控制的规定……262

附录　读者反馈……264

参考文献……301

后记……302

第一章

龟鳖为什么会生病

龟鳖为什么会生病，一直是广大读者关心的问题。我们在养殖过程中，常常会被各种龟鳖疾病所困扰，很多时候却找不到发病原因，一些疾病外表无任何症状。比如，广西钦州市灵山县的读者黄寿山来电询问，他养殖的一只台湾黄缘盒龟死之前还摄食的，怎么就突然死亡了呢？笔者经过分析，帮助他找到了原因。原来，这只龟摄食后爬到其他龟背上玩，滚下来，跌进水里，四脚朝天，龟想翻身，将头部抵住有 5 厘米水深的池底，不断挣扎，呛水，长时间翻不过来，产生呛水型恶性应激，造成突发死亡。这样的龟死亡后，外表无任何症状。

第一节　按照传播途径分析

龟鳖发病后，人们总想找到真正的原因，以便采取对应的防治措施，解决问题。疾病发生的原因有多种，但主要致病因素可以加以归纳、总结出来。比如按照传播途径分析，环境、病原体和宿主自身三因素相互影响、相互作用就会产生疾病（图 1-1）。在诊断和治疗中，必须考虑这些关系，以便找到病因，对症治疗。

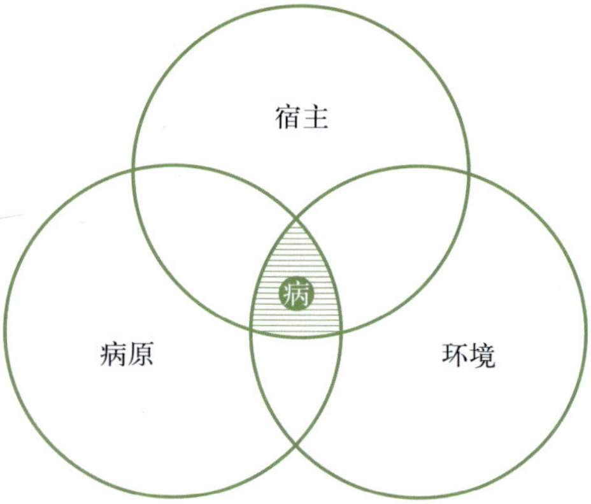

图1-1　疾病的发生与病原体、宿主和环境条件之间的关系

一、环境

无论是陆生环境，还是水生环境，在外界环境中，龟鳖的种类、种群密度、饵料、光照、水温、盐度、溶解氧、酸碱度以及其他水质情况，都与病原体的繁衍及其传播有关，影响着宿主的生理状况和抗病能力。龟鳖疾病的发生，可以是单因子，也可以是多因子混合作用，这些病因具有相互促进的作用（图 1-2 至图 1-5）。

图1-2　乌龟养殖池水质恶化

图1-3　鳄龟养殖池蓝藻水华

图1-4　山瑞养殖池水质恶化（甘日志提供）

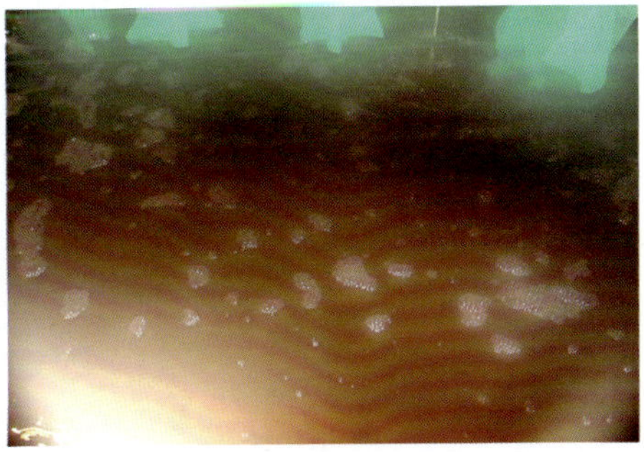

图1-5　温室养鳖水质恶化（蔡佳佳提供）

二、病原

病原体在空气中，陆生环境里，或养殖水体内，无处不在，当病原体在宿主上达到一定的数量时，才能使宿主致病。也就是说，当病原体侵入宿主后，开始增殖，达到一定数量后，宿主就会表现症状，从病原体侵入宿主到宿主显现症状这段时间叫作潜伏期。龟鳖从潜伏到症状显现，时间一般为 2 个月左右。所以当您看到症状时，常常龟鳖疾病已经到了晚期，因此要制定预防计划和检疫计划，防病于未然（图 1-6 至图 1-9）。

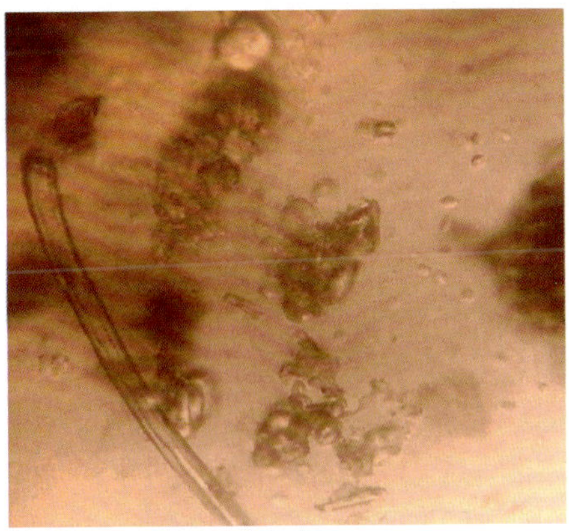

图1-6　显微镜下检测到黄缘龟粪便中的梨形鞭毛虫（小鱼儿提供）

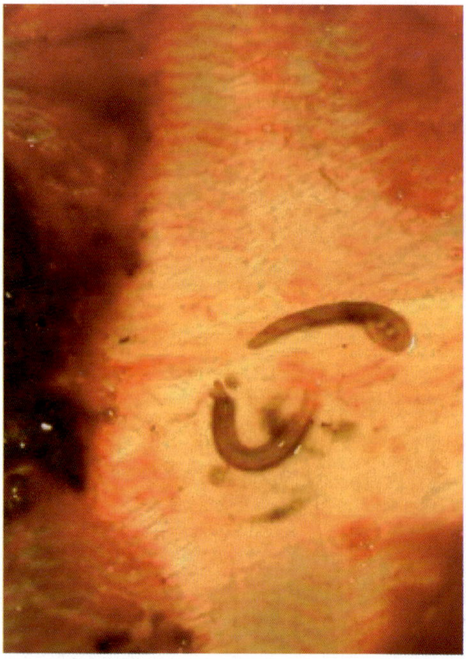

图1-7　凹甲陆龟胃里线虫（笨儿笨提供）

图1-8　石龟原虫（胡锦龙提供）

图1-9　台缘体表上寄生的蜱虫（钟婉兰提供）

三、宿主

如果环境有利于病原体传播，病原数量已达到宿主致病的数量，此时宿主是否得病，还要看宿主的抵抗力，也就是宿主的健康状况与敏感性。宿主的免疫力、遗传性质、生理状况、营养条件、年龄和生活环境等，都能影响宿主对病原体的敏感性。如果龟鳖免疫抵御能力较强，相应地就能抵御不良环境的影响，不易得病；反之，就容易发病。如果龟鳖具有遗传缺陷，如畸形等，或是运输、人为操作不当致其受伤，就容易受到病原体感染。饲料中的营养如果不能满足龟鳖的最低需要，就会瘦弱，抗病力降低，这时就会表现症状，比如萎瘪病。成熟的个体因其免疫系统发育完善，对于疾病的抵抗力较强（图 1-10 至图 1-13）。

图1-10　石龟苗水霉病

图1-11　中华鳖萎瘪病

图1-12　锦龟腐皮病

图1-13　鳖肺部感染变黑

第二节　按照养殖过程分析

对于龟鳖为什么会生病？从不同的角度分析，会得出不同的结果。按照养殖过程分析，笔者认为环境、饲料和应激是龟鳖发病的三个重要因素，在龟鳖疾病诊断时具有指导性意义。在长期的实践中，通过这三个因素的分析，很快能找到发病原因，从而做出对因治疗方案，可以解决困扰养殖者的疾病问题。

一、环境因素

在养殖过程中，龟鳖离不开环境，这是龟鳖赖以生活、生长和繁殖的地方，无论是陆龟、半水龟以及水生龟鳖类，无时无刻不受环境因素的制约，环境的好坏直接影响龟鳖的繁育和生长。当龟鳖转群后，对新的环境一时不能适应，龟鳖会自身调节，让应激成为良性，通过静养和改善环境，最终适应下来。野生龟鳖转为人工养殖，温室龟鳖转移到露天池进行常温养殖，都会遇到环境的适应问题。黄缘盒龟需要散光环境，鳖需要晒背，喜欢阳光，各类品种对环境都有不同的要求。陆生环境主要是注意环境整洁和小气候稳定，水环境关键是阴阳离子的平衡，各种营养盐之间需要电解质的平衡，酸碱度需要平衡并缓冲成中性偏碱性的环境，有利于龟鳖在舒适的环境中，取得最大的成长度和繁殖效率（图 1-14 至图 1-17）。

图1-14　浙江金大地集团饲料公司连片生态养鳖池

图1-15　广东顺德李广源黄缘盒龟养殖池

图1-16　广东茂名杨火廖金钱龟大楼养龟池

图1-17　广东顺德俊辉花木龟鳖养殖场

二、饲料因素

病从口入，这是一个很浅显的道理。医院在夏天最繁忙的科室是肠道科，由于夏天食品容易变质，人吃了变质的食物之后，就容易发生肠胃炎。在龟鳖养殖中，我们常常投喂新鲜的动物饵料，有的一下子吃不了，会放在冰柜中保存，下次再用，由于解冻不彻底，龟鳖食用后会发病。就是买回来的饵料鱼类，有的已经变质，比如草鱼的鳃已经腐烂发白，也被收购进来，仅仅经过清水冲洗，给龟鳖投喂，就会引发疾病。养殖鳄龟的读者都知道，鳄龟泄殖孔中流出白色果冻便，那是典型的肠胃炎症状。在养鳖场，常常见到食台上投喂过多的饵料，吃不完的残饵堆积在上面，在太阳的暴晒下很容易变质，如果不及时清除，被鳖食用，会发病。有时龟主外出，家人帮助养龟，忘记换水，水质变脏变臭，龟摄食了残饵并喝下脏水，龟会全身浮肿，眼睛睁不开，四肢无力，这些现象是因管理不当，是病从口入的病例。饲料不仅要卫生，还要有营养，如果营养不够，龟鳖长期摄食后，会引发各种营养性疾病，如果鳖长期缺少维生素，有可能会出现白底板病，恶性应激当然也能发生白底板病，主要是体质下降，导致各种病原入侵。饲料中的电解质不平衡，会造成龟的肝脏囊肿等症状。所以，饲料在生产中尤其要重视，每天龟鳖的生长和繁育都离不开饲料。笔者在浙江松阳就曾见到巴西龟在养殖中由于主人为节省成本，少投饲料，结果养殖出来的巴西龟幼龟十分清瘦，卖出去不久便造成大批死亡。如果超量投喂和使用了变质的高脂肪饲料，也会造成变性脂肪毒素在体内的大量积存，致使肝脏及胰脏中毒，代谢失调。病龟行动迟缓，常浮于水面，食欲降低，最后拒食死亡。病重时腹部散发出臭味，肝脏变黑，肿大，表皮出现水肿，四肢根部肌肉无充实感用手按压感觉细软无弹力。解决问题的方法是：不要投喂高脂肪饲料，不要投喂腐烂变质的饲料，在饲料中加入适量的B族维生素、维生素C和维生素E，不要投喂贮存时间过长的干蚕蛹（图1-18至图1-24）。

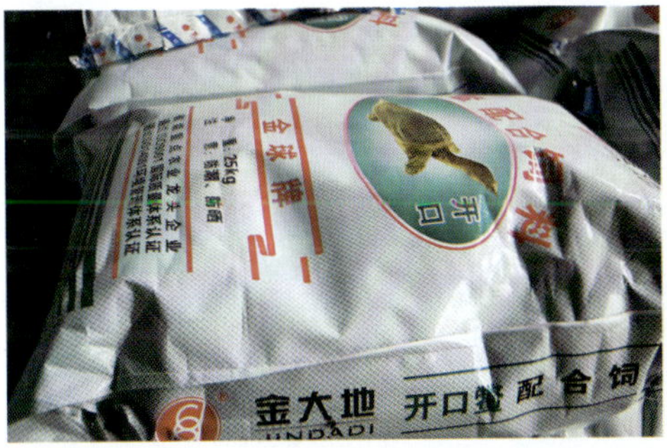

图1-18　高质量的鳖用配合饲料

图1-19　使用福寿螺做黄沙鳖饲料

图1-20　使用鱼类作龟饲料

图1-21　黄额盒龟摄食“金大地”饲料

图1-22　黄缘盒龟喝脏水引起的冬眠综合征

图1-23　笔者治愈的黄缘盒龟喝脏水引起的冬眠综合征

图1-24　笔者治愈的金头闭壳龟过量摄食蚕蛹引起的脂肪代谢不良症

三、应激因素

应激是什么？很多读者可能还没有概念。应激是指龟鳖体内平衡受到威胁所做出的一系列生物学反应。应激原是单因子，也可以是多因子；可以是一次应激，也可以是多次累积应激；既可以是良性应激，也可以是恶性应激。还可分为急性应激和慢性应激。因此，应激变得复杂，难以理解。在生产中，每天都会遇到各种应激，比如转群、运输、冲洗、温差、交配频繁、操作不当等都会引起应激。龟鳖应激后，肾上腺皮质激素会升高，生理开始紊乱，免疫抗病力下降，病原乘虚而入，最终会表现各种症状。有的应激表面无任何症状，发生无名死亡，大多数应激后期解剖发现龟鳖内脏已经变性，肝脏、肺部等变黑，或变成花斑状，这时已是晚期，难以治疗。目前，龟鳖发病中有很大的一部分比例来自应激，因此应激性疾病的诊断与治疗，已迫在眉睫。很多读者遇到应激性疾病束手无策，本书会详细解析并有很多实例奉献给大家，在今后的养殖过程中遇到应激性疾病，就不会害怕了，可以按照科学的方法进行治疗。笔者就遇到过这样的情况，几年前的一天早晨，笔者接到海口读者打来的电话，他养殖的黄缘龟苗，因操作不当，将龟苗清洗后，直接扔进水里，早上扔进去后，晚上就出现死亡现象，怎么会这样呢？原来是龟苗应该通过斜坡自行下水，不可以直接扔进水里，那样会发生呛水型应激综合征（图 1-25 至图 1-34）。因此，笔者反复强调一种观点：不懂应激就不懂养龟，不懂平衡就不懂应激。

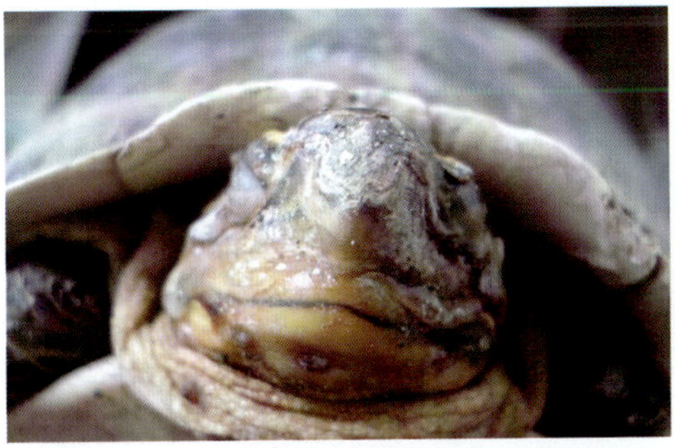

图1-25 应激引起的安布闭壳龟白眼病（爬风提供）

图1-26 应激引起的台缘白眼病（茂名-追提供）

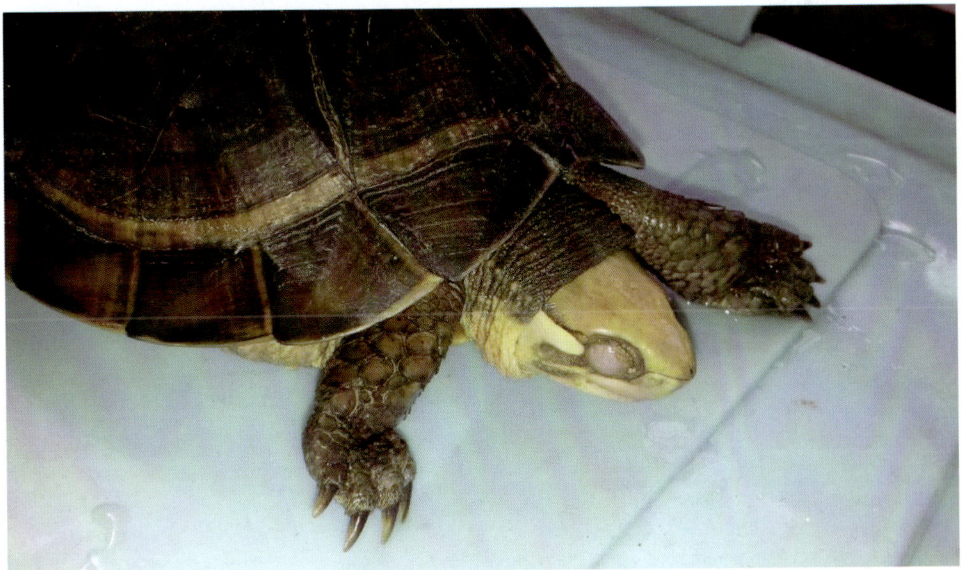

图1-27 应激引起的石龟白眼病（陈永霖提供）

图1-29　应激引起的线安浮水病
（田园村民提供）

图1-28　应激引起的山瑞鳖白眼病
（穆毅提供）

图1-30　应激引起的石龟歪头症
（扒哥提供）

图1-31　应激引起的台缘嘴角冒泡（东莞-文提供）

图1-32 应激引起的石龟张嘴症（渴望提供）

图1-33 应激引起的台缘张嘴症（潜龟则提供）

图1-34 应激引起的巴西龟垂头症（地平线提供）

第三节 按照平衡原理分析

平衡是统领龟鳖养殖技术的核心，是养殖技术的精髓。前面说过，不懂平衡就不懂应激。我们在每天的龟鳖养殖中，最需要关注的是什么呢？是平衡。我们每天都要问自己，今天你平衡了吗？

为什么平衡对于龟鳖养殖如此重要？读者可以想一想，我们遇到的几乎所有的龟鳖疾病，尽管有各种因素引起，但是，最根本的是什么呢？是龟鳖生态系统失衡的表现。平衡包括龟鳖与环境之间的平衡，又包括龟鳖体内微生态系统的平衡。如果说，龟鳖体内体外两个平衡都做到了，那就是健康养殖。平衡还包括饲料营养的平衡，只有营养平衡了，才能满足龟鳖的营养需要，以求得最大的生长速度和繁殖效率，同时龟鳖的品质会得到进一步提升，满足人们对食用性龟鳖的营养需求。温差应激是什么呢？就是在养殖中不注意温差引起的各种应激性综合征，龟白眼病，就与温差应激有关。

一、体内平衡

体内平衡主要是指龟鳖体内消化系统中的菌相平衡；酸碱度平衡，也就是电解质平衡，饲料中的无机盐中的阴阳离子的平衡。在消化系统中保持微生态系统平衡，主要取决于有益菌占有主导地位，有益菌、益生元、合生素，都要朝着有益于微生态平衡的方向进行调节，有益菌群大于有害菌，微生态就处于正向平衡，反之，就会致病。因此，在饲料中有意添加有益菌，同时注意补充益生元，以满足益生菌的营养需求，如果将有益菌和益生元合起来使用，就是使用合生素的微生态制剂，更有利于调节内平衡。在使用微生态制剂时要注意抗生素或抗菌药物不能与有益菌同时使用。如广东江门就出现一起因饲料中电解质不平衡引起的肝脏囊肿，这种病极为罕见，主要因单一投喂动物饲料，造成饲料中的电解质不平衡，要适当喂一些人工配合饲料，补充电解质和多种维生素。龟主反映，病龟主要表现很瘦，很长时间不下水了（图 1-35）。

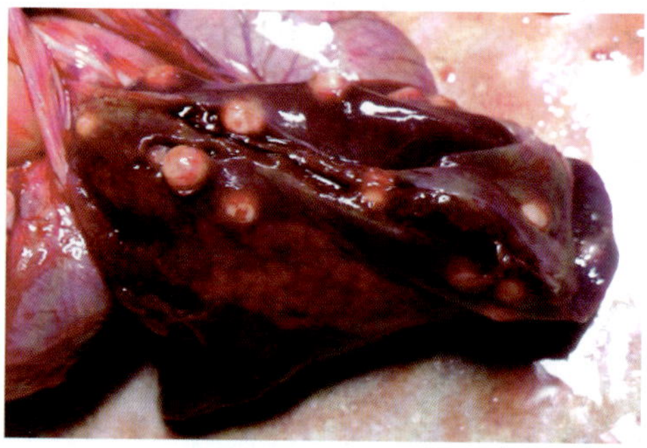

图1-35　电解质不平衡引起的鳄龟肝脏囊肿（江门-欧泽提供）

二、体外平衡

体外平衡对于龟鳖生产来说，具有十分重要的意义。龟鳖与环境之间的关系构成生态系统。龟鳖与外界的温度、光线、氧气、盐度、阴阳离子等之间组成复杂的生态系统，发生物流、能流、信息流和价值流，在这个系统中，必须保持相对的平衡。菌相平衡、藻类平衡、酸碱度平衡和渗透压平衡都是龟鳖与环境之间的动态平衡。维持平衡可以通过人工添加微生态制剂，使用过滤装置净化水质，用植物吸收氮、磷等富营养物质，使用生石灰调节水质，增加水体酸碱度的缓冲性，注意阴阳离子的平衡，保持渗透压的平衡和稳定。环境整洁、水质卫生、不断改善生态环境，根据不同品种对环境的需求，如制造散光环境，高温季节喷雾降温等，都是环境调控的有效手段，目的是促进体外生态平衡。

用有益菌调节生态平衡。EM 复合微生态制剂是目前龟鳖领域广泛应用的微生态制剂。EM 是英语 Effective（有效）和 Microorganisms（微生物群）的缩写，是有效微生物群的简称。EM 菌是日本琉球大学教授比嘉照夫经过 30 多年时间研制出来的新型复合型微生物制剂，它是由光合细菌类、酵母菌类、乳酸菌类、丝状菌类、固氮菌类等 5 个科 10 个属 80 多种有益微生物复合配养而成。EM 在健康龟鳖养殖中的主要作用：有拮抗致病菌的作用；作为饲料添加剂或在池水中泼洒 EM 能改善龟鳖的内、外微生物环境；能分泌活性物质，具有抗氧化作用；能增强生物体的免疫力并能促进生物体对饲料的消化、吸收从而促进生长、发育与繁殖。EM 正确的使用方法：拌饲料投喂。每千克饲料用 EM 3 毫升加糖蜜 3 毫升，如无糖蜜可用红糖水代替，搅拌均匀之后放置半小时左右，促进菌体活化。而后加水稀释拌饲料投喂，若能隔 2 ～ 3 小时后投喂效果更好。水中泼洒。EM 能在 pH 值 3 ～ 12 的水环境中使用，一般防病每立方米水体用 EM 1 ～ 2 毫升，治病应在 10 毫升以上，温室养龟水体，全池泼洒 EM，用量为（5 ～ 10）$\times 10^{-6}$，长期使用，可保持水质清新，龟体健壮，疫病减少。已感染疾病的龟类，用 1:100 倍液浸洗 1 ～ 2 小时，连用 3 天。使用时也应先用等量糖蜜搅拌均匀，放置半小时后加水稀释 100 倍后全池泼洒。使用 EM 期间，不要使用抗生素、生石灰等杀菌剂或抑菌剂，以防产生逆变，影响 EM 使用效果。以上介绍的仅是部分益生菌，目前在市场上已出现很多商用益生菌，在龟鳖养殖实践中可选择使用（图 1-36 和图 1-37）。

图1–36　EM菌可促进龟鳖生态平衡

图1–37　使用EM菌调节养龟水体生态平衡

三、营养平衡

龟鳖生长于繁殖离不开充足的营养，无论是蛋白质、脂肪、碳水化合物、矿物质、微量元素、维生素、免疫增强剂等都要根据龟鳖的营养要求来配置。尤其是氨基酸的配比更需要精确配合龟鳖的营养需求，按照相应的比例进行精确计算和添加。使用正规大厂的配合饲料，氨基酸和电解质平衡的饲料，营养满足需要的饲料，才能养好龟鳖，减少疾病，降低饵料系数，获得较高的饲料利用率。在人工养殖商品龟鳖过程中，可以考虑多使用配合饲料，尽量少使用动物饲料，减轻水质污染，提高饲料利用率，便于水质管理，发病少，成活率高。如果是龟鳖繁殖时，可以适当多添加一些新鲜的动物饲料，保证龟鳖对活性物质的需要，促进性腺发育，提高繁殖效率。如果是采用仿野生养殖模式，可以多使用天然饲料，少使用人工配合饲料。如果进行大众化生产，开发成本低的食用性龟鳖，满足不同层次消费者的需求，就要适当增加配合饲料的比例，甚至全部使用配合饲料，可提高市场竞争力（图 1-38 至图 1-43）。

图1-38 “金大地”龟鳖饲料注重质量检测与营养平衡

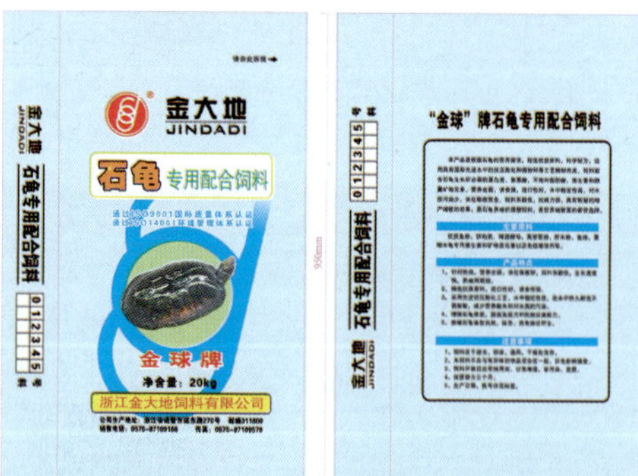

图1-39 笔者参与设计的石龟专用配合饲料

图1-40 石龟不吃鱼只吃“金大地”饲料（陆绍燊提供）

图1-41　安缘喜欢营养平衡的“金大地”配合饲料

图1-42　给黄额盒龟补充植物性饲料

图1-43　林向博金钱龟食谱注重营养平衡

维生素适量使用可以补充龟体需要的营养，提高机体抗应激能力，减少疾病的发生。一般在食物中或水体中添加。如果过量使用，会引起不良症状的发生，比如维生素C过量使用会引起溶血现象发生，严重时会导致龟的死亡。最近，在广东佛山就发生了这样的情况。

2014年12月25日，龟主小白兔反映，她养殖的一只安缘突然鼻孔出血，不到1小时就死了，找不到原因，请求帮助。笔者经过调查发现，龟主的老公每次换水时在饮水池中加维生素B和维生素C，剂量不详，最近龟已进入冬眠，两天前这只龟出来饮水，龟主没有换水，其老公又加维生素十多片，导致维生素C过量使用，出现溶血现象。从解剖的情况看，内出血，腹甲龟板渗出血液，又见肝脏与后肢为胆汁绿色，疑似并发急性胆囊炎，见胆囊明显肿大（图1-44和图1-45）。

初步诊断：过量使用维生素引起的龟体内出血与急性胆囊炎并发。

预防措施：养殖中，在换水时可以添加一些维生素，但注意不可过量。一般每立方米水体每次添加维生素C为3 ~ 5克，最多不超过10克，换水换药。维生素B泼洒浓度应控制在每立方米水体1 ~ 3克，最多不超过5克。

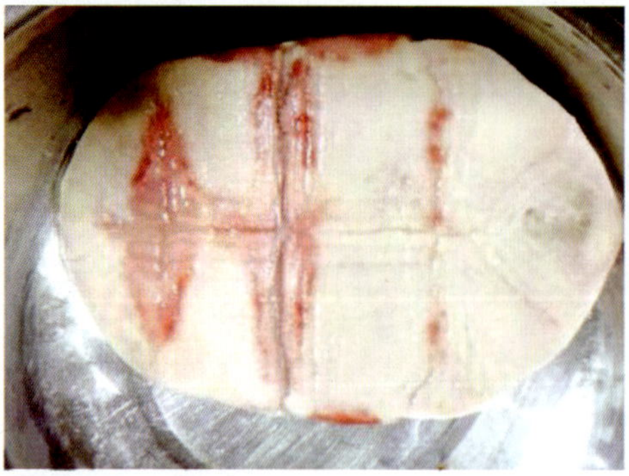

图1-44　过量使用维生素引起的龟板渗血（小白兔提供）

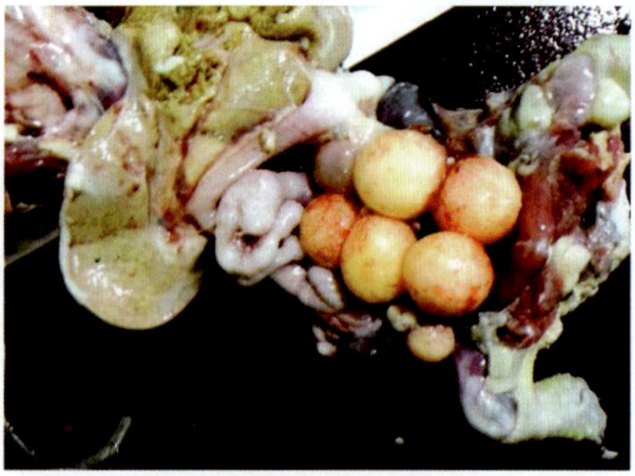

图1-45　维生素过量使用引起的胆汁渗出（小白兔提供）

第二章
龟鳖疾病预防

在龟鳖疾病防治工作中，预防是比较重要的环节。做好疾病的预防，主要是为龟鳖建立良好的生态环境，维持龟鳖体内外动态平衡，当应激原刺激龟鳖时，通过自身调节，变成良性应激，从而避免疾病的发生。防病工作包括生态防病，免疫防病和药物防病，这些方法各有千秋，可根据生产实际需要进行选择。生态防病是比较细致的过程，需要耐心，核心是调节平衡。免疫防病主要是通过添加免疫增强剂，刺激龟鳖机体的免疫功能，并可通过人工疫苗接种，提高免疫抗病力。药物防病是一种常见的方法，通过体内服药或体外用药，杀灭病原微生物和寄生虫，切断病原、环境与宿主之间的传播途径，达到预防疾病的目的。要使用国家允许使用的药物，商品龟鳖上市前需要注意停药期，以防药物残留。

第一节　药物防病

龟鳖疾病防治领域，这是一个大家比较感兴趣的话题。药物预防被广泛应用，在生产实践中，养殖者常常首先想到的是药物，他们想知道怎么用药，但却很少有关心病因。预防不一定针对某种疾病，而是对常见病易发病进行预防，以减少疾病造成的损失。但使用药物预防后，不是高枕无忧，仍需要继续调节生态平衡，避免机械损伤；同时，不要依赖药物，而应在环境调控、结构调控和生物调控中建立完善的生态系统，促进龟鳖在平衡中生长和繁殖。

一、什么是药物

药物是用于疾病预防、诊断和治疗的物质。龟鳖使用药物后，药物将作用和影响其机体中的生理、生化和病理过程，通过修复机体，恢复健康。预防中使用的药物主要参与龟鳖体内体外生态失衡的修复，有些药物能增强龟鳖免疫抗病能力，通过一系列的生理生化作用，促进病理由恶性逐渐转化为良性状态，最终恢复健康。

二、使用方法

目前，在龟鳖疾病的药物预防方面，常见的方法主要有药物浸泡和药物泼洒。浸泡主要有瞬间浸泡、短时间浸泡和长时间浸泡。一般高浓度的药物使用短时间浸泡，低浓度药物使用长期浸泡。浸泡主要是针对龟鳖体外消毒使用的常见预防方法，也可用于龟鳖池的浸泡消毒（图 2-1）。泼洒一般使用低浓度，实际上是长期低浓度的浸泡，使用全池泼洒，这种方法主要针对龟鳖群体生病，数量巨大，并且以体表疾病为主的预防方法。泼洒可以是龟鳖池的局部用药，也可以是全池泼洒用药（图 2-2）。比如在龟鳖池的一角，聚集蓝藻水华，就可以使用局部泼洒药物的方法。在网箱养殖中，也可以使用局部用药的方法。有时预防和治疗是分不开的，比如在大池养殖中，龟鳖密度较高，有的龟鳖已经发病，有的龟鳖比较正常，药物预防时就要一起考虑药物的浓度，不至于伤害健康的龟鳖，对于未发病的龟鳖使用低浓度药物就是一种预防。浸泡主要针对数量较少的龟鳖，泼洒主要用于大面积生产中数量较多的龟鳖群体。此外，使用药物注射进行龟鳖疾病的预防，是一种新的预防疾病的方法之一。比如对野生龟的驯化，在引种初期，为避免疾病的爆发，可以使用广谱抗生素对疑似应激并潜伏感染的龟进行注射药物预防，这样做效果比较显著（图 2-3）。在龟池设计时可以考虑消毒环节，将消毒池整合进去（图 2-4）。

图2-1　龟浸泡消毒（鸿仔提供）

图2-2　鳖池泼洒消毒（一马当先提供）

图2-3　龟引种时注射药物进行预防

图2-4　龟池设计增加消毒环节（自许正光QQ空间）

三、常用药物

在龟鳖疾病的预防中可以使用的药物有多种，根据国家禁止使用的部分药物的规定，可能引起致畸、致癌、致突变的药物已被国家禁止，其他药物目前可以使用。从安全生产和安全食品的角度出发，我们自觉遵守国家规定，有利于终极保护人类身体健康。

1. 食盐

食盐是龟鳖疾病预防中常用的消毒药物，食盐的消毒的机理：食盐的主要成分是氯化钠，而钠是调节动物机体电解质平衡的重要因子，在人体中注射使用的生理盐水就是含量 0.9% 的氯化钠。在龟鳖养殖中常见的细菌等主要病原体，属于淡水细菌，这些细菌需要吸收钠，作为自身电解质的一部分，钠在病原体中有一个平衡的需求，超过这一需求，就会打破平衡，从而起到抑制和杀灭病原体的作用。根据这一原理，使用食盐来进行消毒，短时间的浸泡，提高钠的浓度，抑制或杀灭宿主体表病原体。根据渗透压的原理，食盐还能直接导致细菌和寄生虫脱水，达到杀菌杀虫的目的。用于龟鳖机体浸泡的食盐浓度为 3%，浸泡时间为 5 分钟左右（图 2-5）。

图2-5　食盐可以用于龟鳖消毒（引自《东方早报》）

2. 生石灰

生石灰消毒在龟鳖养殖中的应用，主要原理是利用其碱性物质杀灭病原体的蛋白质和核酸，扰乱其正常的代谢功能。生石灰使用后，短时间 pH 值会迅速升高到 9 ~ 11，其碱性物质对病毒、病原菌等具有一定的杀灭作用。接下来，生石灰在水体中具有一定的缓冲性，就是将较高的 pH 值通过化学反应，返回到 pH 值为 7 ~ 8，并维持相对稳定，这样的微碱性环境非常有利于龟鳖的生长和繁殖需要。在使用时注意要选择块灰，当场泡开，取石灰浆乘热加水稀释，进行全池泼洒。也可用于清塘，高浓度使用彻底杀灭病原体。一般使用量：定期消毒，每立方米水体使用生石灰 25 克全池泼洒，用于清塘，浓度可提高到每立方米水体 100 ~ 200 克（图 2-6）。

图2-6　生石灰消毒（德州新闻网）

3. 漂白粉

漂白粉现在一般不怎么使用，主要是有一定的刺激性，但是杀灭病原体的效果是好的。其原理是：漂白粉的主要成分是次氯酸钠，溶解水中通过水分子电离出次氯酸根离子和部分氯离子，而次氯酸根有强氧化性故能杀菌，氯离子也有一定的灭菌功能，因而漂白粉具有杀菌灭毒之效。在龟鳖养殖中一般使用的浓度为：浸泡用量为每立方米水体 1 ～ 2 克，对无龟鳖的池塘消毒使用量为每立方米水体 20 ～ 30 克（图 2-7）。

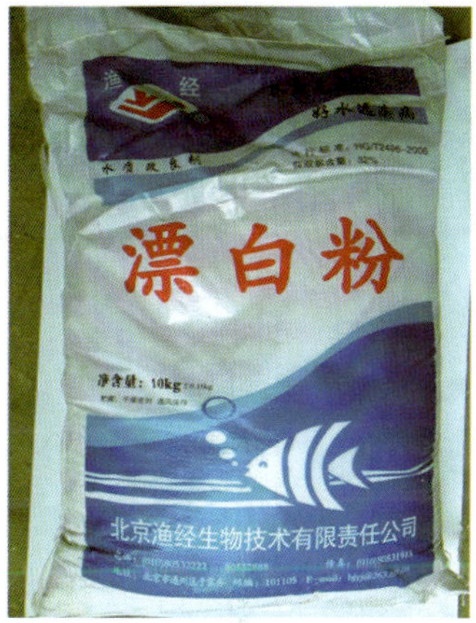

图2-7　漂白粉可用于龟鳖消毒（引自网络）

4. 聚维酮碘

聚维酮碘广泛应用于水产养殖领域，在龟鳖养殖中经常使用。作用原理是：由表面活性剂提供对菌膜的亲和力将其所载有的碘与菌细胞膜细胞质结合，使巯基化合物、肽、蛋白质、酶和脂质等氧化达到杀菌目的。商品聚维酮碘含量有 1% ～ 10% 的不同浓度。在使用时，我们不要超量使用，按照规定，一般 10% 的聚维酮碘，全池泼洒浓度为每立方米水体 0.2 克，在没有龟鳖的池塘进行消毒，用量可提高到每立方米水体 2 克（图 2-8）。

图2-8　聚维酮碘可用于龟鳖消毒（引自网络）

5. 氟苯尼考

氟苯尼考对革兰氏阳性菌、阴性菌及支原体均有抗菌作用，高浓度时对本品高度敏感的细菌也呈杀菌作用。具有速效、长效的特点，内服、肌注吸收快，半衰期长，在体内能维持较长时间的有效血药浓度（可维持20小时以上），不引起骨髓抑制或再生障碍性贫血。吸收良好，体内分布广泛，部分器官浓度较高，主要经肝、肾代谢，少量随粪便排出。在龟鳖养殖中，可以用于疾病预防，对龟鳖体表消毒，浓度为每立方米水体0.5 ~ 1克，用于龟鳖池消毒，浓度为每立方米水体3克。注射用药，每千克体重20毫克（图2-9）。

图2-9　氟苯尼考可用于龟鳖消毒（引自网络）

6. 克霉唑

为广谱抗真菌药，对多种真菌尤其是白色念珠菌具有较好抗菌作用，其作用机制是抑制真菌细胞膜的合成，以及影响其代谢过程。对浅表真菌及某些深部真菌均有抗菌作用。在龟鳖养殖中具有广泛的应用意义。在养鳖中，主要用于鳖苗阶段的真菌性水霉病和白斑病，具有预防和治疗的作用。在养龟中，对于真菌性的水霉病、腐皮病、白眼圈病以及不明增生物等，具有较好的疗效。一般预防使用全池泼洒的方法，终浓度为每立方米水体0.3克，用于浸泡，浓度为每立方米水体3克（图2-10）。

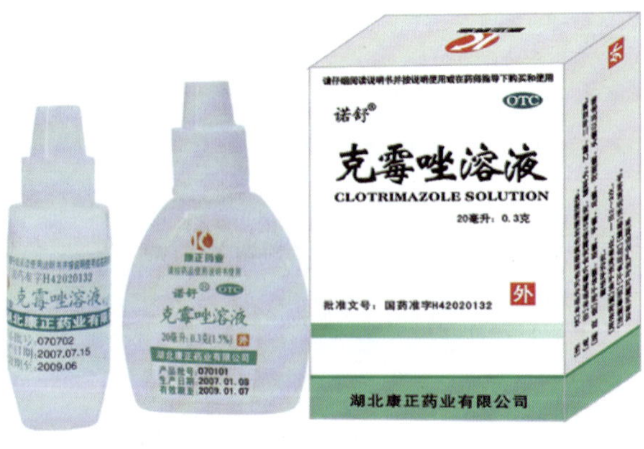

图2-10　克霉唑可用于龟鳖消毒（引自网络）

7. 亚甲基蓝

亚甲基蓝原为噻嗪类染料，是一种吩噻嗪盐。在水产养殖中作为真菌性疾病的防治用药，耐受性强，安全性高。在孔雀石绿被国家禁止使用之后，亚甲基蓝一直延续使用至今。其杀灭真菌的原理是：亚甲基蓝能有选择性地使病原菌着色、结合及可破坏病原菌而不引起宿主损害。进一步机理是：亚甲基蓝与微生物酶系统竞争氢离子，使酶处于无活性的氧化状态，微生物因缺乏酶而失去生存能力。在龟鳖养殖中，主要用于真菌性疾病的防治，亚甲基蓝的用量为：全池泼洒终浓度为每立方米水体 0.5 克；龟鳖体浸泡浓度为每立方米水体 3 克，浸泡时间 30 分钟（图 2-11）。它与食盐、小苏打配置成混合液，浸泡或全池泼洒效果均很好，对杀灭真菌、寄生虫有一定疗效。其药性较缓和，药物有效时间较长。

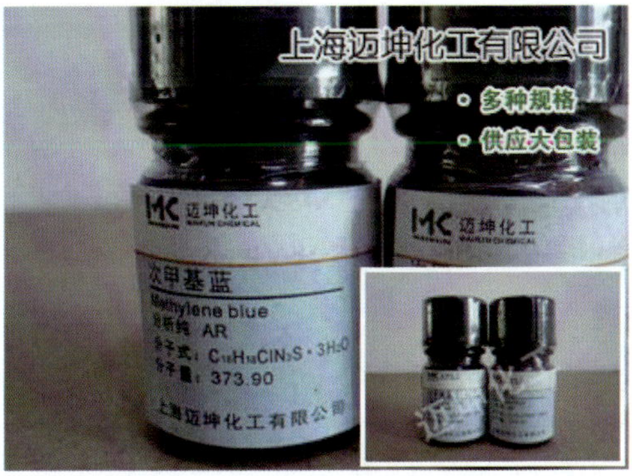

图2-11　亚甲基蓝可用于龟鳖消毒（引自网络）

第二节　免疫防病

免疫是指龟鳖体内的防御系统，是抵抗疾病的“国防部”。疾病是环境、病原和宿主三因素相互作用的结果，宿主自身的免疫力可以有效地抵御疾病。尤其是难以治疗的病毒性疾病，通过免疫，可以有效地清除病原，达到保护宿主的目的。

一、免疫机理

龟鳖免疫系统，是指参与龟鳖体内免疫应答的细胞、组织和器官的总称。免疫器官包括胸腺、肾脏、脾脏；免疫组织，如黏膜淋巴组织；免疫细胞包括淋巴细胞和吞噬细胞，在吞噬细胞中，包括单核细胞、巨噬细胞和粒细胞。龟鳖免疫系统集中了龟鳖体内所有的负责抵御侵袭细菌、病毒、有毒分子等的卫士，免疫细胞（白血球）在龟鳖体内巡逻，当它们遇到不常见的分子，或称抗原，就发动攻击，它们各显神通，巨噬细胞吞下入侵者，T 淋巴细胞附着在它的表面，使用化学武器来摧毁它，淋巴细胞 B 释放抗体，让入侵者动弹不得，但它们不是每次都能成功地击退入侵者，入侵者也会占据上风，长期感染，出现肿瘤等。

白细胞旧称白血球，血液中的一类细胞，通常被称为免疫细胞。人体和动物血液及组织中的无色细胞，有细胞核，能作变形运动。白细胞一般有活跃的移动能力，它们可以从血管内迁移到血管外，或从血管外组织迁移到血管内。因此，白细胞除存在于血液和淋巴中外，也广泛存在于血管、淋巴管以外的组织中。血液中的白细胞有五种，按照体积从小到大是：淋巴细胞，嗜碱性粒细胞，中性粒细胞，嗜酸性粒细胞和单核细胞。吞噬细胞有大、小两种，小吞噬细胞是外周血中的中性粒细胞；大吞噬细胞是血中的单核细胞和多种器官、组织中的巨噬细胞，两者构成单核吞噬细胞系统。其实，吞噬细胞属于白细胞，但吞噬细胞还包括巨噬细胞。

免疫分先天性免疫和后天性免疫，主动免疫和被动免疫，非特性免疫和特异性免疫。

非特异性免疫，包括机体的屏障作用、吞噬细胞的吞噬作用、体液中的抗微生物的物质组成、龟鳖生理状况、种类遗传差异、年龄和对环境应激状态。

特异性免疫，包括对接触某种抗原物质，侵入机体的异物产生一系列的免疫应答，并加速对抗原物质的排斥和清除过程，具体为特异性、一定的免疫期和具有免疫记忆。参与免疫应答的核心细胞主要有：B 淋巴细胞，参与体液免疫，抗原激发 B 细胞产生抗体；T 淋巴细胞，参与细胞免疫，T 细胞分化成效应淋巴细胞并产生细胞因子，从而发挥免疫效应；巨噬细胞是免疫应答的辅佐细胞。

二、免疫接种

这里仅介绍一种最常见的灭活疫苗制备方法，这一方法作者亲自做过，实用有效。

1. 准备材料

冰箱，保存疫苗用；水浴锅，恒温灭活用；盐水瓶，装疫苗用；高速捣碎机，组织匀浆用；离心机，分离疫苗用；温度计、蒸馏水配制的生理盐水若干。

2. 细菌性灭活疫苗制作过程

（1）用医用酒精对典型症状的龟或鳖进行体表消毒；（2）用消毒过的镊子取出龟或鳖的内脏器官（肝、脾、肾、肺、肠道等）称重剪碎；（3）放入高速捣碎机中匀浆 5 ～ 10 分钟；（4）加 5 倍的生理盐水振荡摇匀；（5）用双层纱布过滤弃去滤渣或用离心机 12 000 转 / 分离心 5 分钟分离弃去沉淀物；（6）取上清液倒入盐水瓶中并加生理盐水稀释至 10% 的含量；（7）加终浓度为 1% 的福尔马林；（8）放入水浴锅进行 2 小时 65℃恒温灭活——待冷却后放入冰箱 4 ～ 8℃保存（细菌性多联疫苗主要是取多种典型症状的病龟或病鳖组织，单联疫苗只取一种典型病症的龟或鳖组织）。

3. 病毒性灭活疫苗制作过程

前面主要同细菌性灭活疫菌制作过程，不同之处在最后一步每毫升加 1 000 单位的青霉素和 1 000 国际单位的链霉素（简称“双抗”）去除细菌干扰因子（与菌苗不同之处）——放入冰箱 4 ～ 8℃保存。

4. 接种方法

将上述做好的疫苗从冰箱中取出，原浓度为 10%，使用时需要加生理盐水稀释至 1% ～ 2%，一般用 2%，即成注射浓度。使用前特别重要的是进行安全试验和效力试验，安全试验的方法是不攻毒，直接将疫苗注射进去，查看对龟或鳖的影响，目的主要是防止因疫苗质量有问题，如灭活不彻底，可能有返毒现象；所取病龟或鳖组织不新鲜，抗原变性；病龟或鳖症状不典型，抗原不足等等。效力试验，主要是检查疫苗对龟或鳖的保护力，或效价如何。一般先注射疫苗，再攻毒，从结果看保护效果，成活率有多高。当然所有安全试验和效力试验都要设对照组。生产上使用的疫苗经过安全试验和效力试验证明有效方可使用。

（1）安全试验：设试验组和对照组，每组 10 只健康龟或鳖，分别放养在水族箱中，控温 30℃恒温。试验组每只龟或鳖接种疫苗 0.2 毫升（龟或鳖的规格 150 克左右），对照组注射等量生理盐水。同等条件下观察 3 周，若试验组和对照组均不发病，说明该疫苗安全，如果对照组不发病，试验组发病，证明疫苗灭活不够，必须重做，再灭活。

（2）效力试验：对通过安全试验的两组龟或鳖均注射未经灭活的滤液，0.2 毫升 / 只，饲养观察 3 周，如果试验组不发病，对照组发病，说明疫苗合格，具有保护力；若两组均发病，表明疫苗无保护作用，不能在生产中使用。

（3）具体使用方法：对稚龟或稚鳖口服疫苗，将疫苗拌入饲料中，每千克饲料加 8 ~ 10 毫升疫苗。疫苗主要是起预防作用，因此在无病时使用，或在发病季节到来前半个月开始使用，连续使用 7 ~ 10 天。对幼龟或幼鳖可行注射疫苗，因为注射效果比口服要好。注射剂量：稚龟或稚鳖重 150 克以下，每只注射 0.1 ~ 0.15 毫升；重 200 ~ 400 克，每只注射 0.2 ~ 0.3 毫升；500 克以上，每只注射 0.5 毫升。注射前要用酒精消毒。肌肉注射部位可选在后腿基部肉多的地方。

三、免疫实例

免疫接种目前主要有口服、注射、浸泡和喷雾等方法，其中以注射方法为常见。下面介绍三个实例。

1. 山东聊城的一家养鳖公司使用疫苗对黄河鳖免疫防病

2014 年 7 月 27 日，山东聊城的一家养殖公司技术负责人胡立国在中国龟鳖网上传图片介绍他所在公司在上海海洋大学专家的指导下，进行鳖白底板病免疫防病。使用土法疫苗，剂量 0.5 毫升，对 400 克以上的鳖行腹腔注射，注射后未见鳖死亡（图 2-12）。制作材料由该公司提供，疫苗由上海海洋大学提供。

图2-12　鳖注射疫苗免疫防病（胡立国提供）

2. 中华鳖细菌性疾病免疫防治的研究

浙江省淡水水产研究所沈锦玉等，将分离自中华鳖主要细菌性疾病如肠道出血性败血症、鳖穿孔病、疖疮病、红脖子病、红底板病、鳖腐皮病的四株病原菌，在 3. 5% 福尔马林溶液中 24 小时全部灭活；经灭活的四株菌加入 $Al(OH)_3$ 胶，制成总含菌量为 6×10^9 毫升的四价菌苗，小白鼠注射疫苗后 21 ～ 35 天，对这四株菌的血清凝集抗体效价最高达 29，免疫保护率达 100%，且对四株菌均有保护作用。鳖免疫后 15 天就产生抗体，血清中凝集抗体效价高达 27，免疫保护率达 100%，对四株菌均有保护作用；同时开展鳖生产性免疫预防试验，鳖存活率有较大提高，免疫池鳖发病死亡率平均下降 50%，有效地防治了养殖鳖疾病。

3. 灭活嗜水气单胞菌菌苗免疫巴西彩龟研究

信阳师范学院张海宾等选择对巴西彩龟毒力最强的嗜水气单胞菌菌株（98037），扩大培养制成灭活福尔马林菌苗，分别对巴西彩龟进行注射和浸泡实验。经过对吞噬细胞吞噬活性、血清抗体效价的检测和攻毒实验，结果表明，受免疫组各项指标均明显高于对照组，免疫保护力达到 81% 以上，其中浸泡组各项指标略低于注射组。

为提高龟鳖免疫力，我们还可使用免疫增强剂，加强科学管理，抗病育种，投喂营养全面的饲料，规范饲养操作，应用人工被动免疫制剂，使用同种含有特异性抗体的血清，也可使用异种多量免疫血清。

此外，令人振奋的消息，癌症这一人类顽症，已在动物实验免疫接种，不仅得到 100% 的防护，而且没有显著的副作用。人类试验已经开始，这项由美国匹兹堡大学免疫学家奥利维拉·芬恩等开创的疫苗预防癌症科学研究，引导免疫系统迎击肿瘤，一旦突破，那么癌症就不再是不治之症。

第三节　生态防病

生态学是研究生物之间以及生物与环境之间的相互关系，而生态主要指生物与环境的关系。在龟鳖养殖中，其生态是指龟鳖与环境之间的关系，以及龟鳖体内微生态。各种生态因子之间由不平衡到平衡，不断发生动态变化。在生态系统中，不断进行物流、能流、信息流和价值流。龟鳖生态防病，主要途径是通过平衡法、调控法和修复法等，使养殖环境中的污染物被清除或转化为无害物质。

一、平衡法

在龟鳖养殖中，生态防病的核心是平衡。包括龟鳖与环境之间的外平衡和龟鳖体内的微生态系统的内平衡。外平衡包括藻相平衡和菌相平衡。内平衡包括微生态平衡和电解质平衡。

藻相平衡在龟鳖露天池养殖中经常出现。理想的藻相平衡水质是肥、活、嫩、爽，水色呈绿油、嫩绿和茶褐色等，藻相不平衡的水质为灰白、枯黄和蓝浆色等，尤其是蓝藻水华的出现，影响龟鳖的生长与繁殖。需要不断调节，达到平衡。并要求水体透明度达到 30 ～ 40 厘米。藻相平衡的水质，氧气充足，有益菌增多，龟鳖疾病减少。山西晋城林向博营造的人工可控的过滤型养殖金钱龟水体环境，藻相平衡，水色碧绿嫩爽，符合金钱龟的习性和对环境的需求（图 2-13）。

图2-13　藻相平衡的养龟水质（林向博提供）

菌相平衡在龟鳖生态系统中最为重要。平衡的龟鳖生态中，有益菌占有主导地位，有害菌受到抑制，从而达到动态的微生态系统平衡，龟鳖在平衡的环境中，体质增强，病原数量达不到致病的程度，龟鳖疾病自然会减少。我们知道，疾病是生态系统失衡的表现，控制好菌相平衡，是健康养殖的重要一环，可有效地避免龟鳖发生疾病。菌相平衡有两个途径：一是通过调节水质，使水体中自然形成的有益菌增多，达到平衡的目的；二是人为添加有益菌，促进水体微生态系统达到新的平衡，从而保护龟鳖在良好的环境中健康生长和繁殖（图 2-14）。

图2-14　金钱龟需要的生态平衡（林向博提供）

在内平衡中，同样存在微生态系统

的平衡问题。严禁病从口入，就是在龟鳖摄食时要注意保持食物新鲜，不变质，不让携带致病菌和寄生虫的食物通过食物进入龟鳖体内，经过消化系统感染和侵害宿主，引起疾病。因此，要为龟鳖体内创造平衡，投喂干净卫生的饵料，并可定期在饲料中添加有益菌、益生元或合生素等微生态制剂，保持消化系统中的微生态平衡。

内平衡中还包括重要的电解质平衡。电解质是龟鳖体内阳离子与阴离子之间的平衡，也是影响机体酸碱度的平衡，在饲料中不仅要注意营养全面，还要注意电解质的平衡，在配合饲料中矿物质和微量元素的平衡，就是电解质的平衡。在饲料中添加“电解多维”，也是促进电解质平衡的方法（图 2-15）。如果电解质不平衡，渗透压就会不平衡，就会引发疾病，比如内脏囊肿。在饲料的选择上，不要单一饲料，要多种饲料并用，使用动物饲料的同时，适量投喂配合饲料，满足龟鳖对氨基酸的平衡和电解质的平衡需要，营养全面，提高生长率和繁殖率。

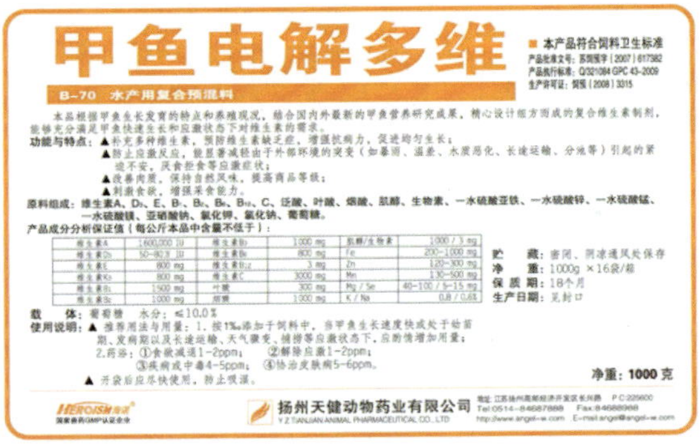

图2-15　电解多维用于调节龟鳖体内平衡（引自网络）

二、调控法

在生态防病中，我们可以实施的重要手段是三调控。包括环境调控、结构调控和生物调控组成的生态调控。

根据不同龟鳖种类对环境的需求，进行环境调控，这是在养殖中首先要做的。比如对于黄缘盒龟，需要的是安静的散光环境，并需要干净等温的水源，以保证黄缘盒龟泡澡和饮水的需要以及预防应激发生。为避免过高的温度，可使用遮阳网，种植小树林，制造适温环境（图 2-16 和图 2-17）。冬季需要保温保湿的环境，可用仿野生树叶和沙子结合越冬，并可因地制宜使用保温设施，帮助黄缘盒龟安全度过寒冷的冬季（图 2-18）。

图2-16　栽种红叶石楠小树林制造养龟环境

图2-17　黄缘盒龟养殖环境调控

图2-18　黄缘盒龟越冬环境

结构调控在养龟防病中使用也比较常见，比如大小分级饲养，雌雄分开养殖，避免竞争性撕咬和长不大的“老人头”现象。养殖池可上下层设计，充分利用空间。冬季适当加温，缩短养殖周期，调节冬眠时间，提早进入繁殖季节，获得早苗抢占市场。使用无结网制作网巢进行无沙养鳖，增加鳖的生态位，有效地防止鳖的相互咬伤，提高养殖密度，取得高产高效。利用瓷砖制作龟池，美观实用，成本降低，节省空间，便于排污，减少疾病（图 2-19 至图 2-22）。

图2-19　花之星多层结构控温养殖黄缘盒龟苗

图2-20　合理的双层结构养龟池

图2-21　李广源的黄缘盒龟养殖池

图2-22　苏州园林式养龟

生物调控在龟鳖养殖中的应用。使用多种维生素和免疫增强剂添加在饲料中，补充龟鳖需要的抗病营养物质，增强免疫抗病力。适当采用含生物激素的鱼类和虾类性腺添加在饲料中，促进龟鳖性腺发育，提高交配率和产卵率（图 2-23 和图 2-24）。根据实际需要，接种疫苗，开展免疫防病，提高龟鳖成活率。当遇到龟产卵出现难产时，可使用催产剂，具体剂量为每千克龟体重每次使用促黄体生成素释放激素 LRH-A 5 ～ 10 微克。这些都是生物调控的手段。

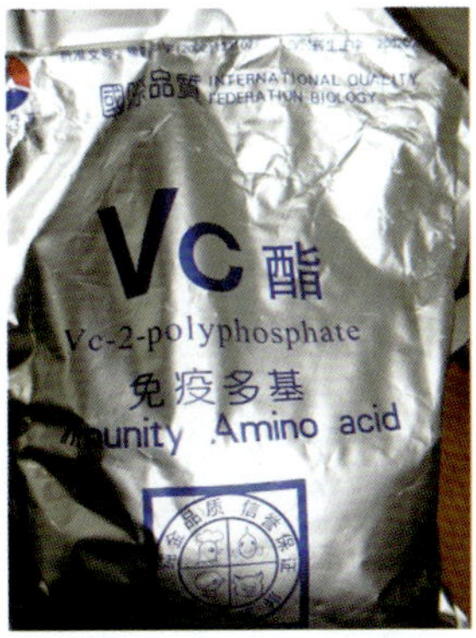

图2-23　使用维生素C免疫多基对龟进行生物调控

图2-24　使用新鲜鱼类喂龟促进性腺发育

三、修复法

充分利用光、温、水、土、气、热等环境要素，通过物理、化学和生物等方法，使环境中的污染物被清除或转化为无害物质。

物理修复：使用机械增氧，提高溶解氧，改善水质，促进藻相平衡和菌相平衡；采用海绵过滤等方法，将污染物质进行过滤，保持清新水质。制造微流水或微调换水。根据水质变化决定彻底排污消毒，及时注入新水（图 2-25 至图 2-27）。

图2-25　广东化州读者李鸿使用增氧机养殖珍珠鳖

图2-26　广西横县使用增氧机养鳖（蛋蛋提供）

图2-27　养鳖池排污

化学修复：使用活性炭、过氧化钙、离子交换树脂等化学方法进行水质改良，去除有害物质，保持水质优化，维持生态平衡（图 2-28）。

生物修复：使用微生态制剂，包括益生菌、益生元和合生素，调节水体和龟鳖消化道中的微生态平衡。在人工可控的养殖水域里移植水葫芦，通过其发达的根须吸收氮、磷、硫、烷、酚等，净化水质，防止水体富营养化和藻类水华的发生，最终获得生态平衡，通过平衡，减少龟鳖疾病的发生（图 2-29 至图 2-32）。

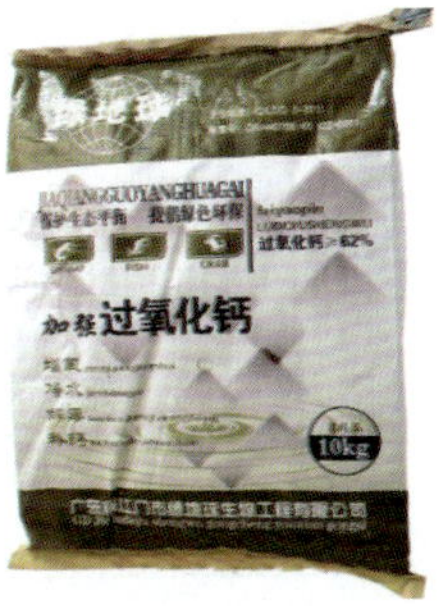

图2-28　过氧化钙主要用于化学增氧修复生态（引自网络）

图2-29　合生素用于生物修复生态系统（引自网络）

图2-30　水葫芦净化水质增加生态位（蛋蛋提供）

图2-31　用龙须草发达根须修复生态

图2-32　龙须草净化水质的效果

利用生物修复的原理，可以对龟鳖病害，实施修复。通过调节平衡，添加有益菌，抑制有害菌，在不使用任何药物的基础上，获得新的平衡，治愈疾病。山东淄博读者龟葩养殖的乌龟烂尾病用硝化细菌治疗就是一例。2015 年 7 月 9 日，龟主反映，他养殖的一只乌龟发生烂尾病，没有用药，就放到阳台的一个缸里，缸里硝化菌培养得很好，几乎只用添水不用换水，结果发现尾巴上的病灶自行消退了。本来是黄色的豆渣状，现在这些白色的好像是龟自身的组织。根据图片分析，笔者建议：抓起来拍照，就拍尾部，白色的部分，是病灶，还是自身组织，如果是自身组织，那就说明好转了，如果不是，就变得严重了。在水里白色部分看不清楚，龟主从水中取出乌龟拍照，看清楚之后，发现龟确实好转了，白色部分是龟自身的组织，龟已基本痊愈（图 2-33 至图 2-35）。

图2-33　乌龟烂尾病使用生物修复法治疗

图2-34　乌龟烂尾病用生物修复法治疗结果

图2-35　乌龟烂尾病用生物修复法治愈

第三章

龟鳖疾病检索

龟鳖疾病检索，有助于养殖者从发病龟鳖的头部、体表、排泄物、行为、剖检等方面进行观察分析，初步判断病症后，进一步查找病因并予以确认，最后根据其防治方法，对疾病进行对因治疗，并做好预防工作。本章列举了几十种龟鳖疾病，将龟鳖疾病的检索分表编制，一目了然。

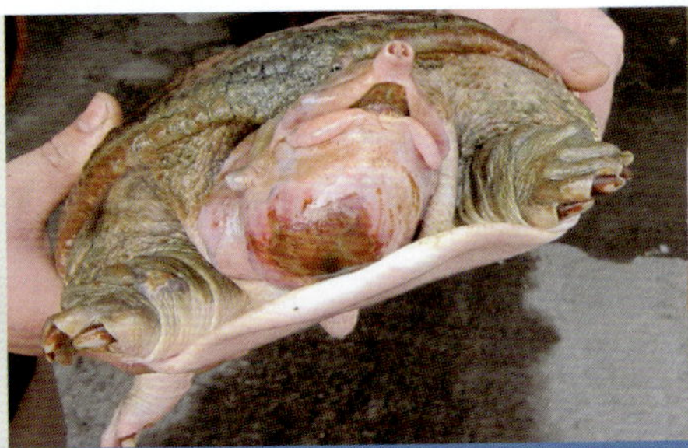

通过此检索表，对常见龟鳖疾病进行检索（图 3-1 至图 3-44）。

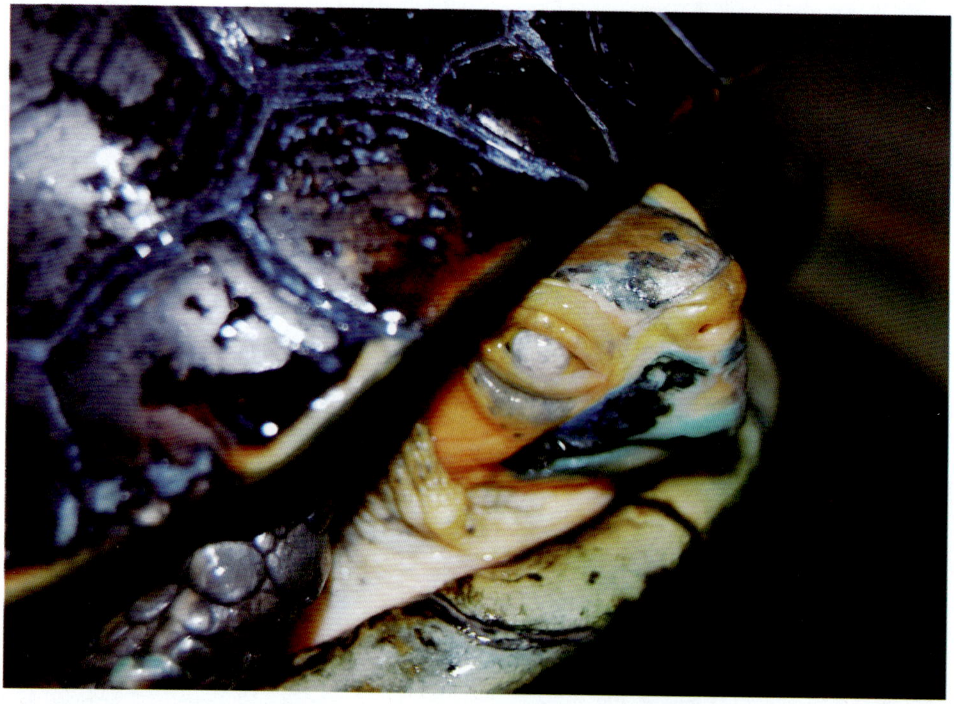

图3-1　龟白眼病

图3-2　龟支原体病

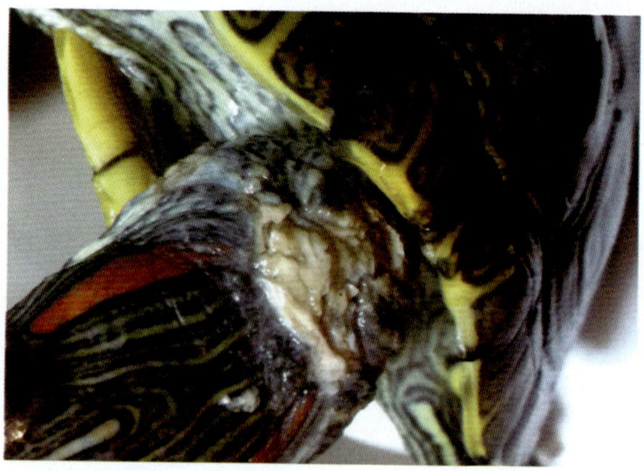

图3-3　龟烂颈病（中山小U提供）

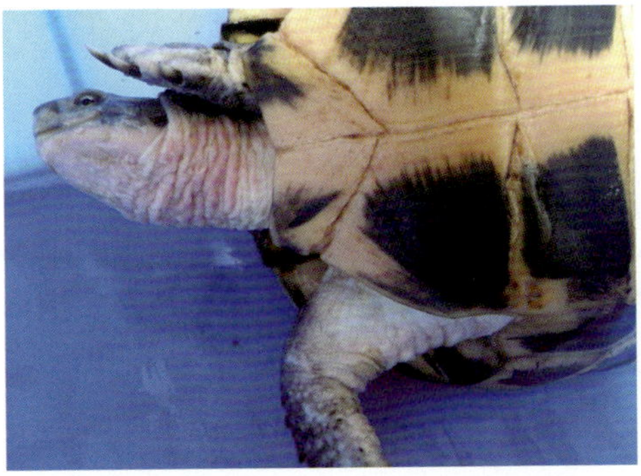

图3-4　龟红脖子病（云水相依提供）

图3-5　龟腐皮病

图3-6　龟腐甲病

图3-7　龟烂壳病（传说提供）

图3-8　龟水肿病（行千里提供）

图3-9　龟浮病（陈钊东提供）

图3-10　龟白斑病（渔坊提供）

图3-11　龟水霉病

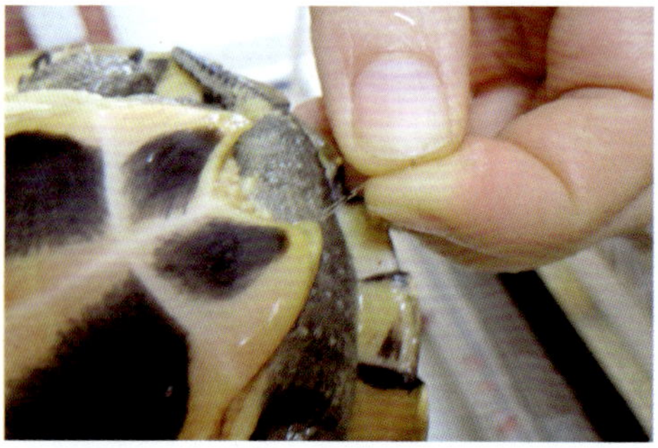

图3-12　龟钟形虫病（廖桂林提供）

图3-13　蜱虫病（钟婉兰提供）

图3-14　龟霉菌性口腔炎（那乌提供）

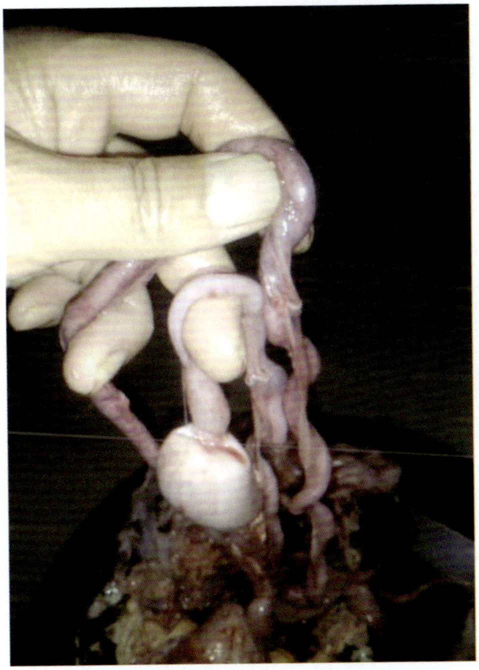

图3-15　龟肠炎病（米妮提供）

图3-16　龟呛水病（梁华生提供）

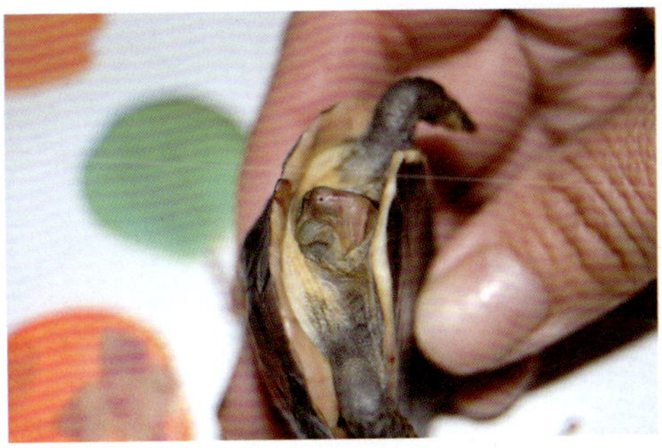

图3-17　龟越冬死亡症

图3-18　龟感冒病

图3-19　龟药物中毒（玄武提供）

图3-20　龟氨中毒

图3-21 骨质软化病

图3-22 龟中暑（夏眠症状）

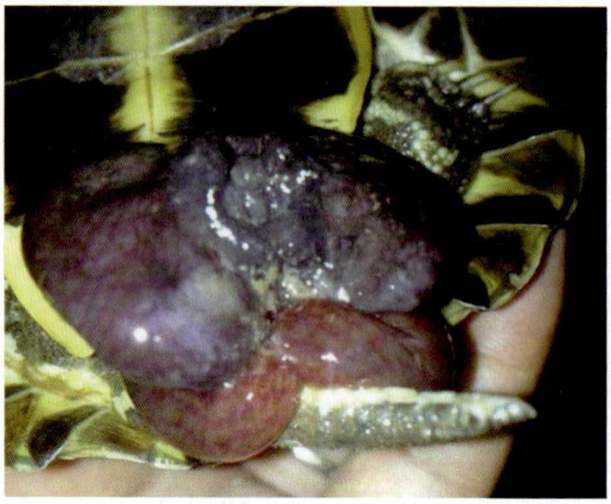

图3-23　龟生殖器脱出（铭哥仔提供）

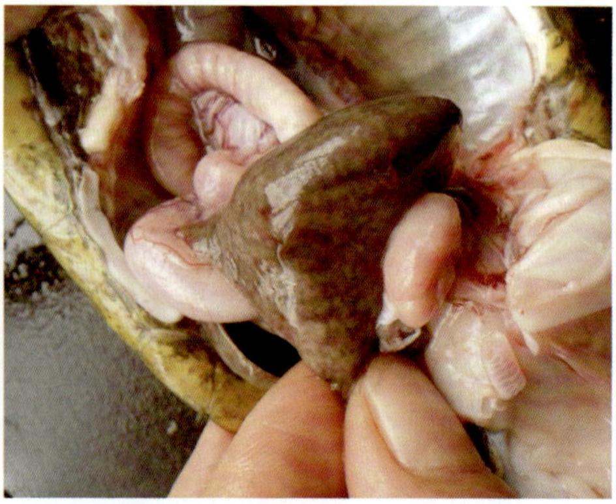

图3-24　龟肝病（李红提供）

图3-25　鳖烂颈病

图3-26　鳖红脖子病

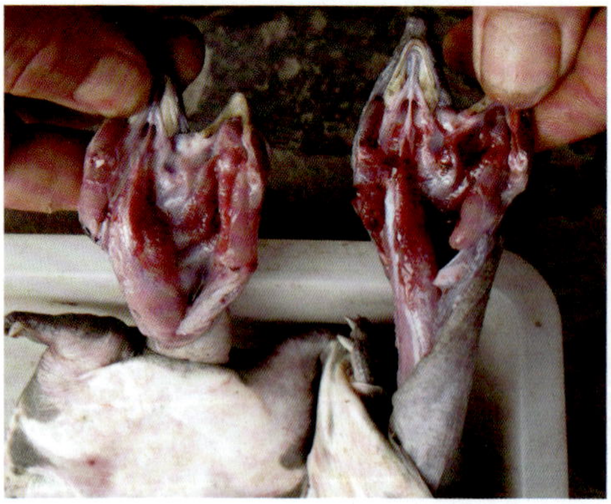

图3-27　鳖鳃腺炎（刘顺成提供）

图3-28　鳖白点病（随风飘扬提供）

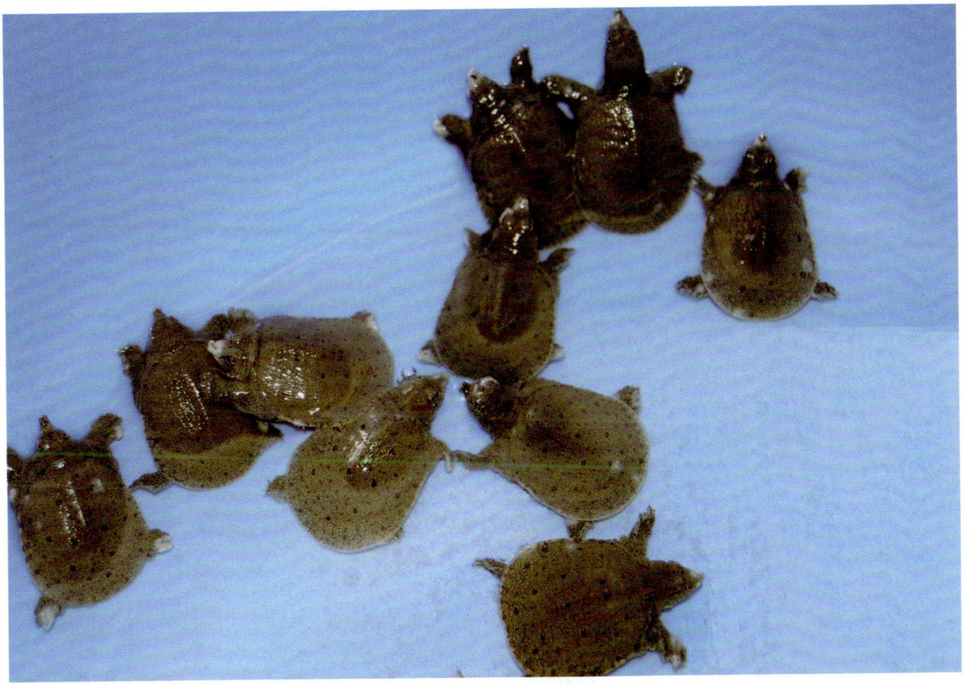

图3-29　鳖白斑病

图3-30　鳖白底板病

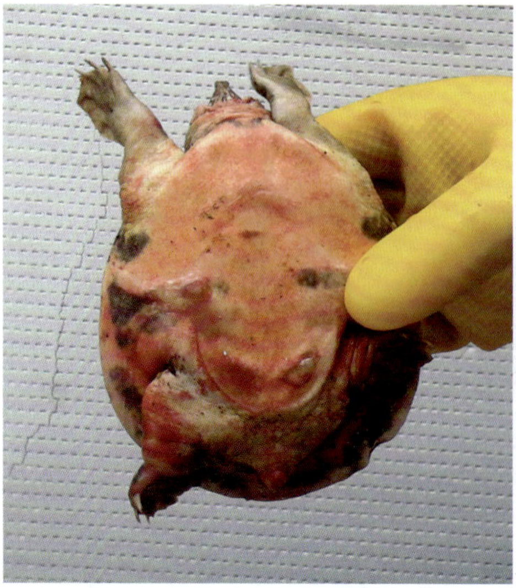

图3-31　鳖红底板病（蛋蛋提供）

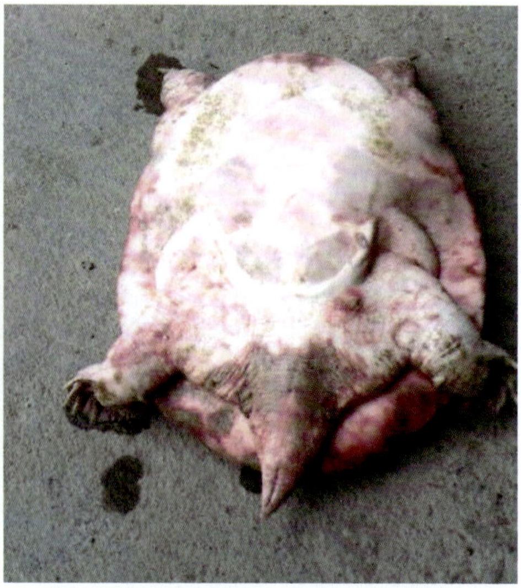

图3-32　鳖出血病（金田汇源提供）

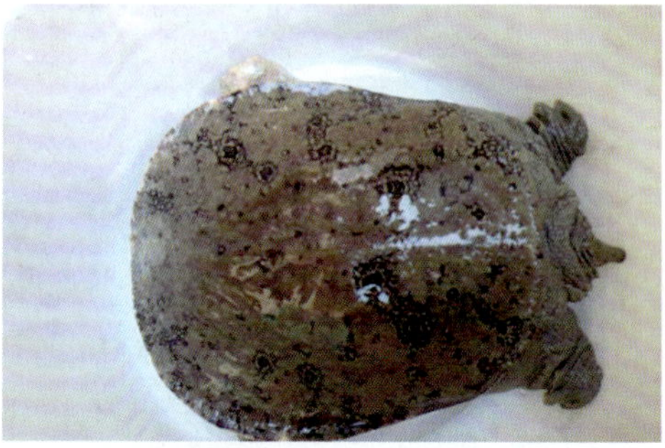

图3-33　鳖腐皮病（龟行天下提供）

图3-34　鳖疖疮病

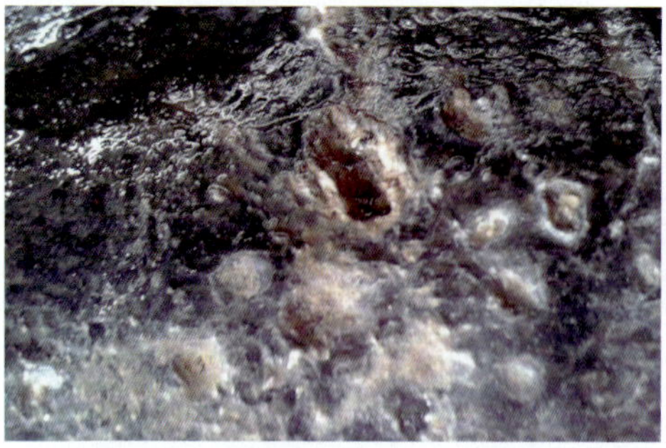

图3-35　鳖穿孔病（琳琳提供）

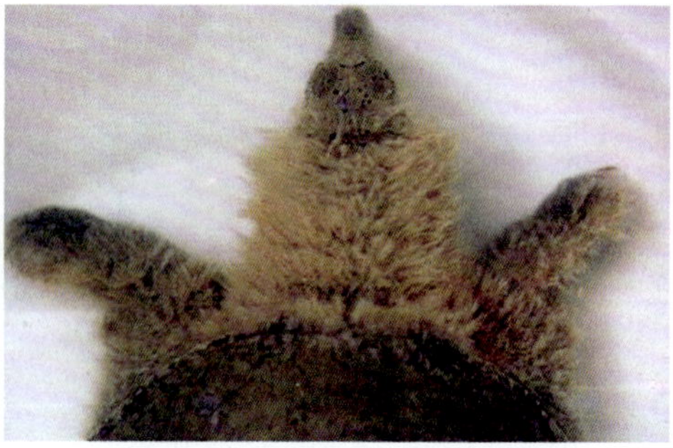

图3-36　水霉病（刘健雄提供）

图3-37　鳖钟形虫病

图3-38　鳖脂肪代谢不良症（张挺提供）

图3-39　鳖萎瘪病（蛋蛋提供）

图3-40　鳖畸形病（蛋蛋提供）

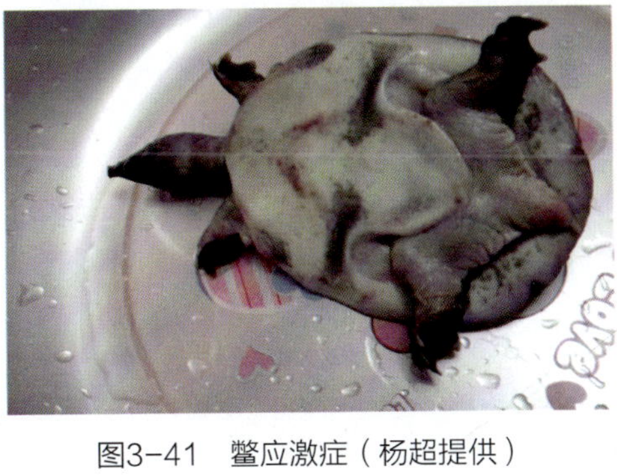

图3-41　鳖应激症（杨超提供）

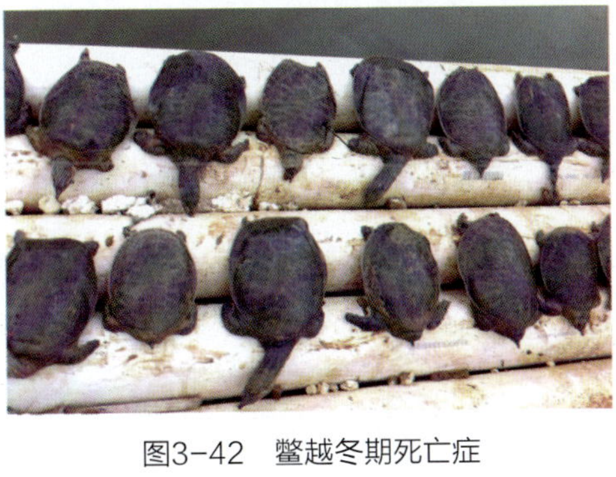

图3-42　鳖越冬期死亡症

图3-43　鳖氨中毒（崔小亚提供）

图3-44　鳖生殖器脱出症（刘建雄摄）

第一节　检索表的原理和使用方法

主要根据二歧分类法，将特征不同的一群疾病，用一分为二方法，逐步对比排列，进行分类，列成分类检索表。又名拉马克式二歧分类法，其实应为R.Morison在其Plantarum Umbelliferarum Distributio Nova（1072）中首次应用。

在编制龟鳖疾病检索表时，首先将所要编制在检索中的龟鳖疾病，进行全面细致地研究，而后对其各种病症进行比较分析，找出各种疾病的相对症状（注意一定要选择醒目症状），然后再根据所拟采用的检索表形式，按先后顺序，分清主次，逐项排列起来加以叙述，并在各项文字描述之前用数字编排。最后检索出某一等级的名称时，应写出具体名称，并在名称之前与文字描述之间要用"……"连接。

一、检索表的种类

龟鳖疾病检索表一般有三种。举例说明，如A、B、C、D、E五种疾病。

逐次退格检索表

1. 脖子粗大

2. 脖子红肿……………………………………………………………………A

2. 脖子不红，鳃状组织充血…………………………………B

1. 背部病灶

2. 背部白点病灶…………………………………………C

2. 背部无明显病灶

  3. 腹部红色…………………………………………D

  3. 腹部苍白色………………………………………E

平行检索表

1. 脖子粗大…………………………………………… 2

1. 背部病灶…………………………………………… 3

2. 脖子红肿……………………………………………A

2. 脖子不红，鳃状组织充血…………………………………B

3. 背部白点病灶…………………………………………C

3. 背部无明显病灶……………………………………… 4

4. 腹部红色…………………………………………… D

4. 腹部苍白色…………………………………………E

连续检索表

1（4）脖子粗大

2（3）脖子红肿……………………………………………A

3（2）脖子不红，鳃状组织充血……………………………B

4（1）背部病灶

5（6）背部白点病灶……………………………………C

6（5）背部无明显病灶

7（8）腹部红色…………………………………………D

8（7）腹部苍白色………………………………………E

检索表的编制切忌含糊不清的描述，如多数、少数等。

二、检索表的优缺点

1. 逐次退格检索表

又称定距检索表，级次式检索表。将每一对互相区别的特征分开编排在一定的距离处，标以相同的项号，每低一项号退后一字。

每一组特征写在右边一定的距离处，前有号码 1，2，……与之相对的一组特征写在同样距离处，每分歧下一级一组相对性状则在上一级的稍后处开始，如此继续下去，描写愈来愈短。直到检索出某类或某种疾病的名称为止。

优点：对照区别清楚，使用便当。

缺点：种类较多时，左边空白太浪费篇幅。

2. 平行检索表

将每一对互相区的特征编以同样的项号，并紧接并列，项号虽变但不退格，末注明应查的下一项号或查到的分类等级。与逐次退格检索表共同之处在于每组相对特征紧紧相连易于比较，在一组特征叙述后，为一数字或名称。

优点：排列整齐美观。突出的特点，同号相邻，左边对齐。由于各项特征均排列在书页左边的同一直线上，既美观、整齐又节省篇幅。

缺点：相对来说使用起来不是一目了然，没有逐次退格检索表那样醒目易查。

3. 连续检索表

将一对互相区别的特征用两个不同的项号表示，其中后一项号加括弧，以表示它们是相对比的项目。

优点：连续平行检索表由于每个特征描述前均有两个不同的号码，便于对照，使用较为方便，同时每一自然段均顶格，并在书页左边排成一纵向直线，显得整齐也节约篇幅，因而现时检索表中被广泛采用。

缺点：对于初学编制检索表的人而言，不易掌握，亦较费时。

三、检索表的使用方法

根据以上分析，对三种检索表的优缺点进行比较，确定选择平行检索表，对初学者，此检索表对龟鳖疾病进行检索较易掌握。

在使用检索表鉴定龟鳖疾病时，首先对所要鉴定的疾病的有关症状进行详尽观察，并对龟鳖的各个部分进行仔细的解剖，记下它的病灶症状，作为查找检索表的依据，逐次检索，进行查对，最后确定其疾病名称。要想比较熟练使用检索表鉴定疾病，必须多观察、多解剖、特别对发病龟鳖的头部、体表、排泄物、行为、剖检等方面认真观察。仔细解剖，正确描述是使用好检索表的基础。

当遇到一种不知名的龟鳖疾病时，应当根据疾病的症状，按检索表的顺序，逐一寻找该疾病所具备的症状，详细观察或解剖发病龟鳖，了解各种器官病变按检索表一项一项的仔细查对。对于完全符合的项目，继续往下查找，直至检索到终点为止。

第二节　龟病检索表

1\. 眼部发炎充血，眼角膜及周围糜烂，眼球外部被一层白色分泌物盖住 ………… 白眼病

1\. 精神不振，鼻流分泌物，面部肿胀，严重时眼球突出、失明，口臭 ………… 支原体病

2\. 脖子腐烂，颈部皮肤似开水烫伤 ………… 烂颈病

2\. 脖子红肿，周身水肿，伴有红斑、腐皮，口鼻流血，肝脏出血点 ………… 红脖子病

3\. 体表任何部位皮肤溃烂，血水渗出，病灶边缘肿胀 ………… 皮病

3\. 背甲腐烂 ………… 4

4\. 背甲某一块或数块角质缘盾或椎盾腐烂发黑，甚至成缺刻状 ………… 腐甲病

4\. 背甲、腹甲、四肢等处初见白斑，逐渐出现龟甲糜烂、穿孔 ………… 烂壳病

5\. 全身性水肿 ………… 水肿病

5\. 龟常浮于水面，四肢伸直无力，肌肉无弹性 ………… 龟浮病

6\. 昏睡，肌肉松弛，四肢麻痹，足趾坏死，并有出血溃疡 ………… 柠檬酸菌病

6\. 体表有白斑，镜检可见毛样菌丝 ………… 白斑病

7\. 体表长有灰白色絮状菌丝体 ………… 水霉病

7\. 体表长有土黄色絮状物 ………… 钟形虫病

8. 体表呈现红色点状附着物，镜检可见虫体活动和
器官形态……………………………………………………………… 蜱螨寄生病
8. 口腔黏膜充血，初见白点白色绒膜，后期见潮红创面或
出血点………………………………………………………………… 霉菌性口腔炎
9. 感染幼龟，进入血液、肺部、消化道吸血，造成贫血、便血……… 钩虫病
9. 大便不成形……………………………………………………………… 10
10. 大便不成形，色红褐、黑色，严重时水泻，蛋清样，恶臭………… 肠炎病
10. 腹泻，粪便稀薄，带有黏液和脓血…………………………………… 阿米巴痢疾
11. 体表寄生穆蛭等水蛭…………………………………………………… 水蛭病
11. 水源中带入水蜈蚣卵孵化，寄生到稚龟背腹部，咬伤甚至死亡…… 水蜈蚣
12. 颈脖粗大………………………………………………………………… 13
12. 无名死亡………………………………………………………………… 14
13. 伸缩困难，口腔留有线头，不能迅速伸颈翻身……………………… 食道异物
13. 颈脖粗大漂浮水面……………………………………………………… 肺呛水
14. 越冬后体弱，漂浮水面，无名死亡或表现各种炎症…… 亲龟越冬期死亡症
14. 病龟活动迟缓，鼻冒泡，口经常张开，头反复上扬低垂…………… 感冒病
15. 中毒引起的病症………………………………………………………… 16
15. 营养因素引起的疾病…………………………………………………… 17
16. 全身性浮肿……………………………………………………… 腐败性食物中毒
16. 水质恶化，病龟直立水中呼吸，严重时四肢弯曲…………………… 水质中毒
17. 龟壳较软畸形边缘上翻………………………………………………… 骨质软化病
17. 生长缓慢，易应激……………………………………………………… 维生素缺乏
18. 体瘦，头部、四肢灰黑，甲壳无光泽，剖检血液较少……………… 贫血病
18. 体瘦萎瘪………………………………………………………………… 萎瘪病
19. 头肢尾伸出壳外无力缩回；或缩入壳内，对外界无反应…… 中暑和风寒症
19. 咬斗严重，生殖器外露………………………………………………… 生殖器脱出
20. 独居无精神，头半伸低垂，眼闭，肝脏肿大灰黄色斑点
坏死病灶……………………………………………………………… 传染性肝病
20. 股盾与肛盾裂开，下板和剑板磨损，
后肢发炎肿胀………………………………………… 建池粗糙引起的炎症

第三节　鳖病检索表

1. 脖子粗大 ………………………………………………………… 2
1. 脖子腐烂，颈部皮肤似开水烫伤 …………………………… 烂颈病
2. 脖子红肿，周身水肿，伴有红斑、腐皮，口鼻流血，
   肝脏出血点 ………………………………………………… 红脖子病
2. 脖子不红，体表光滑，脏器出血，头颈伸长，鳃状
   组织点状出血 ……………………………………………… 鳃腺炎
3. 背部有白色病灶 ……………………………………………… 4
3. 背部无病灶 …………………………………………………… 5
4. 背部、腹部甚至全身有白点，皮内珠状外突 ……………… 白点病
4. 背部、脚趾、头部有白斑，在水中病灶明显可见 ………… 白斑病
5. 腹部红色 ……………………………………………………… 6
5. 腹部苍白色 ………………………………………………… 白底板
6. 腹部红点或红斑，肝脏黑色或花斑状 ……………………… 红底板
6. 腹部红色，口腔红色，体发黑，肌肉充血，内脏红黑色 …… 出血病
7. 体表皮肤溃烂，血水渗出，病灶边缘肿胀 ………………… 腐皮病
7. 体表有隆起的白色肿块 ……………………………………… 8
8. 向外突出形成硬疖 ………………………………………… 疖疮病
8. 背甲白色疖痂溃烂成洞，内有豆腐渣样物 ………………… 穿孔病
9. 体表长有絮状物 ……………………………………………… 10
9. 体表有瘤状物，主要分布在颈部和脚趾 …………………… 肿瘤病
10. 体表长有灰白色絮状菌丝体 ……………………………… 水霉病
10. 体表长有土黄色絮状物 …………………………………… 钟形虫
11. 身体浮肿，体内脂肪变质，肝脏变黑 ……………… 脂肪代谢不良症
11. 体形变化 …………………………………………………… 12
12. 身体萎瘪，但无其他症状 ………………………………… 萎瘪病
12. 身体畸形 …………………………………………………… 畸形病
13. 体表无症状 ………………………………………………… 14

13. 体表腐白色，双眼失明…………………………………………………… 高 pH 值中毒症
14. 肺、心脏黏膜和血管内有大量气泡……………………………………………… 气泡病
14. 因环境突变和人为操作不当引起，出现无名死亡……………………… 应激症
15. 体表有鳖穆蛭寄生…………………………………………………………………… 水蛭病
15. 体内前肠成胃囊状，剖见白色扁带状虫体，头节心脏形………… 头槽绦虫
16. 越冬后出现多种综合症状和死亡…………………………………… 越冬期死亡症
16. 体表完整，剖见肝脾肿大，肺部暗紫色并出血……………………… 肺出血病
17. 四肢腹甲起水泡溃疡出血，边缘长满疙瘩，
裙边溃烂成锯齿状………………………………………………………………… 氨中毒
17. 腹面中部及背腹甲内壁有淤血，剖见肝脾肾
肿大，有腹水…………………………………………………………… 爱德华氏菌病
18. 饲料中维生素等营养不全面，生长缓慢，易感冒应激……… 维生素缺乏症
18. 饲料中含有激素样物质………………………………………………… 生殖器外露症

第四章

龟鳖疾病诊断

龟鳖疾病发生后，首先要诊断，然后采取对应的治疗措施。那么，诊断就是根据龟鳖病发生的养殖背景、发病过程和症状表现来分析，找到病因，对因不是对症，进行对因治疗，这样的思路才是正确的。对症是治标，对因才是治本。前提是找对病因，有针对地进行治疗，才能彻底解决龟鳖疾病问题，治愈后不会反复。在本章中，笔者将“对因治疗”的理念贯穿到诊断工作中，帮助读者掌握这一核心技术。

第一节　现场诊断

龟鳖发病之后，首先是诊断，其次是治疗，而诊断包括发现症状和查找病因。有时，龟鳖因应激产生疾病，外表无任何症状，这时就要通过发病过程和具体表现，查找背后的原因。有时，有症状表现，但不能看到什么就是什么，比如看到肝脏变性，就是肝炎，看到肺部变黑，就是肺炎，如此只看表面，不查明发病的真正原因，是不科学的诊断。笔者在接受咨询时，发现一个普遍的问题，就是不少养殖户，在咨询龟鳖病时，不问原因，直接想知道用药方法，好像发病原因他不感兴趣，有病就用药，好像没有其他方法。这些都是片面的，不懂龟鳖疾病诊断的重要性。

1. 现场诊断的优势

龟鳖发病后，医生要尽可能到现场进行诊断，在现场通过看、闻、摸、检等手段，查找发病的原因。现场的诊断的优势主要是：看得见、听得到、摸得着、检得上，容易发现问题。主要方法是：查看养殖现场的环境，了解养殖管理方法，龟鳖种苗的引进过程；切实了解平时换水、投饵和操作等方法是否得当，水质的好坏，水源是否经过等温处理，饲料是否有变质和未能彻底解冻的情况，是否存在应激原，龟鳖发病的过程，是否停食，体表症状等。如果怀疑饵料和水质有问题，可以采样送检，进一步查找病因。

2. 现场诊断的具体方法

进入现场后，我们首先看到龟鳖的发病症状，包括体表症状和体内症状。体表症状主要看龟鳖的体表是否有炎症，病灶的颜色是白色、黄色还是红色的。体内症状可以从排泄物看，是否有拉稀的表现，再看看龟鳖的腹部，是否有充血，从腹甲流出血水等。继续观察，从三个方面来看：一是看龟鳖的眼睛是否有神，二是看龟鳖的四肢是否有力，三是看体表是否完整。进一步了解，龟鳖是否停食，是否有眼睛发白，眼帘肿胀，白眼圈，眼睛紧闭，体表有炎症，有白点，白斑，充血，是否腐甲、穿孔、腐皮等。从环境、饲料和应激三个方面查找发病原因，尤其是应激原，目前已发现几十种类型的应激综合征。龟鳖体内平衡受到威胁时，产生应激，龟鳖肾上腺皮质激素会升高，做出各种生物学反应，龟鳖会利用自身的免疫力，调整机体平衡，将应激转化为良性应激，如果应激不断积累，龟鳖难以抵御应激带来的伤害，这时会转化为恶性应激。最终，因恶性应激造成龟鳖机体难以恢复平衡，病原乘虚而入，感染龟鳖内脏，引起器官变性，就是解剖都能见到的最后症状表现，比如肝脏失血变黄，或花肝，肺部变黑，或充满气泡，肠道变红，或肠道穿孔等各种症状。对于最终表现的内脏病变和体表病变，我们可以取样送检，找到病原体，进行药敏试验，确定有效药物。但关键还是要查找发病的真正原因，只有找到根源，才能治本。所以，笔者反复强调对因治疗，不是对症治疗。不管如何，我们在进行龟鳖疾病防治工作中，诊断十分重要，不知道病因，乱用药，起不到根治作用。千万不能见到什么就是什么，一定要找到发病的背后真正原因。对因治疗后，一般疾病不会复发，从根本上进行预防和控制，从而解决棘手的疾病问题，只有提高成活率，才有盈利的希望。

3. 现场诊断的实例

广东肇庆的一家养鳖场，发生了一起严重鳖病，死亡近半，经济损失 100 万元左右，疾病发生后，2010 年 7 月 3 日，笔者受邀前来现场进行诊断。来到现场后，看到鳖的底板发白，肠道有淤血并见有穿孔，初步诊断为白底板病。这种病究竟是什么原因引起的呢？一般认为是病毒性疾病，也有的认为是细菌性疾病，还有的认为是营养性疾病，是缺乏维生素引起的疾病。那么该场鳖病是由什么引起的呢？带着这个问题，笔者在现场寻找鳖的发病原因，以便帮助他们做出比较准确的诊断。经过仔细查看，发现每个池子里有一个水管，不断地向池子里注水，造成活水生态，似乎是养殖中使用的调节水质的方法，但是进一步观察就发现问题了，原来这些管子都是从山上引来的泉水，这些低温泉水与高温池水温度相差 7℃，从而形成温差应激。每个鳖池都是这样的温差水不断注入池中，食台板上存在大量未摄食的残饵，实际上鳖已基本停食（图 4-1 至图 4-7）。针对这一情况，首先切断水源，接下来采用笔者的专利药物配方进行治疗，结果经过半个月的治疗，情况有所好转，死亡逐渐减少，继续治疗，一个月后，鳖病治愈，挽回了一半的经济

图4-1　应激源为温差7℃山泉水直接注入鳖池

损失。此后再去该场了解，鳖已完全康复，准备上市。笔者有口福品尝了一只治愈后长成的商品鳖，口味鲜美，体色青绿，晶莹剔透，符合仿野生鳖的市场需求。从这一病例上，我们看到表面上是白底板病，实际上是一种温差应激综合征。如果对症治疗，也能治好，但会复发，因为没有找到应激这个根本发病原因。而采用对因治疗的方法，切断应激原，彻底治愈，通过预防应激，控制此鳖病不再发生。详细的治疗方法在“龟鳖疾病治疗”一章重点讲述。

图4-2　应激引起的鳖白底板病大量死亡

图4-3　白底板症状

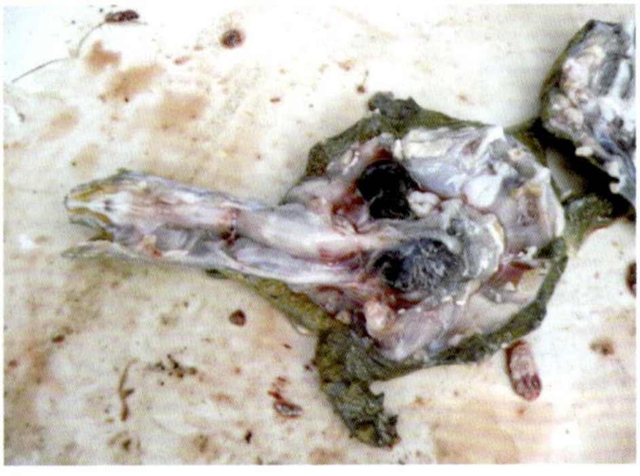

图4-4　病鳖肺部变黑

图4-5　病鳖肠道穿孔

图4-6　病鳖肠道淤血

图4-7　鳖因病停食，饲料剩在饵料台上

2014 年 8 月 4 日，笔者应邀来到花之星参加黄缘展会的策划，期间来到李广源的黄缘养殖生态园，这是一个利用屋顶进行改造养殖黄缘龟的景观，在那里受到主人的欢迎，一并前往的有不少中国龟鳖网的群友。主人当场请教，一只黄缘龟脖子肿大，但不红肿，难以缩回，久治不愈的疑难杂症。笔者根据主人介绍及回忆养殖过程，经过分析各个环节，最后找到发病的原因，是龟喝过脏水，期初还以为是肿瘤。现场诊断为龟肿颈病。在笔者的帮助下，采用对因治疗的方法，结果治愈（图 4-8 至图 4-10）。具体治疗方法将在后面的第四章为大家详细讲述。

图4-8　龟肿颈病（何永恒摄）

图4-9　笔者现场指导

图4-10　龟肿颈病治愈

第二节　远程诊断

远程诊疗是利用网络进行龟鳖疾病诊断与治疗的一种方法。在互联网时代，通过远程诊疗，可以帮助广大读者和普通养殖者在养殖中出现疑难疾病与应激性疾病时，提供技术支持。

一、什么是远程诊疗

无论在互联网，大数据时代，还是即将到来的物联网，工业 4.0，以及各种智能系统，远程诊疗都可以利用这些网络和智能系统，进行互动。只要养殖者将龟鳖疑难性和应激性疾病的症状、病因、视频、图片和文字资料传递到专家系统，通过请教和指导，即可获得正确的诊断和治疗方法，从而节省大量的人力和财力，达到诊断治疗的积极效果。

现场诊断看活体，远程诊疗只能通过视频或图片看症状。因此，要通过详细的调查取得龟鳖养殖的环境、种源引进与运输、冲洗换水、养殖模式、饲料的选择与投喂、操作方法、发病过程、初步判断，已经使用的药物等实际情况，还要仔细观察龟的眼神、四肢、泄殖孔、排泄物、体表等，综合各种信息流，最后做出科学的诊断。

二、诊疗的具体方法

在背景资料调查清楚后，主要从环境、饲料和应激三个方面做进一步调查，尤其是容易忽视的应激因素，寻找各种应激原，比如温差、转群、运输、冲洗、换水、投饵、震动、灌药、注射、操作不当等都是应激原。找到致病因子后，就可以对龟鳖疾病做出比较可靠的诊断，经过诊断，提出治疗方法，供养殖者参考。

来自远程的需要诊断的各种信息，一般通过网络比如微信视频、QQ 图片、QQ 群和网络电话等方法，将这些龟鳖发病的信息传递到专家系统，由专家根据实际调查得出的数据进行分析，帮助找到发病的真正原因。接下来，就是对因提出科学的治疗方案，再通过远程传递到养殖者手里。养殖者根据治疗方案进行实施，并做好记录，严格按照专家提供的方法进行治疗，尤其是对治疗前、治疗中和治疗后的全过程进行拍摄，并提供给专家，以便调整和完善治疗方案，最终在治愈时，就有一份完整的资料档案保存下来，以便不断总结提高。

三、远程诊疗实例

笔者参与了远程诊疗的创新与建立。应广西钦州市的邀请，笔者前去讲课，并与当地合作建立中国龟鳖专家远程诊疗中心，并担任首席专家。远程诊疗中心建立后，通过远程服务，为广大读者和养殖户提供了更多及时有效的远程诊疗服务，挽救了成千上万的龟鳖生命，同时培养出一批有理论有实践的龟鳖医生，为当地龟鳖业做出贡献。在此，笔者希望远程诊疗能够辐射全国，为各地养殖户提供帮助，有求必应，处于终端的中心人员提供上门服务，将核心技术送到千家万户，造福龟鳖业者。

远程诊疗的基本流程是：养殖户反映龟鳖发生疑难性疾病后，终端中心人员将龟鳖病症拍照，并将养殖背景、发病过程等资料上传到专家系统；专家通过视频或 QQ 进行互动讨论，并及时做出诊断，根据诊断结果，提出对因治疗的方案。中心人员根据方案配药，并提供上门服务，经过一个疗程的治疗后，病情得到控制，最后将治愈后的结果上报给专家系统备案，完成远程诊疗的一次任务。

实例 1：2012 年 12 月 24 日，钦州诊疗中心传来照片，要求诊断并提供治疗方法。这是一例 250 克的石龟出现鼻塞症状，究其原因，可能是主人在养殖中保温措施不到位，引起应激。据此，诊断为龟鼻塞型应激综合征。因此，对因治疗方案给出：注射药物治疗，但主人不会注射，改为药物浸泡，具体为使用氧氟沙星每立方米水体 20 克的终浓度，长时间浸泡，换水换药，同时用牙签将鼻孔中的堵塞物剔除掉，并注意保温。结果经过 3 天的治疗，石龟痊愈（图 4-11 和图 4-12）。

图4-11　龟鼻塞型应激综合征治疗前

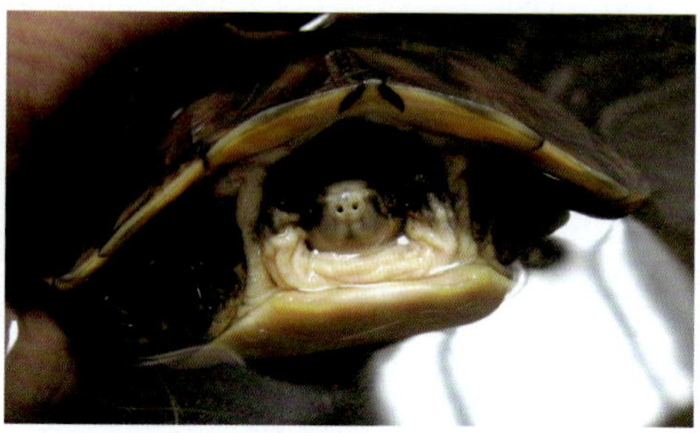

图4-12　龟鼻塞型应激综合征治愈后

实例 2：2014 年 9 月 25 日，广东花之星米妮在实习中发现，一只台湾黄缘闭壳龟死亡，解剖后发现黄缘肠道表皮细胞内有大量的白色颗粒，发来图片，要求帮助诊断。笔者根据图片仔细观察，病原感染的部位不仅是肠道，还有肝脏等内脏器官，白色病原密度较大，微小颗粒状。笔者初步诊断为微孢子虫病（microsporidians）。这种微孢子虫始于宿主龟吞食环境中处于孢子发生期的卵囊，裂体生殖、配子生殖及孢子生殖均发生于宿主龟肠道表皮细胞内，成熟的卵囊通过宿主龟粪便释放于环境中。微孢子虫病在水产养殖鱼类中发生比较普遍，但在龟类肠道等器官感染国内尚属首次发现（图 4-13）。治疗可口服阿苯达唑或地克珠利等抗原虫药物。

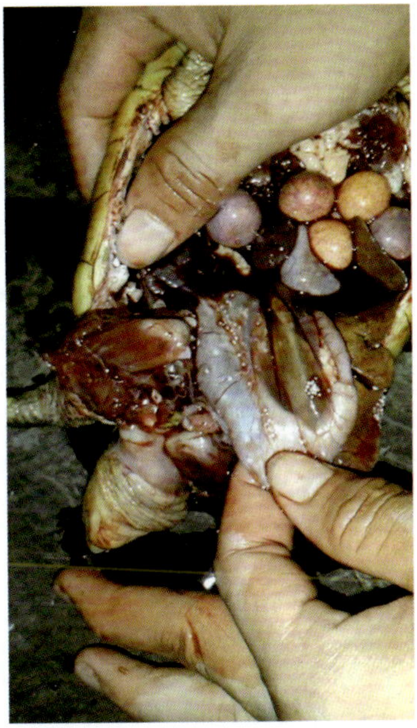
图4-13　花之星台缘中出现的微孢子虫病病（米妮提供）

实例 3：2014 年 9 月 25 日，广东花之星实习生米妮遇到台湾黄缘闭壳龟出现的一种新病例，不知其解。龟已死亡，解剖发现，龟的肠道膨大，内容物结块，堵塞肠道。根据图片和介绍，这样的病龟很多，是 2 个月前买回来的台湾黄缘闭壳龟，从未进食。笔者分析认为，发病原因是台湾黄缘闭壳龟在台湾捕捉后暂养期间，一般喂食西红柿等食物，不及时搞卫生，残饵和粪便甚至泥沙会被龟摄食，变质食物在龟的肠道里会产生毒素，肠道因毒素丧失蠕动功能，使得肠道内容物运动停止，从而造成堵塞。诊断：龟运动性肠梗堵（图 4-14）。治疗：对于龟肠梗堵病，目前治疗没有特效药物，龟的肠道不能接受手术，只能用香油等食用油从口腔适量灌入，在发病早期可能有效，并可使用促进肠蠕动的药物，如吗丁啉。如果大便通畅后，需要进行肠炎病治疗处理，使用抗菌消炎药物，如氟哌酸。

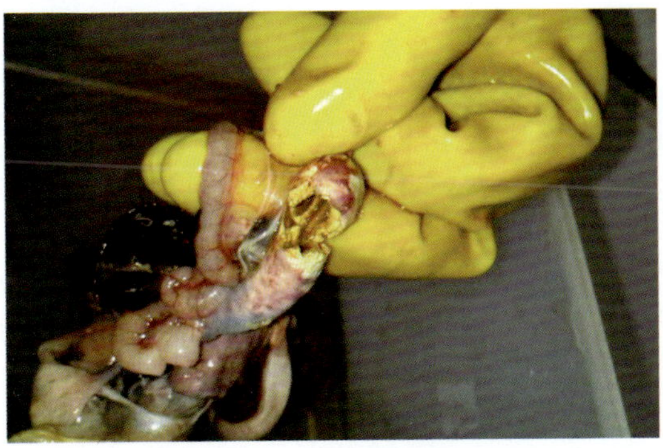
图4-14　龟运动性肠梗堵病

实例4：山东济南李宽养殖的锯缘摄龟被注水死亡。2015年6月22日龟主反映，他养殖的锯缘摄龟是一个月前引进的，回来就没吃过东西，体重从1千克下降到500克，这只龟年龄为10年左右。死亡后，当天龟主做了解剖，请笔者帮助查找死亡原因。根据图片，可见龟的肝脏变黑，内脏腐烂，出现血窝，胃部和肠道膨大，里面有大量积液，由此诊断此龟因注水引起死亡。一个月内体重变轻一半，也表明注水原因，排出一部分水，但内脏已变性，脂肪游离，变性，附着在内脏器官上（图4-15）。

实例5：黄额盒龟被注水死亡。2015年6月12日，广西北海龟主陈薇反映，2个月前引进的黄额盒龟暴死，对突然死亡的龟，进行解剖发现，内脏腐烂，龟的胃部特别膨大，里面都是水，由此分析该龟的死亡可能是由于越南的不法商家注水引起（图4-16）。

图4-15　锯缘摄龟被注水死亡

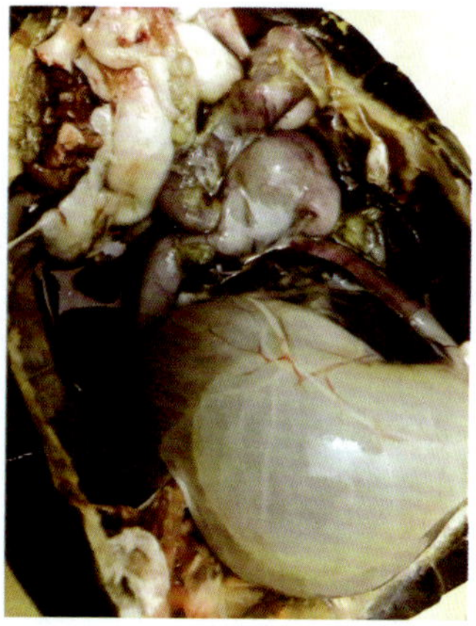

图4-16　黄额盒龟被注水死亡

第三节　龟鳖疾病的调查

前面章节笔者介绍了现场诊断与远程诊断的基本方法，根据需要，可对龟鳖病进一步调查，将诊断工作做得更细。这些工作主要包括现场调查、目检、镜检、血清学鉴定、病原分离、高免血清的制作与应用等。本节笔者与读者分享更多的疾病诊断知识。

一、现场调查

通过现场调查摸清发病规律、流行情况、危害程度、传染性还是侵袭性，是体表还是内脏病变，摄食是否正常，活动是否异常，水源水质（环境质量）、饵料质量等。

1. 水源

要求符合国家渔业水质标准，最好选用无污染的河水、池塘水、井水及pH值正常、微量元素不超标的深井水。如氟的含量超标，对龟鳖有致畸的可能。

2. 水质

龟鳖一旦发病后，如果怀疑是水质问题，就要对水质进行分析测定，常规测定的项目有水色、透明度、溶氧量、pH值、COD、氨态氮、亚硝酸态氮、硝酸态氮、磷酸根离子、二氧化硅、钾、钠、钙、镁、碳酸根离子、碳酸氢根离子、硫化氢、氯离子等18项，快速比色测定方法一般准确度不高，但可以大致了解水质，方法简便。有条件时提倡用传统的水化学分析方法或使用进口的高精度仪器测定，准确率高。具体测定可根据病情分析选择项目，不一定每个项目都要去做。“肥活嫩爽”不仅是养鱼水质的要求，也是养龟鳖所需要的最佳水环境。适度的绿色肥水，还可抑制真菌病的发生。

3. 饵料

龟鳖的许多疾病是由饵料造成的。变质的动物饵料，常常添加在配合饲料中饲喂，可是2个月后，龟鳖就会因脂肪代谢不良症大量发病死亡，且没有特效方法。饵料中长期缺少维生素，也会引起许多疾病，在疑难龟鳖病防治中，采用常规的抗病毒、杀菌药物不能奏效时，添加维生素效果特别明显，表明维生素的缺乏引起龟鳖的免疫抵抗力下降。同样矿物质缺少亦易导致龟鳖病的发生。因缺少某些维生素引起的疾病，采用改变饲料结构或在原饲料中补充大剂量（治疗量）的水溶性维生素，并改善水环境，能在短期内治愈，效果特别显著。

4. 摄食

龟鳖生病后，从摄食状况可以看出，水温正常情况下，但龟鳖的食量突然减少，龟鳖在食台上静卧不动、不怕人、不肯下水、呆滞、拒食或浮于水面，都是有病的表现。对于条件好的大型工厂化龟鳖养殖场，可在食台上方安置摄像机，对龟鳖的活动和摄食情况进行拍摄，然后将拍到的录像资料进行分析。也可在养龟鳖温室内设置多个摄像头，通过与电脑连接，进行多池切换电脑监控，这样可对龟鳖病早发现，及时采取预防和治疗措施。

5. 建立档案

内容包括：龟鳖苗的采购或繁殖情况，下池时间、龟鳖池与龟鳖体消毒方法、放养密度、控温情况、水质变化、饵料种类、投喂量和摄食情况、用药品种剂量方法，历年疫情，活动、死亡情况等，以便作为疾病诊断的参考依据，利用电脑进行数据处理分析。对疑难病可上中国龟鳖网（http://www.cnturtle.com.cn）或加入中国龟鳖网 QQ 群（199700919）向有关专家请教，并可搜索微信公众号“中国龟鳖网”，加关注。

二、目检

主要观察龟鳖体表、眼睛、口腔、泄殖腔等部位，内脏病变通过解剖，观察部位有肝、脾、肾、肺、肠、生殖腺体、黏膜等。目检比较容易观察到白眼病、红脖子病、烂颈病、腐皮病、疖疮病、穿孔病、水霉病、水蛭病、钟形虫病等龟鳖病，对内脏病变可进一步用镜检、血清学诊断方法确诊。

三、镜检

用普通显微镜和电子显微镜进行病原体检查和鉴定。可采样取病灶组织中的黏液、增生物、疖疮和穿孔内容物、腹水、肝、脾、肾、肺、肠、生殖腺体、系膜器官组织、血液涂片、眼水晶体、真菌的菌丝体、小型寄生虫等镜检，对细菌观察可进行革兰氏染色后置显微镜下观察，怀疑为病毒性疾病的应上电子显微镜观察，利用当地有电镜条件的医学院或国家级研究所进行病毒检查和确认。

四、血清学鉴定

这是一种简易快速的凝集试验，在载玻片上的生理盐水中，滴加抗血清和抗原各 1 滴，混合鉴别阳性或阴性。常用于细菌性疾病，对致病菌的快速诊断。血清学鉴定简单地说就是利用抗原与抗体反应的特异性和敏感性来对龟鳖病的病原作出准确的判断，这种方法方便、快速、灵敏、准确，当制成相应的试剂盒后很容易推广，但它的应用需要较坚实的研究基础，尤其要对病原的分离和提纯、抗体的制备以及血清学反应的条件等有丰富的资料。

血清凝集试验有玻片凝集试验，玻板凝集试验，试管凝集试验和微量凝集试验四种，前两种是定性试验，用于未知细菌的鉴定，后两种是定量试验，用于测定被检血清中有无某种抗体及其滴度，以辅助临床诊断或流行病学调查。玻片凝集试验所需仪器少，简单易行，是目前常用来鉴定龟鳖细菌性病原的方法。

1. 试剂

生理盐水，水产用生理盐水 NaC1 含量一般为 0.7%，亦可用人、兽用生理盐水替代。生理学或临床上常用的渗透压与动物或人体血浆相等的氯化钠溶液，其浓度用于龟鳖类时是 0.67% ~ 0.70%，用于哺乳类和人体时是 0.85% ~ 0.9%。0.9%氯化钠无菌水溶液。诊断血清，将相应的病原菌纯化后免疫兔（或用羊，成本低，取得高免血清多），取其血清而获得。血清置于 −30℃左右低温保存，使用前须进行 45℃恒温灭活 1 小时。

2. 器材

载玻片、接种环、酒精灯。

3. 方法

待检菌为纯培养物，取洁净载玻片 1 块，一端滴生理盐水 1 滴，另一端滴加诊断血清 1 滴。用接种环蘸取待检菌的纯培养物少许，分别和生理盐水、诊断血清混匀，将载玻片轻轻反复摆动，注意勿使试验区和对照区相互混合。静置数分钟后观察结果。

待检菌为病龟鳖的内脏器官或病灶部位，取一小块内脏或病灶组织分别在载玻片的两端涂抹，然后一端滴加生理盐水 1 滴，另一端滴加诊断血清 1 滴。按上法所述轻轻地振动载玻片，数分钟后观察结果。

4. 判断

载玻片上如若出现乳白色凝集块者即为阳性反应（即有该病原菌），如为均匀的乳白色而无凝集块者为阴性反应（即无此病原菌），生理盐水对照滴则为均匀的乳白色。

五、病原分离

为了对龟鳖病作出确诊，尤其是细菌性和病毒性龟鳖病，可进行病原分离。通过病原分离，病原的纯培养，可获得大量的病原体，然后根据病原体的形态特征，生化特征以及血清学特征，对龟鳖病作出准确的判断。

1. 病毒分离

以无菌的方法取濒死或刚死龟鳖的肝、脾、肺、肾等内脏组织，用每毫升含800 ~ 1 000 国际单位双抗的 Hanks 液洗 3 次、冻融 3 次。然后，研磨匀浆成 1:10 悬液，离心取上清液，使其通过细菌滤器，将滤液接种于敏感细胞，观察能否使其致细胞病变；或者滤液经超速差异离心或密度梯度离心后，在电镜下进行观察。

2. 细菌分离

将濒死或刚死的病龟鳖的病灶部位用无菌的生理盐水冲洗 3 次后，取深层的组织接种于适宜的培养基上；或将病龟鳖用无菌生理盐水冲洗之后，以无菌的手段打开背腹甲，取腹水或肝、脾、肾等内脏组织接种于适宜培养基，经 28 ~ 30℃培养 24 ~ 48 小时后，进行分纯。然后观察菌落的形态、菌体的特征，并利用糖类代谢、氨基酸和蛋白质代谢、有机酸和铵盐、呼吸酶类、毒性酶类、抑菌、美蓝还原、中性红、胆汁（胆盐）溶菌、嗜盐性等生理生化试验对其进行鉴别，或者用血清学试验进行鉴定。2014 年 9 月 19 日，米妮反映，花之星送检的一只台湾黄缘闭壳龟 2 号，提取病龟口腔分泌物，检出嗜水气单胞菌，并经过药敏试验，找到敏感药物，其中丁胺卡那霉素最为敏感，头孢他啶和庆大霉素等具有较高的药物敏感（图 4-17）。2012 年 1 月 21 日，龟主尹申去中国农业大学送检龟的粪便，得到化验报告（图 4-18）。

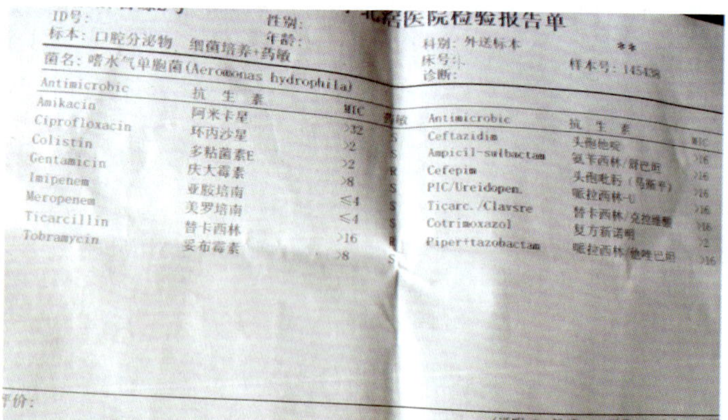
医院检验报告单
ID号：　性别：　年龄：
标本：口腔分泌物　细菌培养+药敏
科别：外送标本　床号：　诊断：　样本号：14543
菌名：嗜水气单胞菌(Aeromonas hydrophila)

Antimicrobic	抗生素	MIC	药敏
Amikacin	阿米卡星	>32	S
Ciprofloxacin	环丙沙星	>2	S
Colistin	多粘菌素E	>2	R
Gentamicin	庆大霉素	>8	S
Imipenem	亚胺培南	≤4	S
Meropenem	美罗培南	≤4	S
Ticarcillin	替卡西林	>16	[illegible]
Tobramycin	妥布霉素	>8	S

Antimicrobic	抗生素	MIC
Ceftazidim	头孢他啶	>16
Ampicil-sulbactam	氨苄西林/舒巴坦	>16
Cefepim	头孢吡肟（马斯平）	>16
PIC/Ureidopen.	哌拉西林-C	>16
Ticarc./Clavsre	替卡西林/克拉维酸	>16
Cotrimoxazol	复方新诺明	>2
Piper+tazobactam	哌拉西林/他唑巴坦	>16

评价：
（说明：S—敏感，R—耐药，I—中介，N—可疑

图4-17　台湾黄缘2号病原检测与药敏试验报告

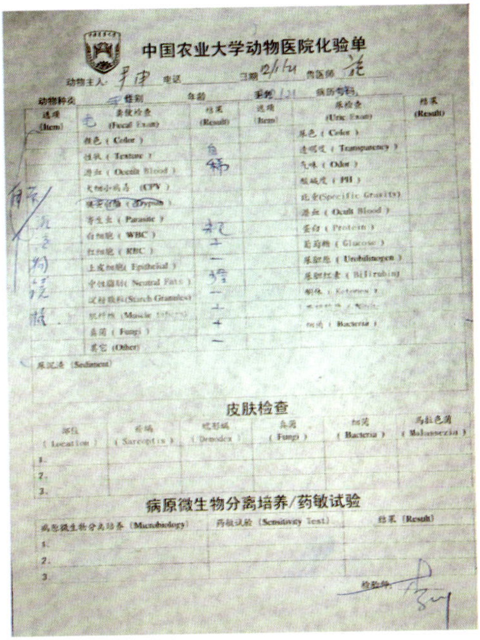
中国农业大学动物医院化验单

皮肤检查

病原微生物分离培养/药敏试验

图4-18　中国农业大学龟粪便化验单

3. Hanks 液的配制

（1）NaCl 8 克、KCl 0.4 克、$MgSO_4 \cdot 7H_2O$ 0.1 克、$MgCl \cdot 6H_2O$ 0.1 克溶于 800 毫升重蒸馏水中；（2）$CaCl_2$（无水）0.14 克溶于 100 毫升重蒸馏水中；（3）葡萄糖 1.0 克、NaH_2PO_4 0.154 克、KH_2PO_4 0.06 克、0.4% 酚红液 5 毫升溶于 100 毫升重蒸馏水中。将上述 3 种溶液混合，8 磅①30 分钟灭活菌，或用玻璃滤器过滤。保存在 5℃备用，用前以 5%Na_2CO_3 调 pH。

六、高免血清制作

制作血清选用的动物，一般为家兔或羊，要求从非疫区采购，体形较大的成年动物，体质健壮。

基础免疫：将预定剂量的抗原注射到动物体内，7 天后再以较大剂量进行第 2 次免疫。

高度免疫：2 周后，用强毒反复接种动物，进行攻击，间隔时间 3 ～ 10 天，

① 磅：英美制质量或重量单位，1 磅合 0.4536 千克。

直至达到要求的效价。

血清提取：于大玻璃圆筒内加入少量生理盐水（高压灭菌），在无菌操作下采血，室温静置凝固，然后在血凝块上放上灭菌的不锈钢砣，令血清自然析出。

制备的抗血清既可用于治疗疾病，又可用于血清诊断。抗血清具有高度的特异性，一种血清只能针对一种病原微生物起作用。用于治疗时能很快产生被动免疫，但维持时间不长，一般只有 2 ～ 3 周，因此注射血清 2 ～ 3 周后需再接种疫苗。注射方法一般以肌肉注射为主，这方面程天印等在《养鳖与鳖病防治新技术》一书中已有介绍。

七、高免血清的应用

尽管这种方法在龟鳖病的诊断与治疗上应用还不普遍，但前景广阔。

这一新技术在养鳖中已经开始应用，1996 年虞蕴如、李克敏在《水产养殖》杂志上就作了报道。他们在 1995 年 10 月对某场的病鳖进行血清学鉴定，将不同症状的鳖肝脏或肺脏作玻璃触片，加一滴已知几种血清型的嗜水气单胞菌混合诊断血清，轻轻摇动玻片，1 分钟之内即发生特异性凝集反应。诊断结果：此次鳖病的病原为嗜水气单胞菌。

高免血清不仅用于疾病诊断，还可用于免疫治疗。也就是说，已感染疾病的个体，可用被动免疫接种技术直接治疗。这种技术是收集一个体已产生特异性抗体的血清，注射到另外个体，后者可能已感染，但缺乏防御该感染物的特异性抗体。如刘金兰、杨广进行高免血清对鳖进行免疫试验，将致病性嗜水气单胞菌扩大培养后提纯外毒素，用灭活外毒素免疫大白兔，制备免疫血清，用该免疫血清防治鳖红底板病。结果表明，对攻毒后 1 天的中华鳖进行治疗，其成活率为 37.5%，对免疫后攻毒的中华鳖的保护率大于 75%。

目前，国外疾病诊断科技不断进步，最新出现芯片检测技术。用微芯片检测水产品细菌，只要用一个指甲大小的电子装置即可检测水产品中的细菌。这是由美国 Purdue University's Food Science Department 的研究人员的研究成果。芯片只有 1/4 厘米大小，可以检测出李氏细菌（Listeria monocytogenes），这是广泛存在于水产品、肉类、水果等食品中的致病菌。感染上李氏细菌对人体危害极大，感染患者 20% 将死亡。该芯片反应灵敏，可以在细菌大量繁殖之前及时检测出来。

第五章

龟鳖疾病治疗

目前，龟鳖疾病逐渐增多，归结起来，有常见性疾病、疑难性疾病与应激性疾病三大类。在《中国龟鳖产业核心技术图谱》和《中国龟鳖养殖与病害防治新技术》出版后，笔者接受了大量咨询。这些疾病经过笔者的诊断和治疗的指导，得到康复，并用微信平台进行发布，很多读者看不到具体的治疗方法，这次出版将这些方法首次公开，以实例的形式与读者见面。在此强调，笔者采用对因治疗的科学方法，与一般的对症治疗不同的是：查找发病原因，对因治疗，力求治本。其中一些病例，如肿瘤病、晚期病和白眼病等疑难杂症，通过核心技术治疗，有的“起死回生”，是对因治疗取得了效果。笔者在浙江安吉的一家黄缘盒龟养殖户那里了解到，一只龟是上年农忙季节无人管理，龟喝了脏水，冬眠后龟的眼睛凹陷、精神很差、停食，找到病因后，经笔者进行注射药物，治疗后痊愈。

第一节　常见性疾病

龟鳖病发生后，对龟鳖医生来说，有三种不同的看病方法：第一种是用手看病，第二种是用脑看病，第三种是用心看病。

用手看龟鳖病，就是看病不看龟鳖。这种方法是不用看龟鳖，根据主人怎么说，就怎么用药。有时主人来电咨询，网上提问，无任何图片，更别说看活体。或在现场按主人所讲什么病症，就马上用药，好像药到就能病除。在治疗的过程中，也懒得看龟鳖的发病症状和表现，“目无龟鳖”。

用脑看龟鳖病，就是看病又看龟鳖。这种方法在看病的时候，既要观察龟鳖的外表症状、淤血内伤、神态表现、大便形态、病原体，又要察看养殖环境。远程看龟鳖病时，一定要看发病龟鳖图片，甚至视频文件，对已夭折的龟鳖进行解剖分析。通过诊断，对症下药。但这种方法在诊治龟鳖过程中，不去询问主人的养殖方法，不研究发病背景，简单地从环境、病原体和龟鳖三者关系中找原因，一般喜欢去化验发病龟鳖和水质，因此称为“目中无人”。

用心看龟鳖病，就是既看病、看龟鳖，还要看主人，这是看龟鳖病的最高境界。在看龟鳖病的时候，不仅看症状，看龟鳖的表现，还要了解主人的养殖方法和龟鳖病的发生背景，仔细查找发病原因，以及是否有不当的操作方法等。一般从养殖环境、饲料卫生、等温控制方面找应激原，还要从龟鳖与外界、龟鳖自身两个生态系统找失衡因子，确定龟鳖的生态系统受威胁的根源。最后确诊，对因治疗。同时，根据发病原因，制定预防措施，以防为主，防治结合，注重生态平衡，只有这样才能治标又治本，所以称为“对因诊治”。

一、常见性龟病

1. 龟氨中毒

龟发生氨中毒，一般温室养殖较为常见。主要原因是温室内换水不及时，水质恶化所致，水体中有毒的氨氮和亚硝酸盐含量升高，引起龟氨中毒，严重时会发现死亡。龟死亡时一般前肢弯曲，因此又称“曲肢病”。

氨中毒的病例：2012 年 9 月 12 日，浙江湖州市下昂社区一家养殖户发生鳄龟氨中毒，并造成死亡（图 5-1）。2012 年 4 月 16 日广州读者天道酬勤反映，他养殖的鳄龟发生氨中毒，并造成部分死亡（图 5-2）。他采用的是局部加温方法，每次换水一半。病发后，龟主咨询笔者，给予建议：及时换水；注意等温；泼洒维生素 C，浓度为 5 毫克 / 升。结果病情缓解，龟不再出现死亡。

图5-1　浙江鳄龟氨中毒

图5-2　广州鳄龟氨中毒（天道酬勤提供）

这是一起温差应激与氨中毒并发的病例。2011 年 4 月 3 日，广东茂名读者谢斌反映：第一次养龟，去年引进石龟苗 200 只，采用局部加温方法，现在已经长到 4 ~ 6 两。最近两天死亡 2 只，并有几只脖子发红、溃烂的样子。查找原因是使用深井水，水温 24℃，直接使用到加温箱中，尽管不打开盖子，直接注入新水，时间较短十几分钟，但还是发生应激，因为温箱中控温 30℃，在不打开盖子的情况下换水进去 24℃的井水，因为箱内空气温度较高，进去的井水一下子可以由 24℃升到 27℃，再过十几分钟就可升到 30℃，有温控仪控制温度，采用陶瓷灯加温。这是应激原之一，温差

6℃。上个月因为深井第一次打得不深，遇到石头就不打了，井水不够用，结果换水每天2次改为1次，此前用自来水，深井钻深了，达到45米，水够用了，从这个月起每天换2次水，虽然这样做了，但上个月换水少感觉箱内较臭，氨中毒现象发生，这个月病症表现出来，死亡的两只龟前肢弯曲，显示氨中毒典型症状（图5-3）。建议治疗方法：等温换水，并用维生素C 10毫克/升和罗红霉素3毫克/升分别泼洒。2011年4月19日，谢斌反馈：石龟应激和氨中毒并发症得到控制，并已恢复正常摄食（图5-4）。

图5-3 龟氨中毒（谢斌提供）

图5-4 龟氨中毒已痊愈（谢斌提供）

2. 龟水霉病

2012年7月6日，广东茂名市霞洞镇网友chaser反映，他是龟养殖户，刚买鳄龟苗回来一周左右的时间，三四天后发现龟苗全身长毛，认为是水霉病（图5-5）。据了解这些鳄龟苗养殖在室内，池水温度29～30℃。笔者从鳄龟苗体表上的病灶观察，确诊是水霉病。笔者给予的治疗方法：使用亚甲基蓝全池泼洒，终浓度为3毫克/升，每天1次，连续2次。

图5-5 鳄龟水霉病（chaser提供）

2012年1月12日，上海网友虫虫反映，她养殖的鳄龟是去年买的苗，苗买回来后就放进新砌的水泥池（水泥池只用水浸了半个月而已），不久就有这样的情况了。陆陆续续死了超过150只，现在还有3只是这样的情况，其他的放到大盆里情况已稳定。笔者根据图片上病灶进行分析，确诊为水霉病。具体的治疗方法：用毛刷刷除水霉菌，并用生理盐水清洗病灶。用达克宁涂抹，反复多次，每次涂药后需要干放一段时间；用亚甲基蓝全池泼洒，终浓度为 3 毫克 / 升。

2012 年 10 月 13 日，广西钦州洪志伟养殖的石龟苗发生水霉病（图 5-6）。根据笔者的建议进行治疗：用毛刷刷除龟体表的水霉；用亚甲基蓝全池泼洒，浓度为 3 毫克 / 升；对于个别严重的石龟苗可用达克宁涂抹。

图5-6　石龟水霉病

3. 龟白点病

2012 年 10 月 10 日，广西钦州读者行者反映，他养殖的乌龟发病，发来图片，诊断为乌龟白点与疖疮并发症。发病原因是喂食物过多，且吃剩的食物没有及时处理，水体污染，龟抢食弄伤以致感染。

行者依照《龟鳖病害防治黄金手册》（第 2 版）对病龟进行治疗，具体过程：疖疮：用牙签挑除豆腐渣样物，在伤口涂抹甲紫溶液，干后涂抹金霉素眼药膏；白点：发病后彻底换水，用 400 毫克 / 升食盐水全池泼洒，并投喂维生素 C 和土霉素。结果痊愈（图 5-7）。

图5-7　乌龟白点与疖疮并发症治疗前后对照（行者提供）

广东顺德郭志雄养殖的黄缘龟发生白点病。2014 年 7 月 17 日，笔者根据龟主的反映，一只黄缘龟大苗发生白点病，主要病症为龟头颈两侧各有一个白点，外面硬结，里面有脓状物质（图 5-8）。经过手术治疗，打开病灶，将白色脓状物刮除，分两次刮除干净。手术前后，使用消炎药物，防止感染。约经过两周时间，龟彻底痊愈，并已恢复摄食（图 5-9）。

图5-8　安缘苗白点病治疗前

图5-9　安缘苗白点病治愈后

4. 龟腐皮病

腐皮病是一种细菌性疾病，是鳖体表常见的传染性疾病，也能感染龟体表成为龟类腐皮病（图 5-10）。目前，发现受感染的龟类有锦龟、剃刀龟、黄缘盒龟等。感染后的龟背部、腹部、脚部甚至头部皮肤腐烂，龟的生长和繁殖受到严重影响，严重的腐皮病如果感染到龟的头部，会造成一定的死亡。在治疗中，严重的腐皮病已成为疑难病症，需要科学有效的方法进行治疗。

图5-10　锦龟腐皮病

治疗方法：对于不太严重的腐皮病，可以在清除体表腐烂的病灶后，涂抹红霉素软膏；对于严重的腐皮病采用药物浸泡，具体为：第一天用头孢噻肟钠 3 克 + 地塞米松 1 毫克 +2 升水的药浴，第二天用青霉素 320 万单位 +1 升水浸泡，然后腐皮脱落，逐渐痊愈。

5. 龟疖疮病

龟有“老三病”：腐皮病、疖疮病和穿孔病。这三种属于体表疾病，一般是由致病菌引起，有时细菌与真菌并发感染。疑难性疖疮病主要表现病灶面积大，溃疡出血，一般药物难以奏效，治疗周期长。

实例 1：2016 年 7 月 11 日，中国龟鳖网核心群友雨过天晴反映，他来自广西梧州，是《中国龟鳖养殖与病害防治新技术》一书的忠实读者。3 个月前，他的一只黄缘盒龟发病了，发现病灶在前肢的腋窝，溃疡面积较大，有点像肿瘤，并有出血现象。期初，他自己采用一般药物治疗，效果不明显，因此求助笔者。经过笔者的帮助，3 个月后，这个龟终于治愈，用龟主的话说就是完全好转。他说：“这只龟冬眠后发现脚外伤，当初我用酒精消毒，涂紫药水，没有效果。后来请教您，您教我处理方法：（1）用碘酒消毒；（2）用青霉素原粉涂抹多次；（3）用红霉素软膏封口。干放。经过一段时间的治疗，现在基本好了，准备放龟入池。”至此，龟病已康复（图 5-11）。我们在今后的养龟过程中，如何避免此病的发生，一定要注意环境调控，保持整洁卫生，经常换水，不让龟在泡澡时喝到脏水。无论是龟的活动区，还是龟窝都要经常打扫，保持生态平衡，以切断病原与环境之间的联系，宿主才能避免病原体感染。当然，环境、饲料、应激等诸多因子更需要综合考虑。每天都要问自己：“今天你平衡了吗？”

图5-11　龟疖疮病治疗过程（雨过天晴提供）

实例 2：2012 年广东茂名沙琅镇读者梦云反映，她养殖的鳄龟发生疖疮病（图 5-12），经过笔者指导治愈。治疗方法是：挖出病灶里的腐烂物质，用聚维酮碘涂抹，再用达克宁涂抹 3 天，之后用红霉素软膏涂抹 3 天。

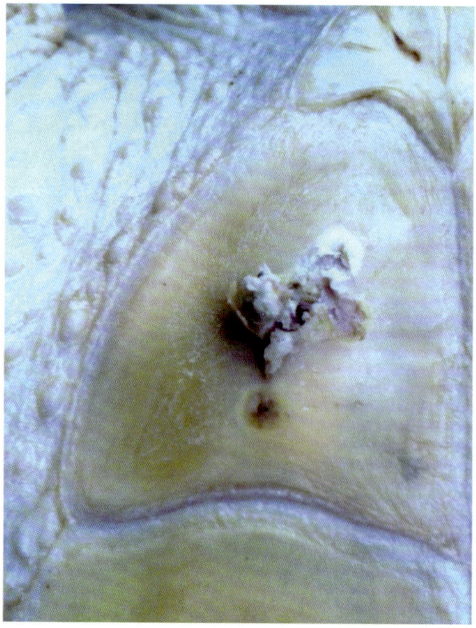

图5-12　龟疖疮病（梦云提供）

实例 3：2013 年 5 月 8 日，深圳读者彭俊反映，他从市场上买来鹰嘴龟病龟，主要是疖疮病，龟下巴和腹部有病灶，其腹部有穿孔迹象，部分皮肤受损有发炎现象，并且不活动、不觅食（图 5-13）。2013 年 5 月 23 日，龟主反馈，经笔者指导，使用达克宁及红霉素各涂抹 3 天后，炎症明显消失，龟已恢复活力并觅食互动（图 5-14）。

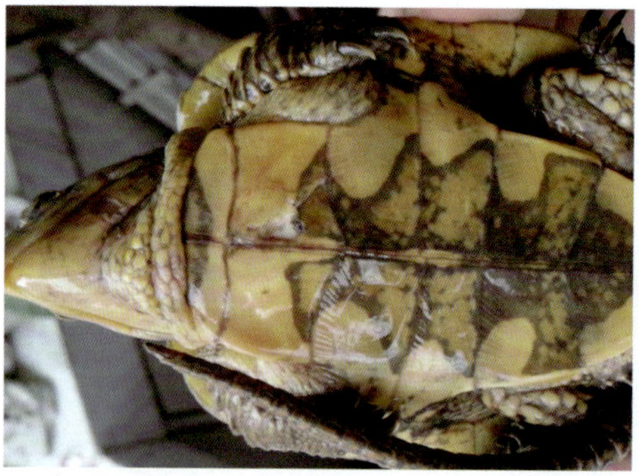

图5-13　鹰嘴龟疖疮病治疗前（彭俊提供）

图5-14　鹰嘴龟疖疮病治愈后（彭俊提供）

6. 龟腐甲病

2012 年 5 月 7 日，江西宜春读者晏祖民反映，他养殖的鳄龟出现烂甲病（图 5-15）。共养殖鳄龟 48 只，最重的近 9 千克，小的 3 ～ 3.5 千克，平均 4.5 千克左右。烂甲比例 100%，其中十几只烂甲比较严重，龟精神萎靡不振，不吃食。主人用碘酒消毒，再用百多邦外擦，效果不明显。笔者建议治疗方法：（1）将烂甲病灶挖干净，用生理盐水清洗后，涂上青霉素原粉，之后用创可贴封住；（2）肌肉注射左氧氟沙星（0.2 克 : 100 毫升），每只龟每次注射 2 毫升，连续 3 天。

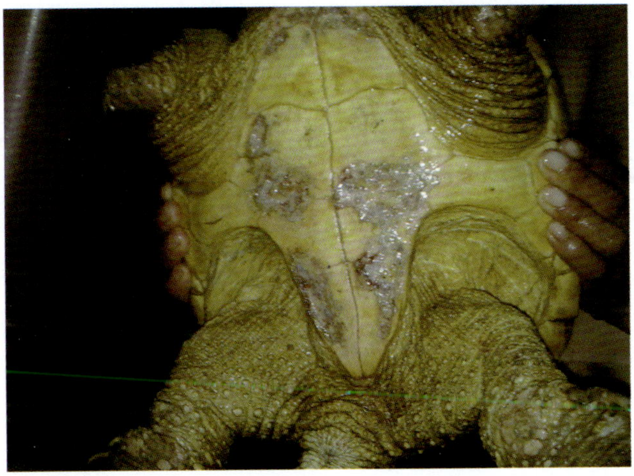

图5-15　龟腐甲病（晏祖民提供）

2012 年 8 月 28 日，广东云浮读者刘萍反映，她养殖的黄缘盒龟出现腐甲病，但有进食，活动也较灵活（图 5-16）。需要进行治疗，请求帮助。笔者建议处理方法：肌肉注射头孢噻肟钠，每天 1 次 0.1 克，连续 3 天；用青霉素和链霉素浸泡，每千克水体中加入青霉素 40 万单位和链霉素 50 万单位，每天 1 次，时间半个月；用达克宁软膏涂抹病灶，时间一个月。

2014 年 7 月 8 日，龟主韦妹反映，最近买来的一只台湾黄缘闭壳龟发现龟底板腐甲（图 5-17），刮除病灶后涂抹红霉素和利福平，不见效果，求助笔者。同时，龟主还介绍说，此龟有食欲，能正常进食，体重 450 克。

诊断：龟腐甲病。

治疗：（1）刮除病灶；（2）使用达克宁涂抹，每天多次，连续 6 天；（3）接下来使用红霉素软膏涂抹，一般 3 天。治疗期间白天干放，晚上下水，可以喂牛肉或饲料。治疗结束后静养，保持水质干净，每天至少换水 2 次。痊愈后不能恢复原样（图 5-18）。

图5-16　龟腐甲病（水静犹明提供）

图5-17　龟腐甲病治疗前

图5-18　龟腐甲病治愈后

7. 龟穿孔病

2012 年 10 月 31 日，广东信宜读者红光反映，他养殖的鳄龟发生疖疮与穿孔并发症。从病灶上看，病情已近晚期，非常严重，鳄龟体瘦，病灶很多，有些已穿孔(图 5-19)。因此，建议治疗方法：清除疖疮和穿孔病灶，将病灶内腐败物质挖出，用清水冲洗干净；用青霉素和链霉素原粉注入穿孔里和病灶上面，外层用红霉素软膏涂抹；肌肉注射药物，每天 1 次注射头孢噻肟钠 0.1 克，加氯化钠注射液稀释至 1 毫升，连续注射 6 天。治疗期间干放，每天适当下水 1 ~ 2 小时。

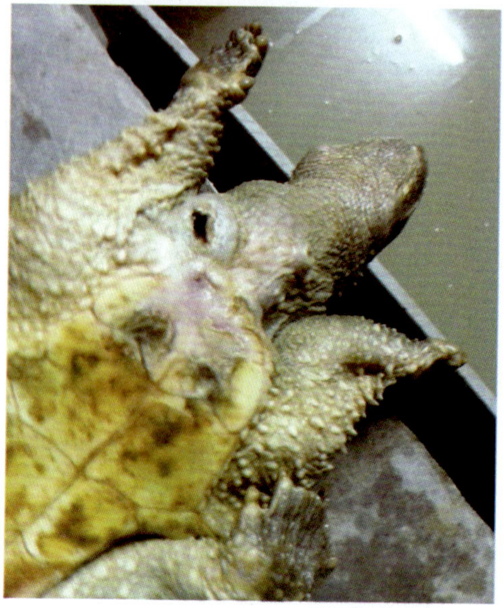

图5-19　龟穿孔病（红光提供）

8. 龟红脖子病

广西梧州云水相依养殖的石龟出现红脖子病。2015 年 4 月 4 日，龟主反映，换水时，发现一只 4 年母龟的颈、腿窝等处脱皮发红，认真阅读对照笔者的书，像是冬眠综合征，又有点像腐皮，凡是有肉的地方都是红的，才喂食一星期，今天才发现这情况。请笔者诊断一下。

笔者根据龟图分析，龟的脖子发红，其他部位如腋窝处也出现红色，腐皮症状并不明显，初步诊断为龟红脖子病（图 5-20）。

治疗：药物注射，使用庆大霉素肌肉注射，每次注射 0.4 毫升，并加入地塞米松 0.1 毫升，合计 0.5 毫升，每天一次，连续注射 6 天。

经过一个疗程 6 天的注射治疗，涂抹红霉素 15 天，干养，每天下水 1 小时，结果痊愈（图 5-21）。

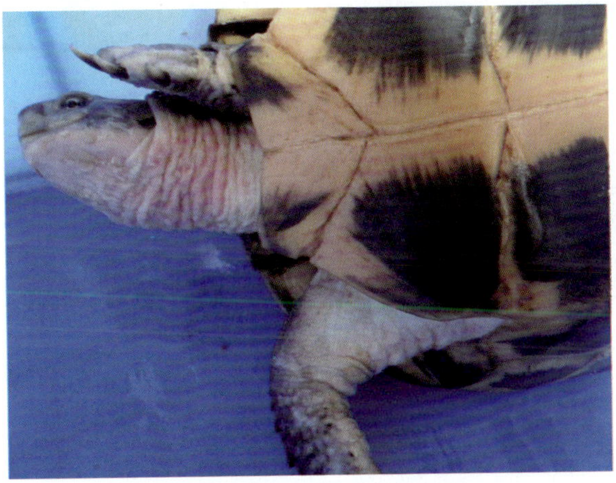

图5-20　石龟出现红脖子病

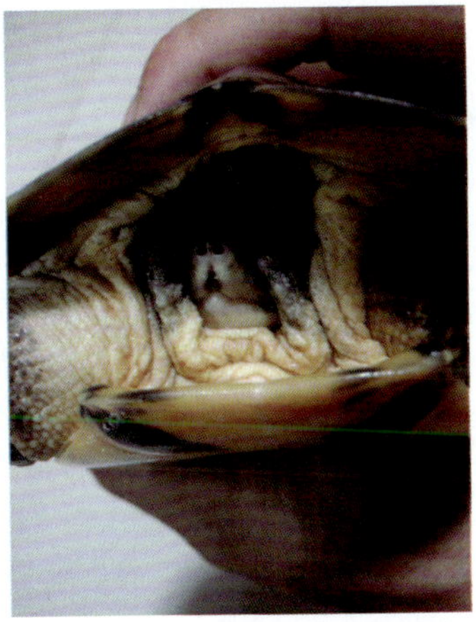

图5-21　石龟红脖子病治愈

9. 龟脂肪代谢不良症

实例 1：网友海南亚拉养殖的亚拉巴马伪龟发生脂肪代谢不良症。2016 年 4 月 21 日海南亚拉反映，他养殖的外塘亚拉巴马伪龟全身性浮肿，疑似脂肪代谢不良症，要求诊断并给予治疗方法。笔者调查，养殖时主要投喂鱼和空心菜，分析可能有时龟摄食了变质鱼，从而引起此病。笔者怀疑是龟在两个月之前摄食了变质鱼，龟主反映："嗯，您说的对，因为天气刚刚回暖，市场上没有那么多鱼，买到的鱼放在冰箱有点发臭，舍不得丢掉，就喂龟了。"网友已使用青霉素浸泡一天，未见好转，状态更差了。此龟体重是 2.275 千克。笔者诊断：龟脂肪代谢不良症。

治疗方法：肌肉注射头孢曲松钠 0.1 克 + 地塞米松 0.5 毫克，每天一次，连续 6 天为一个疗程。

2016 年 4 月 27 日反馈，龟主反馈：注射了 6 天，后肢周围明显好多了，但是前肢还是有点肿胀，不知道还需不需要继续注射，要是继续，剂量是否有调整？笔者给出建议：停两天再注射 3 天，剂量不变。结果治愈（图 5-22）。

图5-22 龟脂肪代谢不良症治疗过程（海南亚拉提供）

实例 2：2012 年 10 月 30 日，广东江门读者徐岸锋养殖的石龟出现脂肪代谢不良症。龟主反映，从去年开始养殖石龟，买回来石龟苗 100 只，每只价格 600 元。养至目前规格 150 ~ 400 克，平均 250 克。由于发病，现仅存活 60 只。主要症状是全身性浮肿，没有精神，出现拉稀现象，粪便绿色，2 只龟眼皮发白。现在每天死亡 1 ~ 2 只。经调查，换水采用等温方法，自来水放入桶里经过自然等温，但有时不够用就直接用自来水，因此有时违背了等温换水的原则。最主要的原因是使用了变质的淡水鱼，尤其在夏天投喂过从市场上买来的变质草鱼，多次使用后，引发脂肪代谢不良症。最近，在加温到 28℃养殖的情况下，2 ~ 3 天才能吃一点点，基本停食。笔者诊断：脂肪代谢不良症。

治疗方法：（1）杜绝投喂变质的鱼类；（2）使用一定比例的配合饲料，一般占比 70%；（3）治疗采用肌肉注射方法：每只龟每天 1 次注射氧氟沙星（0.2 克：5 毫升）0.5 毫升，连续 6 天为一疗程。

2012 年 11 月 6 日，龟主反馈，经过 6 天的打针治疗，龟已痊愈，恢复摄食，食台上的食物约在 1 小时内全食光了（图 5-23）。

图5-23 龟脂肪代谢不良症治疗前后（徐岸锋提供）

实例 3：脂肪代谢不良症在养龟中经常发现，但治疗起来比较困难。在诊断时，需要顺藤摸瓜，一步步查找发病原因，找到病因，对因治疗。最近，在广西博白就发生了一例。当时龟主告诉笔者，不仅龟病了，他的小孩也病了，在医院输液，并发来图片。笔者为其提供核心技术支持，经过积极有效的对因治疗，结果治愈。

2015 年 5 月 23 日，龟主陈先生反映，他上个月从南宁购进一批 20 只黄额盒龟野生亲龟，回来后一直正常，几天前产卵 2 枚。今天中午发现一只龟眼帘肿胀，精神不太好。找不到发病原因。

经调查，该龟主使用的是井水，经过大桶过水，估计等温时间不够。进一步观察，龟不仅眼帘肿胀，下巴和前肢肿大，根据症状分析有可能龟喝了脏水，包括吃残饵等。进一步调查发现，龟主前几天喂西红柿和蚯蚓，有些蚯蚓已死，容易变质，携带病菌，眼帘肿胀和下巴、四肢肿大，与摄食蚯蚓有一定的关系。因此，初步诊断为：摄食变质食物引起的脂肪代谢不良症（图 5-24）。

诊断：龟脂肪代谢不良症。

治疗：采用注射药物的方法。肌肉注射庆大霉素 0.3 毫升 + 地塞米松 0.1 毫升，每天一次，连续 6 天。

图5-24　黄额盒龟发生脂肪代谢不良症

结果：2015 年 5 月 29 日，龟主反馈，经过一个疗程的治疗，此病已治愈（图 5-25）。

图5-25 黄额盒龟脂肪代谢不良症治愈

实例 4：广东顺德陈健辉养殖的黄缘盒龟发生脂肪代谢不良症。2014 年 8 月 6 日，龟主反映，今天早上我太太洗龟池时发现有一只黄缘左前肢肿胀且爬行不便，将其隔离，观其眼睛时开时闭，拉其 4 肢有力，前左上肢差些，抓其时排大便 2 次，第一次结实，第二次有水样便，随后排出大量水，开始闭眼。这只黄缘盒龟是 7 月 15 日从朋友处购来的 6 只中的一只，购回时，体重 650 克，笔者对其进行一次外表检查看到其前左肢下方有肿块眼睛旁边有一点血迹。后检查，龟刚才又排出水和大便，水有小小偏绿，排便后眼睛睁开，头有间隙性抖动（图 5-26）。

图5-26 安缘脂肪代谢不良症治疗前

诊断：龟脂肪代谢不良症。

治疗：肌注左氧氟沙星（0.2 克 : 5 毫升）0.3 毫升，每天 1 针，连续 6 天。结果治愈（图 5-27）。

图5-27　安缘脂肪代谢不良症治愈后

10. 龟钟形虫病

钟形虫属，此类虫是属纤毛原生动物缘毛目钟虫科的一些种类。在龟体表肉眼可见到龟的四肢、背甲、颈部甚至头部等处有一簇簇絮状物，带黄色或土黄色，在水中不像水霉那样柔软飘逸，有点硬翘。

实例 1：2012 年 6 月 21 日，广西北流市读者蝴蝶反映，他养殖的金钱龟出现一种病，龟的背部、腹部和皮肤上有一种像浆糊一样的物质黏在体表（图 5-28 和图 5-29），对龟的生长繁殖有一定的影响，求治疗方法。经过发图，笔者诊断为钟形虫病，经过有效的治疗，结果痊愈。治疗方法：用毛刷清除龟体表寄生虫，冲洗干净，并彻底换水；硫酸锌 1 毫克 / 升，全池泼洒，每天 1 次，连续 3 天。每天换水 1 次。此前，龟主不用药物，把龟刷干净另养，龟池暴晒了 3 天，过一段时间后没有问题，15 天后再出现。此次用药后，不再复发。

图5-28　金钱龟腿部钟形虫病（蝴蝶提供）

图5-29　金钱龟腹部钟形虫病（蝴蝶提供）

实例 2：广西崇左廖桂林养殖的石龟发生钟形虫病。2014 年 7 月 29 日，龟主反映，她养殖的石龟种龟出现四肢等处皮肤上有黏液状，拉起来一丝丝的（图 5-30），经过图片诊断是钟形虫病，发病的石龟数量比较多，因此需全面治疗。

诊断：龟钟形虫病。

治疗：（1）用板刷除去病灶，刷干净之后，用清水冲洗，注意病原不能下龟池，以免侵袭其他龟；（2）用硫酸锌溶液浸泡，浓度为每立方米水体 2 克，长时间浸泡，每天换水换药，连续 3 天；（3）白天用达克宁涂抹，之后干放，晚上浸泡前述药物，涂抹 3 天。结果治愈（图 5-31）。

图5-30　龟钟形虫病治疗前

图5-31　龟钟形虫病治愈后

11. 龟冬眠综合征

2012 年 3 月 12 日，山西晋城读者林向博反映，他养殖的黄喉拟水龟冬眠后苏醒后，发现其眼睛、鼻孔周围红肿，并有局部腐皮症状（图 5-32）。初步诊断为：龟冬眠综合征。发病原因，冬眠长期低代谢状态下，龟的体质下降，加上环境污染，春天来临，病原菌活跃，龟容易导致细菌感染，表现炎症。因此，笔者建议治疗方法：用头孢哌酮 1 克化水 1 千克，加上地塞米松（1 毫升：2 毫克）2 毫克，为提高药物效果，升温 2℃，进行药物浸泡，每天 1 次，长时间浸泡，连续 3 天。2012 年 3 月 16 日龟主反馈，龟已恢复摄食，病灶消失，痊愈（图 5-33）。

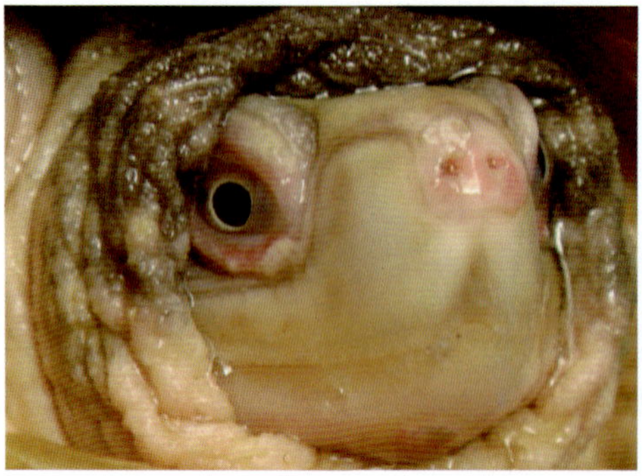
图5-32　龟冬眠综合征（林向博提供）

图5-33　龟冬眠综合征治愈（林向博提供）

二、常见性龟鳖病

1. 鳖氨中毒

氨中毒是养鳖温室养殖中比较常见的病症。在死亡时，鳖的前肢弯曲，因此，又称“曲肢病”，是一种环境恶化引起的鳖曲肢病。笔者在国内首次发现并报道：1999 年在《中国水产》第 9 期发表《江浙出现新鳖病》。

2012 年 4 月 11 日，浙江省湖州市新安镇读者徐光鑫反映，其温室养殖的台湾鳖最近发生几百只死亡，外表无任何症状。温度控制在室温 33℃、水温 30℃，摄食正常。从发来的图片观察，部分鳖前肢弯曲，头颈伸长，一般体表无其他症状，结合实际情况进行分析，诊断是氨中毒（图 5-34）。

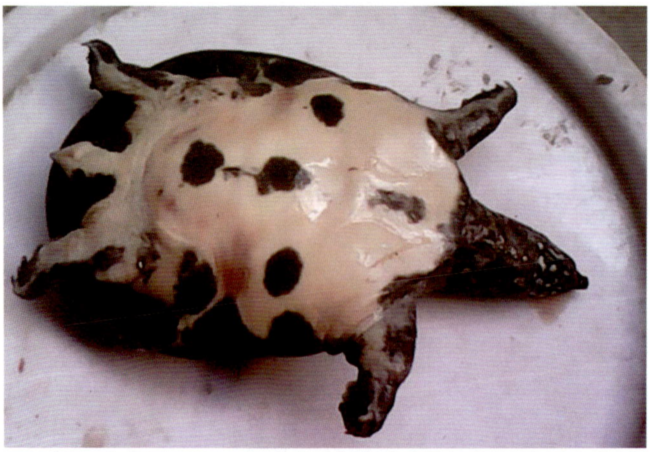
图5-34　台湾鳖氨中毒（徐光鑫提供）

他养殖的鳖有 5 口池最近发病，从前天开始死亡，已死亡 300 多只。最近换水比较少，微调量小，做得不够到位。死亡发生后，将个别病鳖池水换水 3/4，死亡立即缓解，也验证了水质恶化，导致氨中毒的诊断结果。

解救措施：（1）立即换水，将病鳖池水全部大量换上等温新水；（2）注意整个温室的温度平衡，不要发生意外；（3）正常养殖池需要加大换水量，保持水质稳定。2012 年 4 月 16 日主人反映，鳖已恢复正常。

2. 鳖白斑病

白斑病主要危害稚鳖和幼鳖，在生产中比较普遍，是一种真菌性疾病，如果错用药物，使用抗生素药物治疗，反而加重病情。这种病在低温水质较清的情况下容易发生，对于温室养殖，在高发期，尽量不开增氧机。药物预防方法：稚鳖放养后，每隔半个月一次分别使用克霉唑 2 毫克 / 升、亚甲基蓝 1 毫克 / 升和生石灰 25 毫克 / 升，全池泼洒。这种方法对鳖白点病的预防同样有效。2013 年笔者在浙江省湖州市双林镇指导使用这一方法，有效地避免了稚鳖期白斑病和白点病的发生。

2012 年 3 月 26 日，茂名读者龙源反映，他养殖的美国角鳖发病，发图给笔者，经诊断为真菌性白斑病（图 5-35）。此前他用抗生素一直治不好，越发严重。笔者建议的治疗方法是：（1）将水质调节成绿色肥水型，水体透明度为 25 厘米左右；（2）不要开增氧机，如果有增氧机的话；（3）将病鳖隔离治疗；（4）对于特别严重的病鳖将病灶清除后，用达克宁涂抹，每天多次，连续 2 周，直至痊愈，每天在治疗期间可以适当下水一段时间；（5）对于大面积发病池，采用全池泼洒药物的方法，具体使用亚甲基蓝，终浓度为 4 毫克 / 升。经过上述方法治疗后痊愈。

图5-35　角鳖白斑病（龙源提供）

2012 年 1 月 31 日，杭州读者卢纯真反映，在笔者指导下，她养殖的日本鳖，100 克左右，白斑病已治愈。具体治疗方法：用奈酸铜全池泼洒 1×10^{-6}，

3天后减半泼洒 0.5×10^{-6}，接下来将水温逐渐提升到30℃，并从未发病池引用透明度较低的肥水，在水里添加维生素C和氨基多维，很快痊愈。发病原因是因为温室内角落鳖池温度一直加不上去，引起低温，适合霉菌繁衍，导致白斑病发生。

3. 鳖白点病

白点病是一种细菌性疾病，在实践中，笔者仔细观察，不排除真菌感染的可能性。这种病危害最大的是鳖苗，在广西白点病常常感染山瑞鳖。贵港市读者穆毅养鳖场引进的山瑞鳖苗发生白点病，就是一例。

2012年8月20日，鳖主反映：最近从韦乐佃养鳖场引进的山瑞鳖苗100只，发生白点病，发病率为80%，山瑞鳖的背部有数个白点，笔者根据图片诊断是白点病（图5-36）。建议治疗方法：（1）清除病灶；（2）用达克宁涂抹3天；（3）接下来用红霉素软膏涂抹3天。

2012年8月25日，鳖主反馈：经过一个疗程的治疗后基本痊愈，病灶的伤口愈合（图5-37）。

图5-36　山瑞鳖白点病（穆毅提供）

图5-37　山瑞鳖白点病治愈（穆毅提供）

4. 鳖疖疮病

疖疮病是一种细菌性疾病，是危害龟鳖的一种常见病，可以危害稚鳖、幼鳖、成鳖和亲鳖。感染的部位主要是背部、腹部和四肢（图5-38）。疖疮发生后，如不及时治疗，就会蔓延至穿孔，因此，疖疮病与穿孔病是不同的发病阶段。疖疮病发病初期，遇上低温天气，往往会被真菌感染，细菌继发感染，给治疗带来一定的困难。

图5-38 山瑞鳖疖疮病

治疗方法:（1）清除疖疮病灶，挖出豆腐渣样物质，并用生理盐水冲洗干净;（2）用达克宁涂抹伤口，连续3天;（3）用红霉素软膏涂抹，连续3天。对于全身性感染的严重病鳖，需注射抗生素，肌肉注射药物，每天1次注射头孢噻肟钠，每千克鳖注射0.1克，连续3天。平时做好预防工作，对鳖池定期泼洒生石灰，每半个月一次，终浓度为每立方米水体25克。

5. 鳖钟形虫病

钟形虫属，此类虫是属原生动物缘毛目钟虫科的一些种类（如累枝虫、聚缩虫、钟形虫和独缩虫等）。钟形虫在鳖体表肉眼可见到鳖的四肢、背甲、颈部甚至头部等处有一簇簇絮状物，呈黄色或土黄色，在水中不像水霉那样柔软飘逸，有点硬翘（图5-39）。

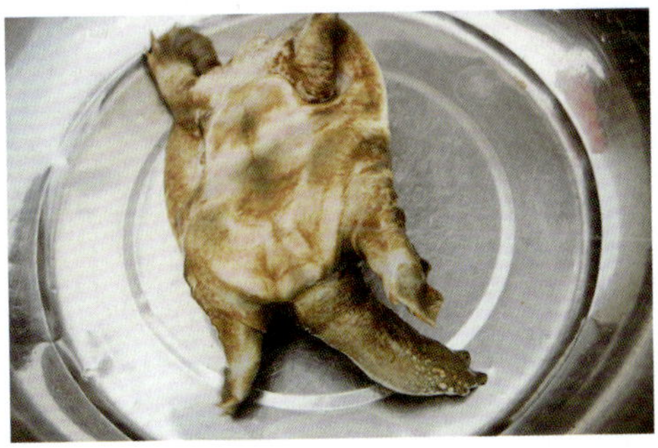

图5-39 鳖钟形虫

这类虫体为自由生活的种群，其生

活特性是开始以其游泳体黏附在物体（包括有生命的和无生命的）表面后，长出柄，柄上长成树枝状分枝，每枝的顶部为一单细胞个体，一个树枝状簇成为一个群体，每个个体摄取周围水中的食物粒（主要是细菌类）作为营养，其柄的固着处对寄主体可能有破坏作用。在水体较肥，营养丰富的水环境中生长较好。主要繁殖方式是柄上顶部的个体长到一定的时候就从柄上脱离，成为可在水中自由活动的游泳体，在遇到适宜的附着物时就吸附上去，再发展成一个树枝状簇的群体。对鳖的危害主要是鳖体上布满这些群体后会影响鳖的行动、摄食甚至呼吸，使鳖萎瘪而死。少量附着对鳖没有影响。在水质较肥的稚鳖池如有此虫大量繁殖，会对稚鳖的生长有很大的影响，如不及时杀灭，会造成大量死亡。此虫生长没有季节性和地区性，全国各地的水体都有，应注意水质不要过肥，保持水质清新。

治疗方法：（1）保持优良的水质是避免此病发生的最好方法。治疗可用新洁尔灭 0.5 毫克 / 升和高锰酸钾 5 毫克 / 升先后泼洒，或用 2.5% 食盐水浸浴病鳖 10 ~ 20 分钟，每天 1 次，连续 2 天，有一定杀灭效果。（2）特效方法：用硫酸锌 1 毫克 / 升泼洒，连续 3 天，每天 1 次，10 天后脱落痊愈。

6. 鳖萎瘪病

发病原因较多。首先，先天不足，最后一批产卵，孵化后个体较小，争食能力较弱，食欲不好，营养不良。其次，是食台面积太小，而鳖的放养密度较大，以及饲料投喂不均，时多时少，比例不当，体弱鳖难以上台摄食，长此以往，形成营养，累成此病。再次，稚鳖感染白斑病后，停食，全身性病灶引起肌肉萎缩（图 5-40）。

图5-40　鳖萎瘪病（陆绍燊提供）

治疗方法：（1）隔离饲养，治愈皮肤病，保持良好的水质；（2）在饲料中添加维生素 C、维生素 E、维生素 B_5、维生素 B_6 和维生素 B_{12} 等复合维生素；（3）注射葡萄糖、维生素 C、维生素 B_{12}；（4）用维生素 C 溶液浸泡；（5）全池泼洒维生素 C。

第二节　疑难性疾病

在这一节里，为读者系统讲述龟鳖疑难性疾病的大量病例，以及对因治疗方法，帮助读者解决龟鳖养殖中遇到的病害难题，通过学习，可以初步掌握诊断与治疗龟鳖疑难性疾病的科学方法。只有通过更多的实例来剖析，大家才能见得多，学得多，在实践中学以致用。

一、龟类疑难性疾病

1. 龟摄食脏水引起的不良症

病例 1：掌握核心技术，黄缘起死回生。浙江省湖州市一位读者养殖的安徽黄缘盒龟，由于农忙，13 天没照顾到龟，因此有一只龟病得很重。此龟属皖南种群黄缘盒龟，雄性，体重 450 克左右。龟可能摄食了变质残饵以及喝了泡澡脏水，结果龟眼睛紧闭、凹陷，四肢僵硬，没有反应，不能爬行，头颈缩进龟壳，对外界无任何反应，并有拉稀现象。龟主求助笔者，希望能挽回其生命。2014 年 6 月 14 日，笔者来到龟主家，查看了龟的病症，询问了龟的发病过程，仔细观察后进行分析，最后确诊为肠胃炎晚期（图 5-41）。

图5-41　皖南种群黄缘盒龟重症肠胃炎治疗前

根据病情，对症下药。采取科学的治疗方案，使用注射药物的治疗方法。肌注头孢噻肟钠（1 克 + 5 毫升氯化钠注射液稀释）0.75 毫升 + 地塞米松（5 毫克 : 1 毫升）0.25 毫升。每天 1 针，连续 6 天为 1 疗程。笔者亲自注射第一针，奇迹发生了，几个小时后，龟的眼睛竟然打开，尽管无神，但眼睛不再紧闭，主人感到欣喜，看到希望了。笔者离开后，留下药物让龟主继续注射一个疗程。2014 年 6 月 19 日，龟主反映，龟逐渐好转，能爬行，眼睛完全睁开，有神，看到龟喝水，但不见摄食。

2014 年 6 月 29 日，笔者回访。发现此龟见人缩头，龟壳闭合，怕人的原因是打针后造成的恐惧。经观察，决定对龟再注射一次，以便尽快恢复摄食。笔者亲自注射后，晚上回到家，接到龟主电话，刚用蚯蚓试喂，已见此龟摄食，全部吃完，龟主感到惊讶，笔者感到高兴。至此，龟已基本痊愈（图 5-42）。

图5-42　皖南种群黄缘盒龟重症肠胃炎治愈后

病例 2：广西南宁龟友莫玉红养殖的石龟摄食脏水引起的不良症。2015 年 3 月 29 日莫玉红反映，她养殖的石龟由于摄食了脏水发病，经过笔者的指导已基本治愈，并已恢复摄食。此龟 130 克，一个星期前，摄食了脏水，四肢无力，不进食（图 5-43）。在得到笔者帮助后，采取注射治疗，具体使用庆大霉素，每次注射 0.25 毫升，每天一次，连续 6 天一个疗程，结果治愈（图 5-44）。

图5-43 石龟摄食脏水引起的不良症

图5-44 石龟摄食脏水后不良症治愈

实例 3：唐女士是广东阳江的一位忠实读者，她通过《中国龟鳖产业核心技术图谱》一书的学习，加上笔者的指导，已学会为龟治病。最近，她表示，已会给黄缘龟打针，治愈一例脂肪代谢不良症。

她买来一批小黄缘龟后，在饲养一段时间后，因为去一趟老家湛江，龟由老伴照料，因未及时换水，龟喝了脏水和摄食了残饵后，四肢僵硬，排泄物恶臭。她经广西一位热心朋友的帮助，使用珠海一家公司生产的龟药进行治疗，结果无效（图 5-45）。因此，求助笔者，请求指导。根据她提供的情况，以及发来的图片，笔者进行分析，诊断为龟脂肪代谢不良症，需要注射治疗。但她从未为龟打过针，就打开笔者所著的《中国龟鳖产业核心技术图谱》，书中关于注射的方法，图文并茂，针对问题进行学习。并将龟带到东莞女儿家，让女儿一起帮忙，根据笔者提供的药方，经 6 天的注射治疗，结果痊愈。

2014 年 12 月 18 日，该读者的女儿反馈：章老师，先谢谢您！按您的书上的指导，我学会了给小黄缘打针了，小龟打了第六针后病情开始好转，粪便没有氨味，恢复较好，活泼好动，争着吃东西（图 5-46）。

图5-45 阳江唐女士养殖的黄缘盒龟脂肪代谢不良症治愈前

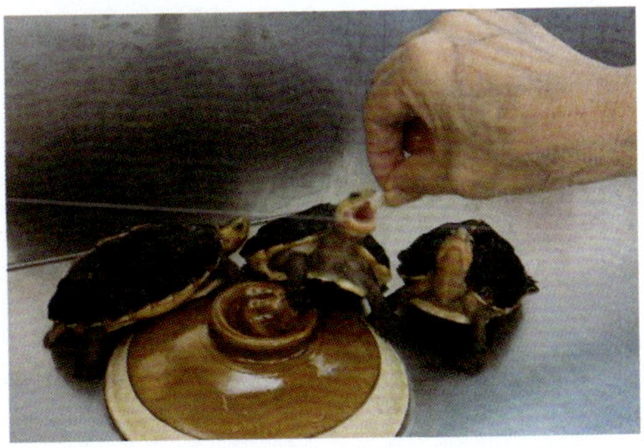

图5-46 阳江唐女士养殖的黄缘盒龟脂肪代谢不良症治愈后

治疗方法：头孢噻肟钠1克+5毫升注射液稀释，抽取0.2毫升，加地塞米松0.1毫升，合计0.3毫升，为一次注射剂量，每天一针，连续6针治愈，龟的体重160～170克。

2. 龟果冻便病

实例1：广东深圳穆毅养殖的黄缘盒龟发生果冻便症状。2015年5月19日，龟主反映，他从广州买了的一只野生黄缘龟公龟，亚成体，体重约200克，最近发生果冻便症状。这是由于消化不良引起的一种疾病，属于肠胃炎中的一种。

诊断：龟果冻便型肠胃炎。

治疗：注射庆大霉素0.2毫升，每天一次，连续3天。

结果：经过三针庆大后，病情好转，果冻便消失，但不摄食；于是改用头孢噻肟钠，每次0.3毫升，加地塞米松0.05毫升，三针后进一步好转，已恢复摄食配合饲料，但大便未成形，于是继续注射头孢噻肟钠，每次0.3毫升，加地塞米松0.05毫升，连续3针。共9针后，龟病已治愈，大便已成形（图5-47）。

图5-47　黄缘盒龟果冻便肠胃炎治疗前后（穆毅提供）

实例2：江苏海门市读者东方金养殖的百色闭壳龟药物中毒死亡。2016年2月12日，该读者反映，他养殖的百色闭壳龟是去年买回来的苗，花费13万元。一直使用温室养殖，冬天加温到30℃，采用多层养殖箱，在控温的温室中养殖，使用油汀加温。目前龟的体重100克左右。十多天之前，龟突然停食，一时找不到停食的原因，回忆说有人偷偷进温室参观，抓起这个龟，看过之后扔进水里。后来发现才将门关起来，温室有两扇门，用于保温。停食后，龟主从网上购买了中草药进行浸泡，结果无效。后来咨询笔者，从发来的图片看，龟眼睛有神，泄殖孔干净，四肢有力，但排泄物呈果冻便状，因此，疑似轻度肠胃炎，笔者建议送检。第二天，龟主用黄连素灌服，撬开龟的嘴巴，灌服后，龟的状态急剧下降，当天晚上，龟已死亡。从解剖图看，龟的肝脏有点状充血，肠道未见异常，肺部已损，没看到图片。根据图片分析，初步认为是由于强制灌服黄连素中毒致死（图5-48）。

图5-48 百色闭壳龟灌服黄连素中毒死亡（东方金提供）

归结起来，此龟致病与死亡过程：陌生人进去抓龟加上开门冷空气进入造成累积应激，龟停食排果冻便预示已发生应激性轻度肠胃炎，龟主不当使用黄连素灌服引起肝中毒，从而导致死亡。

3. 广东佛山恋滋味养殖的石龟出现钻沙现象

2015 年 4 月 29 日，龟主恋滋味反映，他养殖的一只体重 900 克的石龟出现钻沙现象（图 5-49）。这只龟在冬眠后就开始钻沙，一直没有好办法应对，听龟友说关闭沙地，不让龟进入。然而打开沙地，龟仍然钻沙。笔者根据龟钻沙现象，分析可能是在越冬前摄食了脏水或变质食物导致慢性肠胃炎。因此，建议采取肌肉注射治疗方法。

治疗：肌注庆大霉素 0.4 毫升 + 地塞米松 0.1 毫升，每天一次，连续 3 次。

经过 3 天治疗，龟已痊愈，不再钻沙，摄食正常（图 5-50）。

图5-49　石龟钻沙现象治疗前

图5-50　石龟钻沙现象治疗后

4. 龟后肢拖行症

广东顺德陈健辉养殖的黄缘盒龟发生后肢拖行症。2014 年 7 月，笔者利用广东顺德花之星缘展的机会，来到陈健辉家，为他养殖的黄缘盒龟后肢拖行症进行诊治。发现有两只龟有这样的症状，发病时间比较长，主要表现是后肢停止活动，就是后肢不能爬行，只能随前肢爬行时拖行（图 5-51 和图 5-52）。笔者曾给龟主提供治疗方法，但龟主不敢给龟打针。在缘展期间，笔者亲自为陈健辉的两只黄缘盒龟进行注射治疗，注射一针后，两只龟的后肢开始活动，几针后完全恢复爬行，活动自如。究其发病原因，是由于主人在上一年住院期间，家里的龟无人照顾，可能在此期间龟喝到脏水引起。

图5-51　小安缘后肢拖行症治疗前

图5-52　大安缘后肢拖行症治疗前

诊断：龟后肢拖行症。

治疗：大安缘每次肌注头孢噻肟钠0.5毫升（1克：5毫升）+地塞米松0.2毫升；小安缘每次肌注头孢噻肟钠0.05毫升（1克：5毫升）+地塞米松0.02毫升，每天1次，连续一周。

龟主反馈说：小安缘在2014年5月10日发现后腿拖拉不走动，治疗前咨询老师开出药方，但由于不懂打针所以未敢治疗。2014年7月17日经过老师打第一针后第二天开始爬动了，后期打了4针就可以完全正常爬行了。另一只大安缘在2013年8月25日发现有后腿拖拉，经老师指导开出药方，肌注氧氟沙星（0.2克：5毫升）0.5毫升每次，连续注射3天，每天1次。但始终不敢用药，直到老师2014年7月17日亲自为此缘打了第一针，7月18日早上此缘后腿就能走动。后期打5针，合计6针一疗程，龟已痊愈（图5-53和图5-54）。

图5-53　小安缘后肢拖行症治愈后

图5-54　大安缘后肢拖行症治愈后

5. 龟右前肢腐烂症

广西北海读者陈薇养殖的黄额盒龟右前肢腐烂的治疗。2015 年 4 月上旬，该读者收来一只黄额盒龟，病龟右前肢腐烂、流脓、恶臭。分析是该龟在野生状态下被抓捕时，可能右前肢被捕具机械性夹伤后发炎，直至腐烂（图 5-55）。这只雌龟品相优异，背甲棕色偏红，脖子红，头部金黄色。

图5-55　黄额盒龟右前肢腐烂治疗前

治疗方法：挤出脓水，将创口清洗干净后，用青霉素和链霉素涂抹病灶，每天多次，连续一周见效，脓水渐渐消失，伤口消炎消肿，但由于原来的腐烂病灶过于严重，治疗后，露出小腿骨，继续用红霉素软膏涂抹治疗（图 5-56）。

图5-56　黄额盒龟右前肢腐烂治疗后

2015 年 5 月 2 日，龟主反映，将龟用创可贴包扎，希望早日痊愈，然而揭开后，残肢被龟自己咬断。尽管治愈，但留下残疾。

2015 年 5 月 3 日，龟主反映，经过一个月左右的治疗，今天用牛肉引诱，龟已开食，此后，进一步观察，该龟比较稳定，摄食正常，爬行不方便，但行动敏捷（图 5-57）。

图5-57　黄额盒龟右前肢腐烂治愈后

6. 龟左前肢不能缩回症

广西北海市陈薇养殖的黄额盒龟左前肢不能缩回的治疗。2015 年 5 月 3 日，该读者告诉笔者，最近引进的野生黄额盒龟中一只左前肢不能缩回，这只龟为成体龟，根据分析不能缩回的主要原因可能是抓捕时受伤，也可能在运输途中受压引起（图 5-58）。回来之后，在笔者的指导下，采用科学的治疗方法，结果经过半个多月的时间，终于治愈，这只龟左前肢已经能自然伸缩，状态良好，进入正常驯养繁殖阶段（图 5-59）。

图5-58　黄额盒龟左前肢不能缩回治疗前

图5-59　黄额盒龟左前肢不能缩回治愈后

具体治疗方法是:（1）注射药物：使用头孢噻肟钠 1 克 + 注射液 5 毫升摇匀后抽取 0.7 毫升，再加地塞米松（5 毫克 : 1 毫升）0.1 毫升（0.5 毫克）注射 6 天为一个疗程;（2）浸泡药物：使用双抗进行浸泡 10 天，具体浓度为每千克水体加青霉素 40 万单位 + 链霉素 50 万单位。

7. 龟白皮病

实例 1：2011 年 11 月 16 日，浙江绍兴读者陆阳反映，他养殖的黄喉拟水龟 30 只，2009 年以每斤 1 000 元的野生龟价格引进，现在规格 500 克左右。最近，发病龟一只，个体重 400 克，黄喉拟水龟四肢皮肤和尾部发白，疑似腐皮病，要求诊断，经笔者诊断为真菌性白皮病（图 5-60）。建议采用达克宁涂抹治疗。结果：2 天后，龟四肢皮肤有所好转；3 天后，白色的表皮没有了，出现了新的表皮。2011 年 12 月 11 日，发来治愈的图片（图 5-61）。发病的原因也可能在水质太清、温度适宜的条件下，真菌滋生繁殖，此时石龟容易受到感染。

图5-60　龟白皮病治疗前（陆阳提供）

图5-61　龟白皮病治疗后（陆阳提供）

实例 2：2012 年 8 月 22 日，广东茂名市电白县沙琅镇读者田夫野老反映，他养殖的南石也出现同样的疾病。从发病的部位来看一般在龟的四肢上，病灶面积很大，不规则大小，与腐皮和白斑有一定区别。根据上一次浙江病例使用达克宁治愈的结果看，初步认为是一种真菌性白皮病。此次病例是南石半斤左右规格，是 2010 年的苗养成的幼龟，主要发病部位在后肢，发病率为 10%。据了解，龟主直接使用温差较大的深井水，导致龟多次累积应激，刺激皮肤病变可能有一定的关系。深井水 24℃左右，龟无论养在室内还是养在室外，龟主采用的室内外两种养殖方式，其龟池水温均达到 30℃左右，采用温差 6℃的水进行换水，必然产生应激，由于从小苗开始饲养，龟适应了应激，把这种应激转化为良性应激，但多次应激后，变成累积应激，会降低机体抵抗力，转化为恶性应激，尤其是低温的多次刺激，容易导致皮肤发生真菌性疾病。龟主采用每天投喂一次，晚上投喂鱼肉，早上换水的养殖方法。因此，采用相对应的治疗措施：采用等温水换水；使用达克宁涂抹，多次反复，直接痊愈，根据上次的治疗经验，一般 3 天左右有效，开始好转；对养龟水体使用亚甲基蓝全池泼洒，终浓度为 3 毫克 / 升。

实例 3：2013 年 1 月 15 日，中国知名龟鳖专家钦州诊疗中心在笔者指导下，巫世源接诊石龟病例，石龟规格 :300 ～ 450 克，养殖数量 90 只，水温 11℃，室温 14℃，在房间内用两个两平方米胶托养殖，烂眼眶，鼻孔堵塞，有 2 只龟浮水了，有 3 只龟伸头出水面。直接用自来水换水，冬天不加温，当时是冬眠时间。先用氧氟沙星浸泡没见效，反而严重多了，眼眶烂，鼻孔也烂。笔者通过图片进行远程诊疗，可以看到石龟的眼眶和鼻孔周围有白皮状病灶，疑似真菌感染性疾病。笔者诊断：疑似真菌性白皮病（图 5-62）。笔者提出治疗方法：（1）刮除病灶，并用生理盐水清洗干净；（2）在病灶处涂抹达克宁，反复多次，直至痊愈。结果：一疗程后痊愈。

图5-62　龟白皮病（巫世源提供）

8. 龟真菌性腐甲病

广东韶关读者张海娇养殖的鹰嘴龟发生真菌性腐皮病。2014 年 5 月 15 日，龟主反映，其养殖鹰嘴龟 20 多只，都出现不同程度的腐皮病，担心会不会是炎症，如肺炎、肠道炎，好担心。经过笔者诊断为真菌性腐皮病（图 5-63）。

诊断：龟真菌性腐皮病。

治疗方法：使用达克宁涂抹，每天多次，注意治疗期间干养。

龟主反馈：2014 年 5 月 22 日，龟主反映，龟好了，达克宁效果很好，现已正常摄食了（图 5-64）。

图5-63　鹰嘴龟真菌性腐皮病治疗前

图5-64　鹰嘴龟真菌性腐皮病已治愈

9. 龟白斑病

实例 1：广西北流市人生快乐养殖的鳄龟发生真菌性腐皮腐甲白斑病。2014 年 4 月 27 日，龟主反映，因自己一直不在家，妻子管理的鳄龟，发生全身性白色病灶，涂抹青霉素 3 天，再泡青霉素 3 天，结果病情加重，停食后浮水死亡。传染很快。

笔者根据图片分析，认为这是一种真菌引起的白斑病（图 5-65），使用抗菌素会起反作用。

图5-65　龟真菌性腐皮腐甲病

诊断：龟真菌性白斑病。

治疗：（1）隔离治疗；（2）用达克宁涂抹病灶，每天反复多次，连续 6 天，干放；（3）用克霉唑粉剂化水浸泡，浓度为每立方米水体 30 克，换水换药，连续 6 天（白天涂药，晚上浸泡）。结果治愈。此外，龟主没有注意到，治愈真菌性腐皮病后，龟被纤毛虫大量寄生。

实例 2：北京麒麟龟友养殖的黄喉拟水龟背部盾片上出现白斑病灶。2016 年 2 月 11 日，北京读者麒麟咨询："我的龟身上有好几块白的，朋友都说是真菌，可是这几块白的有时候自己就没了，过几天又出现，这是什么问题。有时候出现，跟真菌一样，没准一晚上又全没了，背甲特干净，我就有点费解。"

笔者：是这样的，这个问题，很多人说什么钙化，实际上不是的。是由于龟在低温清水环境中长期生活，被真菌感染所致，所以你有朋友说是真菌引起的，是对的。为什么有时不见了，过一段时间又出来，那是因为，如果温度升高到 27℃以上，并且水质较肥，也就是藻类茂盛的情况下，真菌会因为竞争原理，而暂时消退。等清水低温来临，它又会复发。因此，解决的主要方法，是使用抗真菌性的药物进行治疗，在春夏秋季，尽量制造绿藻为主的水质，如果在家里养殖，做不到，可以经常在水中使用抗真菌药物进行预防。

诊断：龟盾片真菌性白斑病（图 5-66）。

治疗方法：（1）白天干放，将病灶刷洗干净后，用达克宁涂抹；（2）晚上用克霉唑浸泡，浓度为 0.03%；（3）预防，每半个月一次用克霉唑泼洒，浓度为 0.03%。

图5-66　龟白斑病（麒麟提供）

10. 龟白眼圈病

实例 1：2015 年 1 月 1 日，广东东莞龟主风吹沙反映，他养殖的石龟发生白眼圈症状，不知其解，请求诊断并指导治疗（图 5-67）。针对其反映的情况，主要表现是石龟的眼圈四周发生白色的病灶，根据笔者经验判断属于真菌性疾病，这种病比较常见，属于目前的疑难病。发病的原因是使用比较清的自来水，加上水温比较低，适合真菌繁衍。

诊断：龟真菌性白眼圈病。

治疗：（1）刮除白色病灶；（2）用聚维酮碘涂抹眼圈皮肤，每天早中晚三次；（3）在其余时间用达克宁多次涂抹。注意治疗期间干放。

结果：进过 6 天的治疗，龟主反映，龟已痊愈，可以下水，进入正常饲养（图 5-68）。

图5-67　石龟白眼圈病治疗前

图5-68　石龟白眼圈病治愈后

实例 2：广西北海陈薇养殖的黄缘盒龟苗眼眶溃烂病治疗一例。2016 年 7 月 18 日，龟主反映，她养殖的一只黄缘盒龟苗，眼眶出现溃烂症状，分析原因，是由于龟苗已达到 50 克左右，从塑料盆移到大池养殖，龟苗进入大池后，不少龟钻入泥沙中，有的龟爬砖翻身，个别龟眼皮被磨破，感染发炎。针对这一情况，采用青霉素粉涂抹，干养，经过一周左右的治疗，已基本治愈。2016年7月24日观察，眼眶溃烂的病灶已逐渐消炎，病灶愈合，恢复正常。

11. 龟皮肤组织细胞增生性疾病

实例1：2011年5月22日，广东云浮市读者冯晓光反映，他养殖的金钱龟脖子上经常长东西，长出来的那种皮肤病是一种黄色的增生物，刮了还会长的，好像有根一样，老是找不到原因。这只是第4只了，前3只全死了。这种皮肤病很难治，病灶越长越大，都是以脖子为主，其中一只到了后期连脚都长了（图5-69）。水是地下水，吃的全是新鲜的鱼肉，水泥池经过消毒过才使用的。怀疑投喂了广东鲮鱼和草鱼，其中有可能带有真菌性鱼病的病鱼，龟摄食后被感染真菌性疾病。不排除使用地下水，水温偏低，容易引起应激，使得龟的体质下降，在低温下，真菌容易感染。因此，初步诊断为龟真菌性皮肤组织细胞增生性疾病。建议治疗方法：刮除病灶后用达克宁涂抹。2011年6月7日龟主反馈，病灶已经消失，使用达克宁涂抹效果很好（图5-70）。

图5-69　龟头颈一侧出现黄色增生物（冯晓光提供）

图5-70　龟头颈一侧黄色增生物消失（冯晓光提供）

实例2：2012年10月9日，广西百色读者黄悦反映，一周前，别人送的金钱龟两只，回来后用矿泉水养殖，开始几天没注意，最近发现两只的头部和颈部（其中1只）有白色增生物病灶（图5-71和图5-72）。因此，加入中国龟鳖网群（群号：199700919）并求助。经过图片分析，初步诊断为：龟皮肤组织增生性疾病。治疗方法：治疗期间干养，每天适当下水1～2小时；将养殖箱水体全部排干，然后用84消毒液消毒。具体做法是将龟全部取出后，注入新水，然后在水里滴几滴84消毒液，并用海绵将箱内洗干净，并浸泡40分钟，进行消毒。然后，将消毒水排干用清水反复清洗，最后放入干净的等温水，就是水一定要预先静置，与自然温度相等后才可使用；用软毛牙刷将龟的头部和颈部病灶刷干净，边刷边用干净水冲洗，直至病灶清除干净，不要怕皮肉外露，病灶不清除干净不行；用达克宁涂抹，每天多次，连续4天，第5～6天用红霉素软膏涂抹。用药第一天，病情发生根本好转，昨晚家里只有红霉素软膏，涂抹后，今天改用达克宁涂抹，干养，仅下水1小时，下午龟主反映已经见效，病灶明显消失，需要继续用药。但龟的嘴角病灶没有完全清除，需彻底清除后用药。用药第二天，龟主反馈，上午下午各涂了一次达克宁，也是干养，早上龟主还看到其中一只小龟吃虫子了，症状比昨天好转了。严重的那只小龟，脖子上基本看不出是生病，嘴唇边的伤已经结痂。今天放它们进水1个小时后，龟主观察了一下，原先的病灶处没有发现有烂皮的现象，进水后的情况跟照片的样子是差不多的，严重的那只已经恢复摄食，龟主刚放虫子，龟就爬过来咬虫子吃了。不过严重的这只小龟，感觉它比较胆小，靠近它就缩头缩脑的躲到壳里去，不严重的那只比较活泼些，放到地上一会儿就到处乱走，这个区别是不是因为病情轻重的原因造成的呢？笔者对比了昨天的照片，真的好转许多，特别是严重的那只，很明显，脖子处好了许多。用药7天后，龟主反映，龟已痊愈（图5-73和图5-74）。

图5-71　龟头部出现白色增生物（黄悦提供）

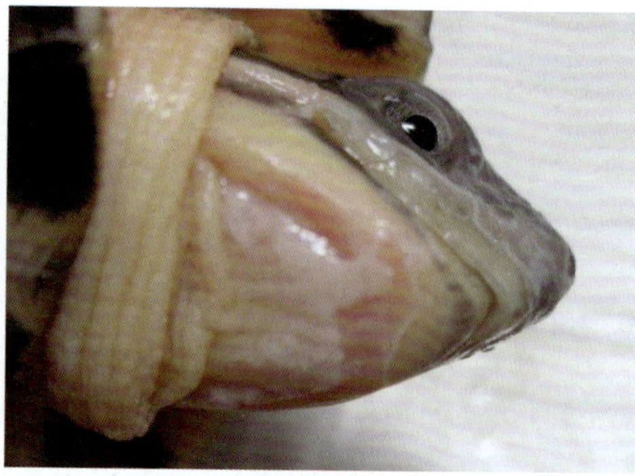

图5-72　龟颈部出现白色增生物（黄悦提供）

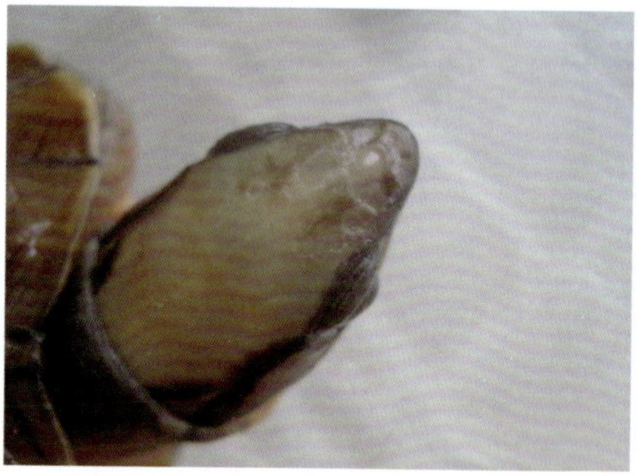

图5-73　龟头部白色病灶消失（黄悦提供）

图5-74　龟颈部白色病灶消失（黄悦提供）

12. 龟畸形病

龟鳖畸形病在生产中较为常见。发现得较多的是金钱龟、石龟、黄缘盒龟、鳄龟、珍珠鳖等（图 5-75 和图 5-76）。主要特征是背部特别拱曲，脊棱弯曲，尾部萎缩，甲壳缺刻，甚至缺少一只脚等。造成畸形的原因主要有：亲近交配引起的后代基因突变；龟鳖在孵化中，胚胎正在发育过程中，突然遭受雷电袭击，引起强力震动，破坏了胚胎正常发育；在孵化中温度过高或湿度偏低，人为搬动时动作激烈等都可能致畸。实例分析了高锰酸钾对龟鳖致畸的可能性。

图5-75　金钱龟畸形病

图5-76 石龟畸形病

实践中发现，高锰酸钾应用于龟体浸泡消毒是一件很普通的事，但过度使用，可能导致畸形发生。广东读者刘萍就反映这样的问题：她数年前曾饲养过两批当年的石金钱龟苗，第一批是 8 月份引进的当年 6 月份的苗，共 13 只。第二批是 11 月份引进的 9 月份的苗，共 50 只。饲养第一批苗时，因数量少，且是第一次饲养，当时是当宠物来饲养的，饲养前她曾浏览过网上的一些资料，资料说龟体可用高锰酸钾消毒，于是乎，每周用高锰酸钾消毒龟体一次。其中有一次，有四个龟苗背甲发现有白色絮状物，于是赶紧消毒，放多了高锰酸钾，当时因其与龟友在网上热聊，把龟忘记了，结果四个小宝贝在深紫色的高锰酸钾溶液里整整待了一个半小时，把它们捞起来后它们的皮肤似乎都有些变色了。饲养第一批龟苗时，11 月初当地曾有一次明显的降温过程，当时龟苗因为放在阳台上，没及时移入室内，而致其中的 4 只龟苗感冒，明显症状是流鼻涕、张口呼吸。于是赶紧隔离消毒，用庆大等药物药浴治疗。其他未现感冒症状的，也用高锰酸钾消毒，然后用板蓝根泡水预防，其他的龟仔，则消毒工作更是加紧了。饲养第二批苗时，由于有了第一批苗的经验，在饲养过程中除用高锰酸钾消毒器具外，并没有用高锰酸钾来消毒龟体，并注意水温的相对恒定，避免龟的应激反应。养殖结果，第一批石龟有畸形的，第二批没有用高锰消毒消毒的没有一个畸形。

后来，刘萍遇到当地的一位朋友，他三年前引进了300多只当年的石龟苗，也是第一次饲养。可能是太勤快了，经常用高锰酸钾消毒，结果300只苗中，有150多只苗是畸形。有一次她与当地的一位养龟大户交谈，获知了一件事，博罗一位养殖户，有一年养了数百只石龟苗，那个养殖户有一段时间出外，嘱咐十多岁的儿子给龟苗消毒，结果他儿子经验不足，高锰酸钾用多了，数百只龟苗大部分都变成了畸形。

在龟养殖过程中，刘萍不赞成用高锰酸钾直接消毒龟体，但可用于饲养场地和器皿的消毒。消毒时须注意以下几点：（1）对物品消毒，用0.1% ~ 1.0%溶液，浸泡作用10 ~ 30分钟。（2）水溶液暴露于空气中易分解，应临用时配制。（3）消毒后的物品和容器可被染为深棕色，应及时洗净，以免反复使用着色加深难以去除。（4）因氧化作用，对金属有一定腐蚀性，故不宜长期浸泡，消毒后应将残留药液冲净。（5）勿用湿手直接拿取本药结晶，否则手指可被染色或腐蚀。（6）长期使用，易使皮肤着色，停用后可逐渐消失。

13. 龟寄生虫病

龟的寄生虫，不断被发现。常见的有绦虫、线虫、蜱虫和原虫等。笔者见过台湾黄缘闭壳龟体表寄生有蜱虫（图5-77），对蜱虫的处理方法：发现停留在龟皮肤上的蜱时，切勿用力撕拉，以防撕伤组织或口器折断而产生的皮肤继发性损害。可用氯仿、乙醚、煤油、松节油或旱烟涂在蜱头部待蜱自然从皮肤上落下。

图5-77　寄生在台缘体表的蜱虫

实例1：广西钦州杨军收集的野生四眼斑龟发现其大便中携带线虫（图5-78），杀灭线虫，可服用“肠虫清”，每片0.2克，每只大龟每次喂半片即0.1克（图5-79）。

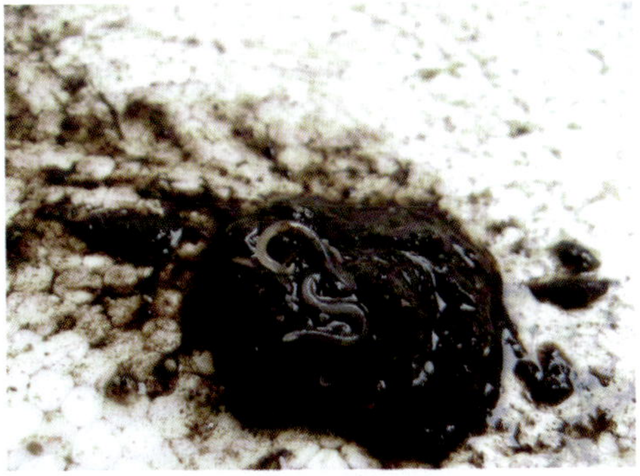

图5-78　寄生在四眼斑龟体内的线虫（巫世源提供）

图5-79　寄生在四眼斑龟体内的线虫药物杀虫后（巫世源提供）

实例 2：北京心悟龟缘反映朋友养殖的窄桥蛋龟发生眼睛寄生虫病（图 5-80）。龟作为转续宿主被绦虫幼虫裂头蚴寄生到眼膜内，引起的龟眼睛寄生虫病。这种疾病属于疑难杂症，疑似龟摄食了蛙肉或蛇肉引起。经调查，龟主喂过蛇肉和“黄金蛙”。解决的主要方法是手术摘除寄生虫。

图5-80　绦虫裂头蚴寄生到龟眼睛内（心悟龟缘提供）

2016 年 3 月 24 日清晨，心悟龟缘的网友发来视频，请笔者帮助他北京的朋友诊断一起龟眼睛寄生虫病，询问采取什么方法进行处理？

看到视频，笔者经过仔细观察并进行分析，初步认为这是一种叫曼氏绦虫的幼虫，名为裂头蚴。曼氏绦虫需要经过 3 个宿主完成其生活史，人、犬、猫等肉食动物是其终宿主，剑水蚤是其第一宿主，蛙、蛇、鸟类和猪等是其第二中间宿主或转续宿主，寄生虫在终宿主的小肠内，虫卵随宿主粪便排出体外，在水中发育成钩球蚴，被剑水蚤摄食后，在其血腔中发育成原尾蚴，含有原尾蚴的剑水蚤被青蛙的蝌蚪摄食后，发育成裂头蚴，寄生在蛙腿的肌肉中，当含有裂头蚴的蛙被蛇、鸟、猪等动物摄食后，由于裂头蚴不能在这些动物的肠内发育为成虫，而是穿过肠壁，移居到腹腔、肌肉或皮下等处继续生存，蛇、鸟、猪等就变成转续宿主，含有裂头蚴的中间宿主或转续宿主被犬、猫或人摄食后，就会在终宿主肠道内发育为成虫，完成整个生活史。那么，笔者分析的这只龟可能摄食了含有裂头蚴的青蛙肉或蛇肉。此外，被寄生裂头蚴的苍蝇叮过龟眼睛，有可能龟喝了脏水，或者整个身体浸泡了含有寄生虫的水体中，也可能在摄食含有裂头蚴的蛙肉或蛇肉时，脚趾沾有寄生虫，龟用脚趾擦眼睛，寄生虫转移到眼膜内。严重时，可能会出现眼球突出的现象。视频中可见裂头蚴在龟的眼膜里蠕动，虫体白色，条形。经过调查，龟主承认给龟喂过蛇肉，水族市场上卖的一种叫“黄金蛙”的，两种都喂了。

对于龟眼膜内的裂头蚴如何处理？最好的方法是去医院做摘除寄生虫手术。对于不能手术的龟类，可注射 40% 的乙醇普鲁卡因，杀死裂头蚴，问题是杀死后的寄生虫留在眼膜内溶解后会有损眼睛。60% 的乙醇可以彻底杀死裂头蚴，因此，蛙肉或蛇肉经过乙醇处理后投喂，是一个办法，但是，生蛙肉和蛇肉最好不要直接喂龟。

图5-81　寄生在龟池壁上的原虫（胡锦龙提供）

实例 3：龟原虫病在广东惠州被发现，石龟背甲和腹甲上像水泡一样的亮晶晶的胞囊病灶，并在池壁上发现同样的病灶。此外，广西玉林读者也发现原虫寄生石龟，经过治疗后原虫脱落留下的坑。像这样的龟原虫病，在国内首次发现。2013 年 4 月 13 日，惠州读者龟主胡锦龙反映，一周前发现石龟身上寄生像水泡样的病灶，池壁上也有发现，去除病灶后，甲壳上留下一个个小坑，好像腐甲初期（图 5-81 和图 5-82）。玉林群友吉祥的石龟背甲上也发现小坑状病灶。因此分析，常见石龟或其他

图5-82　寄生在石龟背甲上的原虫（胡锦龙提供）

龟背甲上有小坑的腐甲现象，可能与寄生虫病有关，是原虫寄生后留下来的病灶。不仅龟背甲、腹甲上有寄生，池壁上也有寄生，这与小瓜虫的特性一致。小瓜虫不仅寄生宿主，常常在池边或草上形成胞囊。

石龟原虫病的发病原理：发病石龟背甲和腹甲上肉眼可见零星分布白色小点状囊泡，所以龟主看到后称水泡。这种原虫，寄生到龟甲上，刺激寄主组织增生，形成一个白色脓疱。虫体在内分裂繁殖，至一定时期冲出脓疱，在水中自由游泳相当时期后，在池壁形成胞囊，虫体在内分裂成数百至数千，幼虫冲破胞囊出来在水中游泳找寻寄主，接触龟甲，即进入盾片，进行新的生活周期。龟主反映，此原虫只寄生在龟的背甲和腹甲，龟的皮肤上未见寄生虫。

诊断：龟原虫病。

治疗方法：（1）将发病池的所有龟抓起来，清除龟身和池壁上的原虫，池壁上有刀片刮除，龟身上的原虫用牙刷清除；（2）将池水放干，对龟池进行消毒，方法是用 84 消毒液，浓度为 30 毫克 / 升，全池泼洒，包括池壁等处，4 小时后，放入新水冲洗几遍，再注入等温新水；（3）对病龟，用 3 毫克 / 升的 84 消毒液反复刷洗，以杀灭原虫，未发病的石龟同样刷洗一遍。然后将清除原虫后的石龟放入原池。此外，所有的工具必须经过消毒处理。

2013 年 5 月 9 日，龟主反馈，按照笔者的方法，经过消毒三次后，龟原虫病已痊愈（图 5-83）。

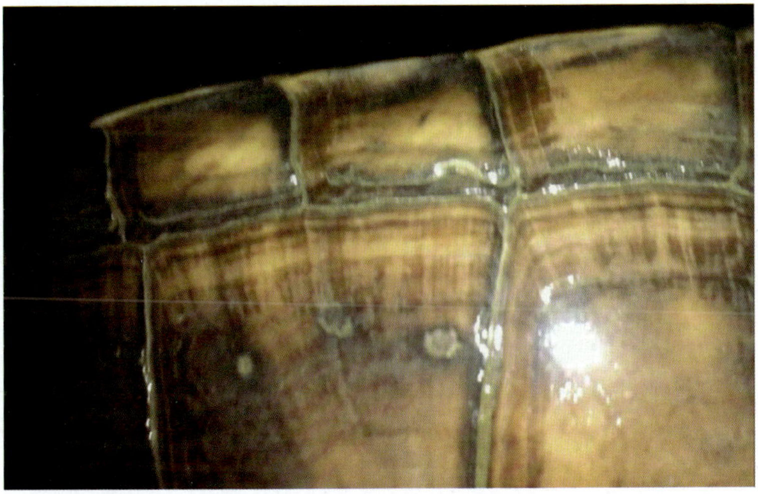

图5-83　原虫脱落后留龟甲表面留下来的坑（胡锦龙提供）

14. 龟生殖器脱出症

龟类生殖器脱出是养龟中较为常见的现象，究其原因，是饲料中含有生物激素所致，很少是由于投喂的人工激素。生物激素的主要来源是新鲜鱼虾类，含有鱼卵、虾卵或性腺，也可能是配合饲料中使用的国产鱼粉中含有一定量的生物激素，当激素含量偏高时，龟类摄食后就可能发生生殖器脱出症。

出现生殖器脱出症后，处理的方法主要有两种：一是保守的处理方法；二是手术治疗方法。如果生殖器脱出后，尚未损伤，或被其他龟咬伤较轻，针对此种情况，可以采用第一种方法，具体是将生殖器送回泄殖腔。送入过程中动作要轻，预先要进行消毒处理，送入后，要采取封闭措施，就是将送入后的泄殖腔暂时封闭，经过 8 小时左右才可解除封闭。这样做，可能需要重复几次，直至生殖器不再脱出，有的龟病情较轻，一次就可以了。对于有些龟生殖器脱出后已被其他龟严重咬伤，不能再恢复生殖功能时，可以采取手术治疗的方法。需要先将露出的生殖器部分在根部结扎，等 1 ～ 2 天后生殖器已经坏死，施行切除手术，注意要采取必要的消毒措施，防止细菌感染。

预防生殖器脱出的主要方法是，不随意使用海杂鱼、虾之类的生物激素含量较高的动物饵料；对于温室龟生殖器脱出症，将病龟静养在一个池子，更换口碑好的品牌配合饲料，适当减少投喂量，补充复合维生素，必要时进行手术治疗。笔者指导的实例较多。

实例 1:2012 年 5 月 1 日，钦州出现鳄龟脱肛症（图 5-84）。龟主 Tiffany 反映，昨天发现她养殖的鳄龟 3 只，其中 1 只出现脱肛症，起因于这段时间喂了 10 天的海鱼。由于目前海鱼处于生殖季节，其生物激素含量较高，鳄龟摄食后，受性激素刺激后，引起的脱肛。治疗方法：将露出的脱肛部分塞进泄殖孔，并用创可贴或胶带纸暂时封住，晚上封住，第二天早晨解除；用青霉素药液涂抹泄殖孔，预防感染；更换饲料，不再用海鱼投喂，但可以使用未发育的淡水鱼。

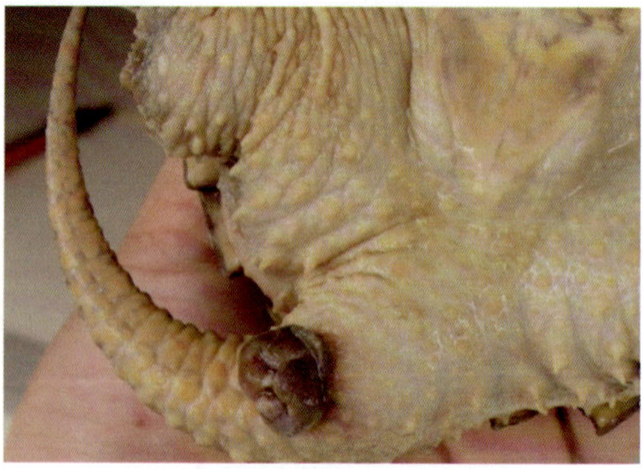

图5-84　鳄龟脱肛症（Tiffany 提供）

实例 2：2012 年 5 月 17 日，广西北流市网名为只求更好的读者，遇到同样的问题，一只鳄龟生殖器脱出，在笔者指导下，先是采用保守疗法不见效果，之后采用手术治疗，顺利解决了疑难问题，目前这只鳄龟状态良好，已经恢复摄食和正常排泄功能。

实例 3：2012 年 6 月 2 日，南宁读者蓉儿养殖的乌龟脱肛（图 5-85）。已经破口冲血，上了一些云南白药粉。笔者建议采用保守治疗的方法，具体将脱肛的外露部分塞进泄殖孔内，再用创可贴或胶带纸封住，晚上封，第二天早晨放开，每天 1 次，一般需要 3 次；暂时停止使用颗粒料和海鱼。可以用河鱼投喂，将河鱼的性腺清除掉，龟主投喂小刀鱼也要去除性腺。治愈后，颗粒饲料，需要换新的可靠的品牌饲料。

实例 4：2012 年 6 月 4 日，天津读者 HEDY 反映，她养殖的麝香龟脱肛。原因是上周产卵后，出现此症，并且越来越严重。可能是产卵后泄殖孔周围的肌肉组织受损松弛，短期难以恢复导致（图 5-86）。治疗方法：（1）将泄殖孔周围用双氧水消毒；（2）将脱出额部分塞进泄殖孔；（3）用创可贴或胶带纸封住，一般晚上封上，第二天早晨解除封贴。这样做需要 3 次左右，每天 1 次。

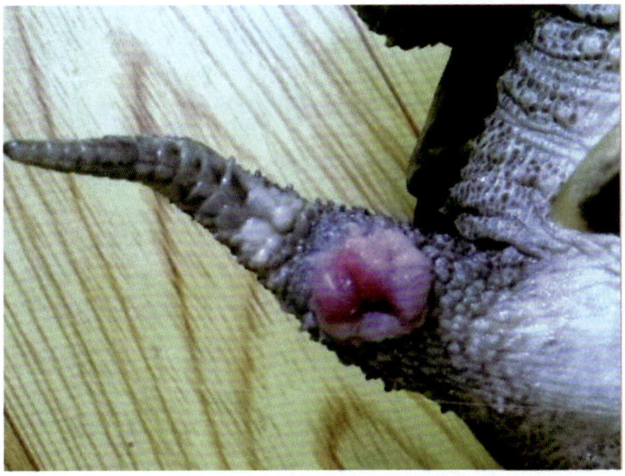

图5-85　乌龟脱肛症（蓉儿提供）

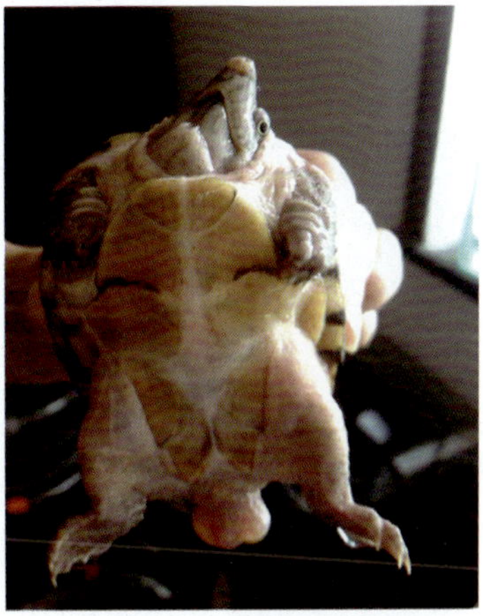

图5-86　麝香龟脱肛症（HEDY提供）

实例 5：2012 年 9 月 14 日，广西北流市网名为蝴蝶的读者，遇到鳄龟生殖器脱出的问题，在笔者的指导下，采用保守疗法，结果鳄龟痊愈，现已正常恢复摄食（图 5-87 和图 5-88）；

图5-87　鳄龟生殖器突出（蝴蝶提供）

图5-88　鳄龟生殖器脱出症治愈（蝴蝶提供）

实例6：2013年3月28日，茂名读者饮水思源反映，他的石龟发生生殖器脱出现象，上中国龟鳖网群（QQ群号：199700919）求治。笔者指导：用生理盐水清洗龟生殖器；将龟生殖器送回泄殖腔；用胶带纸封住生殖器不要脱出，第二天早晨将胶带纸松开。根据情况分析，可能需要反复几次。龟主当天晚上，将生殖器送进泄殖腔，推的过程中，有少量血水渗出。第二天，石龟正常，未见生殖器脱出（图5-89和图5-90）。第3天，龟已恢复摄食，痊愈。

图5-89　石龟生殖器脱出（饮水思源提供）

图5-90　处理后第二天生殖器未见脱出（饮水思源提供）

实例 7：2014 年 11 月 28 日，笔者指导的一例是广东肇庆的龟友养殖的石龟出现生殖器脱出（图 5-91），根据笔者的诊断，建议采用保守治疗措施，经过 10 天左右的治疗，龟主反映，龟生殖器脱出症已治愈，并反馈治疗后的对照图片（图 5-92）。

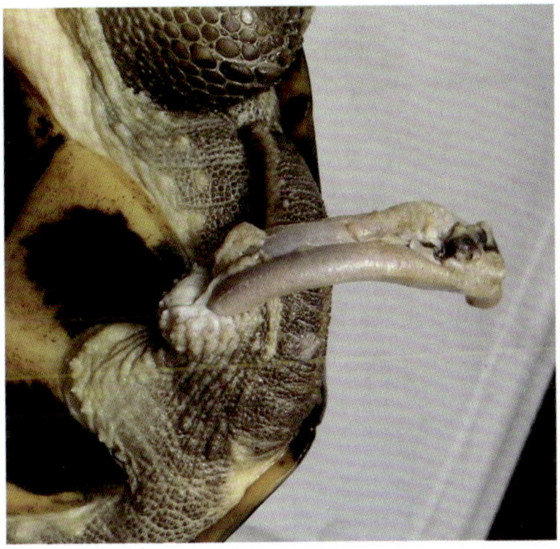
图5-91　龟生殖器脱出症治疗前

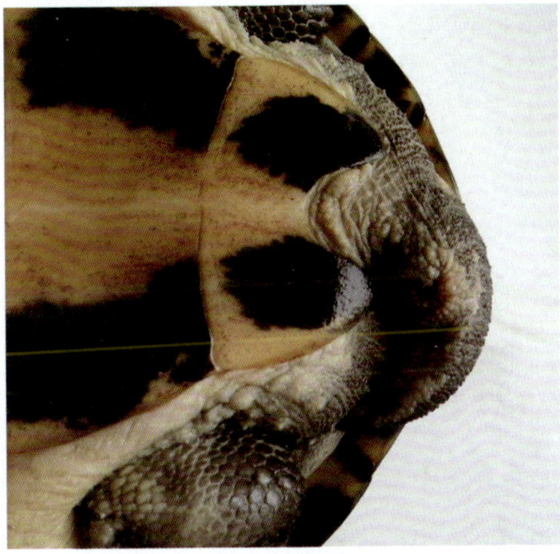
图5-92　龟生殖器脱出症治愈后

实例 8：茂名沙琅也出现了这样的病例。2015 年 2 月 23 日，网友漂 - 沙琅反映，他养殖的鳄龟出现了生殖器脱出症（图 5-93）。经过笔者指导，进行治疗，结果，一次性见效。2015 年 2 月 24 日龟主高兴地告诉笔者，此龟已基本痊愈（图 5-94）。

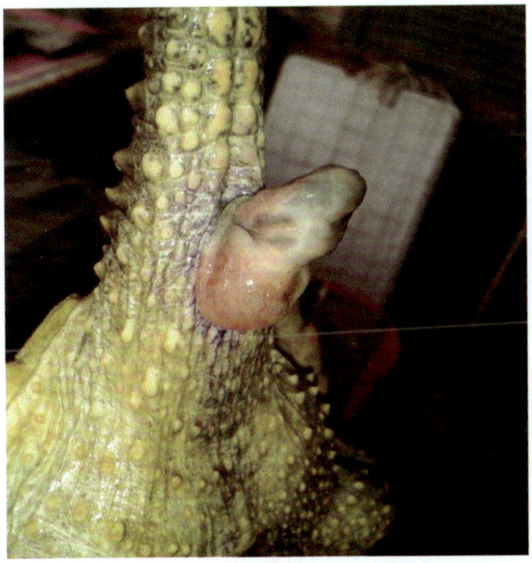
图5-93　鳄龟生殖器脱出治疗前

图5-94　鳄龟生殖器脱出治疗后

具体做法：在脱出的生殖器和周围用低浓度的聚维酮碘消毒，或用头孢粉化水消毒，也可以用左氧氟沙星消毒；接下来用医用镊子，在镊子的头部用胶布包裹 1 ～ 2 层，轻轻地将龟的生殖器送回泄殖腔内，之后用胶带纸封住，不要让生殖器滑出。一般在晚上做，封住之后，到第二天早晨打开胶带纸，观察生殖器是否有脱出现象，如果没有就可以了。若仍然脱出，可以再做 1 ～ 2 次，最多 3 次就可以痊愈。大多数情况下，一次就可以达到效果；治疗期间干放，注意环境卫生和安静舒适的环境，不要惊动它。

15. 龟生殖器肿大症

2012 年 9 月 22 日，广东云浮刘萍反映，她养殖的石龟出现生殖器肿大症。据她说是朋友的石龟寄在她家里养殖，两只雄性石龟中有一只龟生殖器肿大，特别粗，在水中三次见到有血水染红水体，已停食。笔者分析可能是这只病龟生殖器有炎症，引起发炎的原因有可能交配频繁，秋季是龟交配的旺季，两只公龟也经常骑在对方身上交配，会不会是生殖器在交配时受伤？又或者几天没喂，生殖器伸出来时不小心被对方咬伤？此龟体重 800 克（图 5-95）。治疗方法：氧氟沙星注射液，规格 0.1 克 : 5 毫升，注射剂量为每次 1.5 毫升，每天 1 次，连续 6 天为 1 个疗程（实际使用剂量 0.1 毫升，一次见效，并使用青霉素浸泡）。2012 年 9 月 23 日，刘萍反馈治疗结果显著，龟已恢复摄食。她说："今天那只打针的龟我丢了两小片猪肉给它，它都吃掉了。反正前三四天我喂它鱼它都不吃，试了两次都不吃。"对于注射剂量，她没有按照我说的给药，而是按照说明书，每千克动物体重一次注射 0.1 ～ 0.2 毫升，昨晚，她用 2.5 毫升的针筒仅注射了 0.1 毫升，没想到，效果这么快，今天龟就开食了。此后，病情有反复，又出现拉血现象，因此继续注射。剂量为：氧氟沙星注射液，规格 0.1 克 : 5 毫升，每次 0.5 毫升，连续两针后恢复摄食，给 5 片小鱼肉，吃了 4 片，不再拉血。

2012 年 9 月 11 日广东茂名市沙琅镇读者梦云发现有个石龟种龟，1 千克体重，雄龟泄殖孔附近肿大，交配时擦伤。笔者建议治疗方法：每天肌肉注射头孢曲松钠 0.2 克，剩下的药物用于浸泡，注射了两天。13 日改用左氧氟沙星（规格为 0.2 克 : 100 毫升）水剂，直接抽取药水注射，每次注射 2 毫升，连续 6 天。18 日基本已经消肿下水。

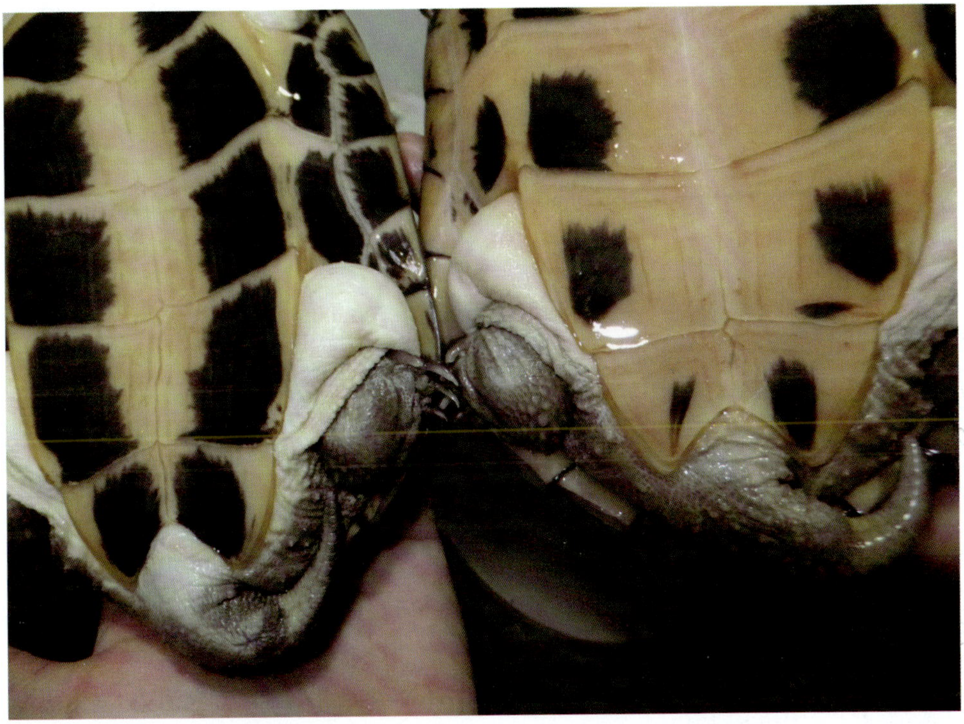

图5-95　两只雄性石龟对照，右龟生殖器肿大（水静犹明提供）

16. 龟顽固性皮炎

2012 年 9 月 24 日，茂名电白水东镇读者陈杨帆反映，他家里养殖石龟，五年的雌龟，六年雄龟，规格 1 ~ 1.5 千克。用胶板池养，池水深度 17 厘米左右，水是自来水，三分一是沙池，食物为鱼和南瓜饲料。发病已有 3 个月，共 30 只石龟，发病率 50% 左右，主要病灶为龟的下颌和脖子有面积大小不一的红斑，少数龟的前腿也有红斑（图 5-96）。因怀疑患水霉病使用过金霉素、土霉素、聚维酮碘、高锰酸钾等药物浸泡，未见效果，尚未发生停食现象。2 周前水体中见有红虫，两天投喂一次，换水也是 2 天 1 次。时而见到白眼症状，这与直接使用自来水，偶尔使用井水，不经过等温处理，产生应激有关。笔者分析认为，因经常应激引起龟的体质下降，环境消毒不够细致，导致的细菌对皮肤的感染。初步诊断是顽固性皮炎。进一步分析，这种病有可能是一种神经传导物质“组胺”释放“过敏因子”导致的神经性皮炎。组胺来自下丘脑乳突状神经核分泌，也可以通过摄食死鱼虾产生，平时非活性的组胺隐藏在肥大细胞中，在抗原抗体反应的刺激下，颗粒状的组胺被激活，离开肥大细胞转移到皮下组织，释放过敏因子，从而引起皮炎。

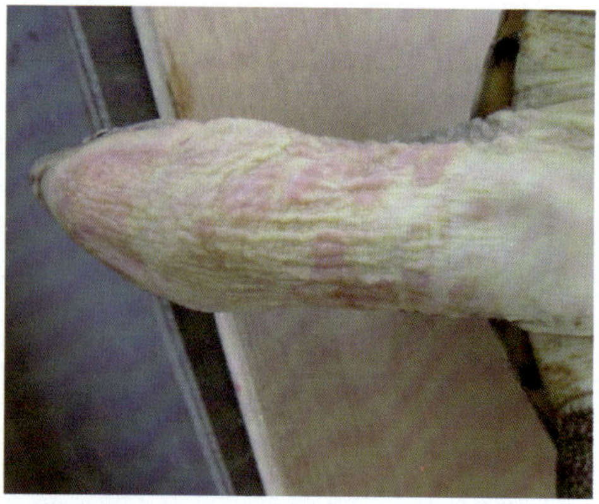

图5-96 石龟顽固性皮炎（陈扬帆提供）

防治方法：等温换水，杜绝应激再次发生；使用“双抗”浸泡，每千克水体加青霉素和链霉素各 40 万单位；肌肉注射左氧氟沙星（0.1 克：5 毫升）2 毫升，连续 6 天。

17. 龟氧气过饱和症

2012 年 5 月 6 日，来自海南澄迈的网友东反映，他养殖的巴西龟几天没喂，今天喂了些东西，过一会就发现死了一只，左侧下部腋窝处鼓一块，打开后，发现是个气泡撑的，不过这只肠道里没料。注意等温换水，水色不绿，基本透明，室内靠窗，内壁上长层绿色。

解剖发现，巴西龟肺部充满气泡，死亡由此而生。主要原因是养龟池壁上长满绿藻和苔藓类，中午过后，阳光充足，绿藻的光合作用，使得水体中氧气过饱和，龟在此环境下，通过呼吸，将过饱和氧气吸入肺部，过多的微气泡引起呼吸受到抑制（图 5-97）。龟主明白死因后说：熬过一个冬天，居然“氧”死了。

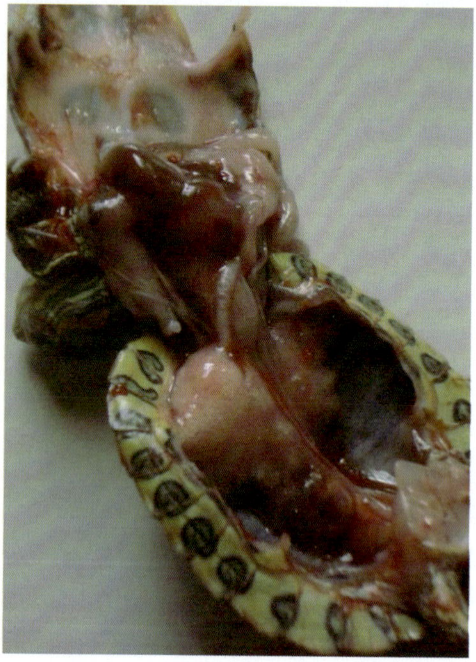

图5-97 龟氧气过饱和症（东提供）

解决的方法：清除池壁大量的绿藻类植物，保持水体为清活嫩爽的良好生态。

18. 龟咬尾

2012 年 8 月 11 日，南京的一位网友李明咨询，他养殖的黄喉拟水龟为什么会发生咬尾现象，有什么办法避免。这位网友的养龟基本情况是这样的，饲养环境是塑料盒，长 70 厘米、宽 25 厘米，每个盒子放 5 只龟苗。实际上龟咬尾与三个因素有关，请在环境、密度和饲料三者找原因，减弱光线，满足饵料，适当密度和大小分养都是避免咬尾的方法。此外，灯光的使用，照射在尾部，使得尾部发白，引诱其他龟类，以为是饵料，也是咬尾诱因。在上述分析中，最关键的因素是光线太强造成咬尾，为避免这一现象发生，在龟苗培育期，可将室内光线调到最暗，一般用窗帘布调节，平时拉上窗帘，不让外界光线透入室内，只是在投喂饲料时才打开窗帘，喂食完成后，再拉上窗帘。咬尾不仅发生在黄喉拟水龟，黄缘盒龟、鳄龟等龟类也会发生咬尾现象（图 9-98）。

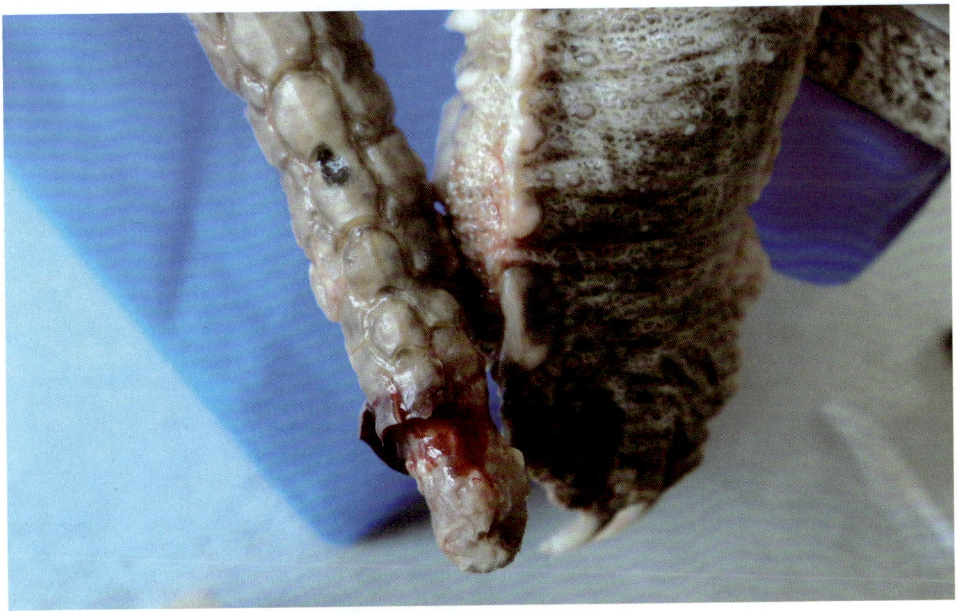

图5-98　龟咬尾（柳英提供）

19. 龟肿颈病

实例 1：2013 年广西北流读者阳光女孩反映，她养殖的石龟出现脖子肿大现象（图 5-99）。通过了解，她总共养殖 85 只石龟亲龟，规格 900 ~ 1 500 克，其中 12 只发病，发病已有 2 个月，脖子下面有几点红，脖颈肿大，已死亡 1 只，解剖发现肝脏肿大。其他病龟使用云南白药未见效果。饲料使用的是淡水鱼虾和某配合饲料，正常换水，暖天换水，先放水，后冲洗换水。笔者分析认为，脖子肿大，一般与投喂过变质饲料和使用过质量不过关的配合饲料有关，因为不好的饲料电解质不平衡，会引发这种症状。诊断：疑似变质饲料引起的肿颈病。防治方法：肌肉注射左氧氟沙星（0.5 克 : 5 毫升）2 毫升，每天 1 次，连续 6 天为 1 疗程。使用新鲜动物饲料，改用品牌可靠的配合饲料。2013 年 2 月 16 日，龟主反馈，龟已痊愈，龟头可以收缩回去了（图 5-100）。

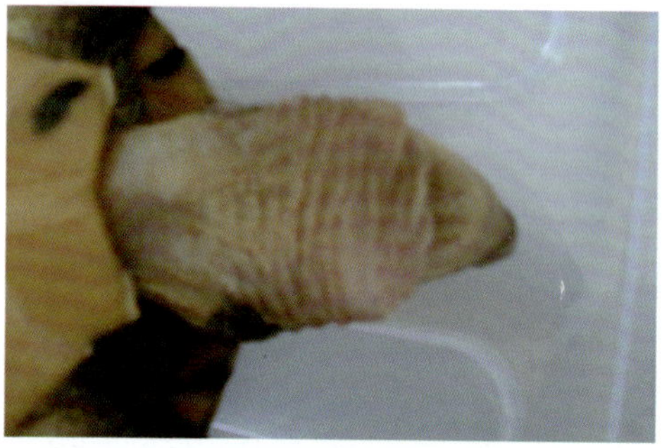

图5-99　龟肿颈病（阳光女孩提供）

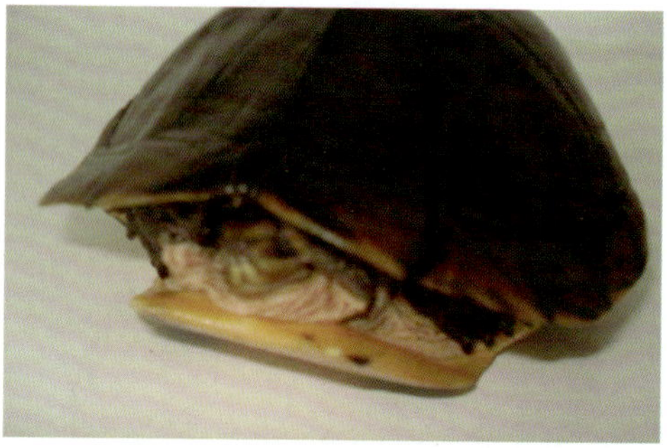

图5-100　龟肿颈病治愈头部可以缩回（阳光女孩提供）

实例 2：2013 年 4 月 3 日，广东惠州读者从今以后反映，她养殖的石龟也发生肿颈病（图 5-101）。

图5-101　龟肿颈病（从今以后提供）

实例 3：广东顺德李广源养殖的黄缘盒龟发生肿颈病。2014 年 8 月 4 日，笔者到广东顺德花之星名龟园参与全国缘苗展销会筹备，应邀来到李广源的养龟场，为该场出现的黄缘龟病进行诊治。其中一只黄缘种龟颈部肿大，摸上去很软，咽喉部及颈肿胀，脖子伸长难以缩回，外部不红，似鳃腺炎。但根据笔者分析，可能是摄食过残饵或喝到脏水引起，从病情和病变看，应属细菌性疾病（图 5-102）。

图5-102　黄缘盒龟肿颈病治疗前

诊断：龟肿颈病。

治疗：肌注头孢噻肟钠（1 克 : 5 毫升）0.75 毫升 + 地塞米松（5 毫克 : 1 毫升）0.25 毫克，每天 1 次，连续 6 天，结果治愈（图 5-103）。

图5-103　黄缘盒龟肿颈病治愈后

20. 龟并发病

实例 1：广东东莞逗逗养殖的亚达伯拉象龟发生张嘴型应激综合征与脂肪代谢不良症并发病。2014 年 9 月 1 日，龟主反映，家里接近 3 千克的亚达伯拉象龟，今天发现异常，大概情况如下：这两天发现它窝在狗屋里不怎么动，今天特意抓了出来，发现四肢肿大，放地上爬行困难，后腿拖地。抓在手上会伸长脖子，不时张嘴，口里有少量黏液。平时放养为主，晚上抓回狗屋里，屋内放有喝水的水盘，基本 1 天一换。龟基本不会在水里便便。平时都是以各种菜叶为主，有时家里人会收市场里菜贩的剩菜喂食。

诊断：龟张嘴型应激综合征与脂肪代谢不良症并发病（图 5-104 和图 5-105）。

图5-104　亚达伯拉象龟张嘴型应激

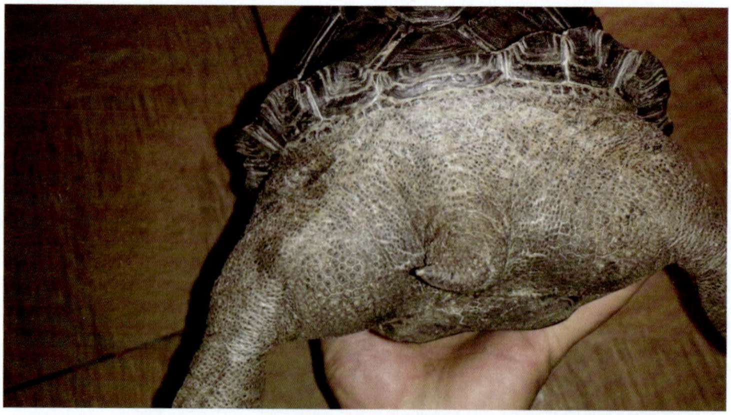

图5-105　亚达伯拉象龟并发脂肪代谢不良症

治疗：第一疗程 3 天：肌注庆大霉素 0.5 毫升 + 地塞米松 0.3 毫升，每天一次，连续 3 天。第二疗程将根据第一疗程决定治疗方案。

反馈：2014 年 9 月 7 日，龟主反映，打了 3 天针，现在没见张口了，四肢水肿消失，但后肢拖行，这是背甲畸形后就发现的现象（以前不见拖行的，后来背甲粘甲变形后，就慢慢发现有拖的迹象了）。继续三针注射，同药同剂量治疗，巩固药效，并希望拖行症减轻。

2014 年 9 月 9 日，龟主反映，龟尚未开食，但四肢有力，感觉体重有分量。已继续注射。龟的后肢拖行，龟主认为是背甲粘甲发育畸形后影响的。

2014 年 9 月 12 日，龟主反映，那亚达开食了，但吃得不多，暂时没有拍到进食的图片，人在的时候不吃，走开一段时间回来发现吃了一些。至此病已基本痊愈（图 5-106 和图 5-107）。

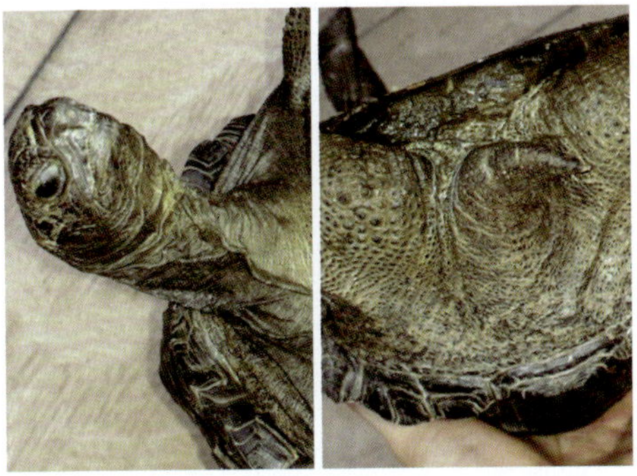

图5－106　亚达伯拉象龟张嘴型应激治愈

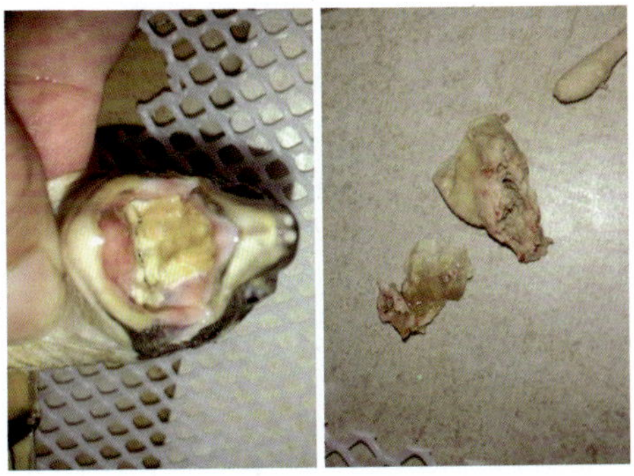

图5－107　龟肠胃炎并发应激综合征（李凤娟提供）

实例 2：广西玉林读者李凤娟养殖的石龟发生肠胃炎并发应激综合征。2016 年 7 月 28 日，玉林读者李凤娟微信向笔者求助，她在 2 个月前买回来的石龟，开始是不进食，大便透明果冻样，打了几次庆大霉素，发病到现在才一个多月，才发现嘴里有渣，十几天前还没发现。经过笔者查看图片，病龟的口腔里是舌苔加厚豆渣状物质。龟体重 1.2 千克。龟主反映，一批龟买回来之后，没注意是否摄食，室内箱养，直接换自来水，卖家是外池养的，路上运输没有加冰。一般喂冰冻鱼，很少喂配合饲料，发病后一个月不吃食了。龟腿不肿，最近发现，就浮水，张嘴呼吸。买回来是 22 只龟，目前发病就 1 只。根据上述龟主反映，结合图片对照分析，笔者诊断为龟肠胃炎并发应激综合征。由于龟的病情十分严重，已是晚期（图 5-107）。因此，笔者提供了治疗方法，尽力治疗。

治疗方法：肌肉注射头孢噻肟钠 0.1 克，加上地塞米松 1 毫克。每天 1 次，连续 6 天为一个疗程。每次注射后剩余的药液注入口腔，治疗口腔中的病灶。

21. 龟老年性白内障

笔者养殖的一只雄性安缘，由于年老患白内障病已久，最近一次越冬后，病情加重，两眼几乎看不见，头部伸长变软，四肢无力，眼睛浮肿，病情十分严重。分析造成的主要原因是龟年龄偏大（已有 30 年以上），冬季特别寒冷，室外越冬的此龟难以抵御冬寒，病情加重，加上越冬前可能喝过脏水，因此眼睛肿胀。

诊断：龟老年白内障并发眼肿病。

治疗：此缘体重 800 克，每次肌肉注射西索米星 0.5 ~ 1 毫升，发现注射 1 毫升后身体变软，因此，适量为 0.5 毫升，按照 0.5 毫升注射后，龟的精神状态得到改善，四肢有力，头部能伸缩，有反应。分别于 2016 年 3 月 5 日和 6 日各注射一针后，暂时停药，继续观察。此后注射过一次头孢美唑钠，未加地塞米松，效果不好，注射后，出血不止，长时间按住后好一点。

2016 年 4 月 13 日观察，龟腐甲渗出血液，病情加重。因此，暂时不能注射治疗，继续观察。

2016 年 4 月 23 日观察，龟稍微好转，能自行下水，喝水，上岸，但趴在地上长时间不动，无精神。因此，给予新药物注射，具体使用头孢尼西钠 0.1 克 + 地塞米松 2.5 毫克，注射后龟反映强烈，由于其并发有白内障，眼睛基本失眠，龟在原地打转，看不到方向。此后约 5 分钟就安静下来，将其放入龟窝休息。目前，龟的眼帘不肿，但一般不睁开眼睛，体质虚弱。头孢 + 地塞米松注射后，因加入地塞米松激素，精神马上好转，能睁开眼睛，下池泡澡，并抬头栖息，而在注射头孢 + 地塞米松之前，龟头部着地，无精打采。

2016 年 5 月 29 日观察，龟在一场中雨之后，精神好转，能伸头，仰起脖子，眼睛里的白内障因为年老体衰不能开刀，其余的性状基本恢复，能爬行，找到自己的生态位。至此，龟病已基本治愈。

2016年5月30日观察，奇迹发生了。清晨，一只雌龟正在挑逗这只雄龟，看它、吻它、咬它，雌龟的鼻孔上有“爱液”，但雄龟久病刚愈，无力雄起。

2016年6月16日观察，长期未进食。给予虾肉，吃了一颗，咬筷子，马上显精神。喝水后爬入龟窝、抬头、挺腿，但是由于老年白内脏，眼睛失明，拍照时没反应。至今，此龟已被挽救。

此后，这只龟逐渐恢复健康。尽管白内障失眠，但由于其对虾肉十分敏感，只要投喂南美白对虾和罗氏沼虾，此龟就会凭嗅觉找到食物，对葡萄也比较感兴趣，经过长时间的摄食，体力恢复，表现有力，头部昂起，皮包骨头的病态消失，换来健康的体态，惊人的是已经失眠的右眼好转，有视力出现。至此，该龟已恢复正常（图5-108和图5-109）。

图5-108　龟白内障并发症

图5-109　龟白内障病已恢复摄食

22. 龟肿瘤病

目前，龟肿瘤不断出现，困扰养殖者。肿瘤夺取患体营养，产生有害物质，引起器官功能障碍。对于龟肿瘤病，一般治疗方法难以解决，采用手术治疗是终极方法。已发现肿瘤在鳄龟、珍珠龟、石龟和黄缘盒龟等龟类身上发生，部位主要有头部、脚部和尾部等，石龟肿瘤病发生率较高。现在给大家介绍的是广西南宁龟友西西在笔者指导下，对石龟苗肿瘤病进行手术的成功案例。她是外科医生，但对龟不熟悉，给龟做手术之前，向笔者咨询，笔者在关键点进行指导，她已两次给龟做手术。至此，我已指导河南、江苏、浙江、广东和广西等地读者对龟肿瘤进行手术。

实例：石龟苗，体重 48 克，在头部两侧患有肿瘤样病灶。龟主反映，左边红肿，似有脓液，右边的肿物比较硬，好像是纤维瘤之类。但手术时发现，双侧肿瘤均为豆渣样物，很大。不是纤维瘤，属于粉瘤。皮脂腺囊肿俗称“粉瘤”，多分布于头部、躯干或生殖器的皮肤或皮下组织内，和附近组织有粘连，可被推动。主要由于皮脂腺排泄管受到阻塞，皮脂腺囊状上皮被逐渐增多的内容物膨胀所形成的潴留性囊肿。其特点为缓慢增长的良性病变。囊内有白色豆渣样分泌物。皮脂腺囊肿突出于皮肤表面一般无自觉症状，如继发感染时可有化脓。临床表现：皮脂腺囊肿突出于皮肤表面，患者一般无自觉症状。肿物呈球形，单发或多发，中等硬，有弹性，高出皮面，与皮肤有粘连，不易推动，表面光滑，无波动感，其中心部位可能为浅蓝色，有时在皮肤表面有开口，挤压可出豆腐渣或面泥样内容物，若并发感染可出现红肿炎性反应。治疗应手术切除。手术是皮脂腺囊肿唯一的治疗方法，手术中可在与囊肿相连的皮肤，尤其是见到导管开口时，沿着皮纹方向设计梭形的皮肤切口，连同囊肿一起摘除。分离时应特别小心，囊壁很薄，应当尽量完整地摘除，如果残留囊壁，则易复发。

发病机理：分析是龟头部瘙痒，龟用爪挠痒，结果破坏了皮肤，水质可能在换水前有点恶化，细菌感染，这时皮脂腺被堵塞，引起潴留，从而形成粉瘤。

诊断：龟头部两侧粉瘤病（图 5-110 和图 5-111）。

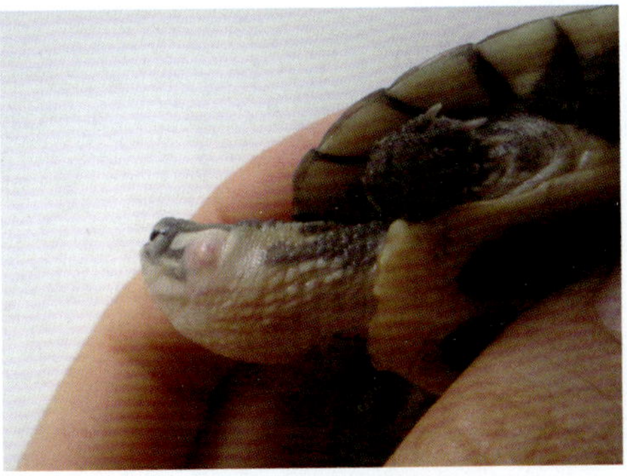

图5-110　龟头部左侧肿瘤手术治疗前

图5-111　龟头部右侧肿瘤手术治疗前

手术治疗：（1）术前注射一次头孢噻肟钠 0.02 克，预防感染；（2）用医用剪刀剪除肿瘤；（3）在伤口涂上云南白药，干养。经过手术治疗，结果已治愈（图 5-112 和图 5-113）。

预防：为预防皮脂腺囊肿发生，应注意以下方面：（1）保持良好水质，龟皮肤清洁，使皮脂腺开口通畅，利于分泌物排泄。（2）避免龟用脚爪抓挠，引起皮肤感染。因为抓挠会破坏皮脂腺开口，导致皮脂腺分泌物潴留，促使皮脂腺囊肿形成。

图5-112　龟头部左侧肿瘤手术治愈后

图5-113　龟头部右侧肿瘤手术治愈后

二、鳖类疑难性疾病

1. 鳖白底板病

笔者应邀于2010年7月3—4日去广东肇庆市超凡养殖场诊断并治疗因温差引起的中华鳖恶性应激，现场看到因应激导致病毒性白底板病发生，鳖大量死亡。该场由两个分场组成，合计养殖面积230亩[①]，放养鳖10万只，因病死亡率已达50%，直接经济损失100万元，病情十分严重。笔者通过仔细观察发现，应激原是低温山泉水，从山上引入鳖池，直接冲入，每天都要补充山泉水，单因子应激不断重复刺激中华鳖，由此产生累积应激。现场测量山泉水温26℃，鳖池水温白天33℃，晚上32℃，因此温差白天7℃，晚上6℃。病鳖出现白底板症状，解剖可见肺部发黑、肠道穿孔淤血、鳃状组织糜烂（图5-114至图5-117）。

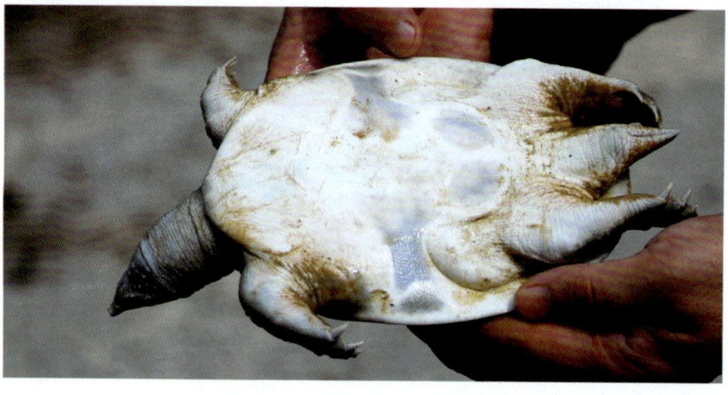

图5-114　白底板症状

① 亩：非法定计量单位，1亩≈666.67平方米。

图5-115　肺部发黑

图5-116　肠道穿孔

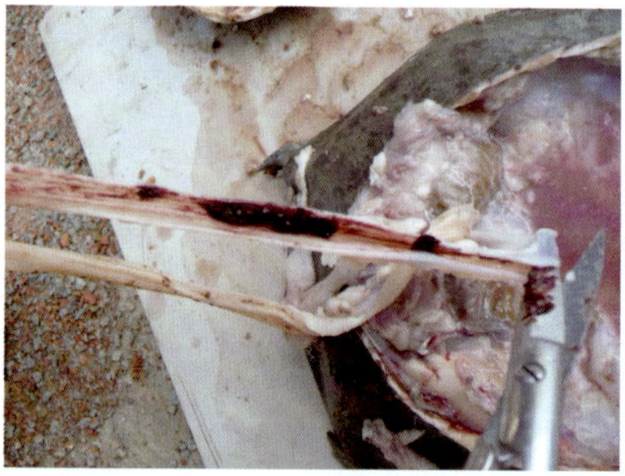

图5-117　肠道淤血

采用笔者的发明专利方法进行治疗。在每千克鳖饲料中添加维生素C 6克、维生素K 30.1克、利康素2克、生物活性铬0.5克、病毒灵1克、喹诺酮类药物2克，连续使用30天，每周1次全池泼洒25毫克/升生石灰。经过1个月的治疗，鳖的死亡逐渐减少，结果痊愈。笔者于10月16—17日再次应邀前往该养鳖场，这次去主要针对鳖钟形虫病的治疗，期间笔者和他们一起品尝了治愈的中华鳖，对其美味大家一致肯定，计划在适当的时候上市。

根据此病例分析，如果不及时治疗，继续拖延，鳖的死亡率可达100%。因为单因子应激累积，变成恶性应激，鳖的生物功能受损，免疫力下降，机体被病原体感染，传染性的白底板病出现，就不再是简单的应激，而是毁灭性的鳖白底板病。

2013年6月14日，读者陆绍燊反映，广西横县的一家珍珠鳖养殖场，在使用冰冻鱼喂珍珠鳖亲鳖时，使用过变质鱼，结果，珍珠鳖出现白底板病。解剖后发现鳖肝、肺等内脏变性，肠道穿孔，外观鳖底板发白，毫无血色（图5-118）。

图5-118　广西横县发生鳖白底板病（陆绍燊提供）

2. 鳖红底板病

鳖红底板病又名赤斑病、红斑病。底板呈红色斑点或整块红斑。同时伴有溃烂水肿，有的鳖口鼻流血。解剖可见肝脏发生病变，有的呈黑色，有的花斑状；肠道局部或整段充血发炎，有的腹腔有积水。主要危害对象是幼鳖、成鳖和亲鳖，死亡率较高，一般为 20% ~ 30%。病原尚未确定。有报道发现球形病毒，直径 80 纳米。有学者认为，红底板病的病原为嗜水气单胞菌，分离到的菌株为气单胞菌属的嗜水气单胞菌。2013 年 2 月 23 日，广西横县读者陆绍燊反映，他所在的养鳖场发现珍珠鳖底板和四肢发红，在皮肤表面可见里面有一个个气泡，并出现一定的死亡。经笔者诊断为鳖红底板病（图 5-119 和图 5-120）。

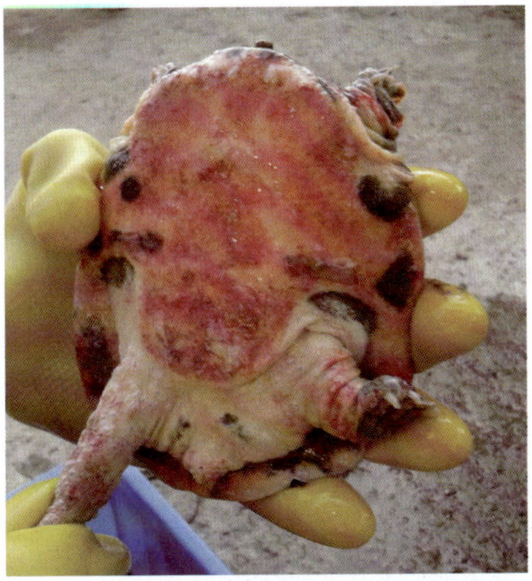

图5-119　鳖红底板病（陆绍燊提供）

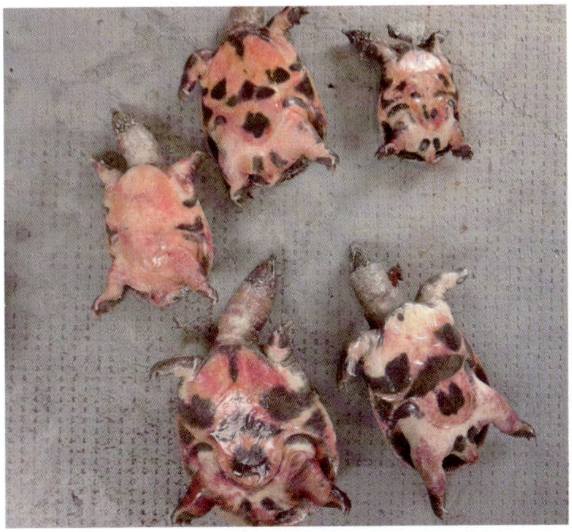

图5-120　鳖红底板病（陆绍燊提供）

治疗方法：控制放养密度，改善底质和水质；早发现，早治疗。比较有效的治疗方法是：每千克鳖注射丁胺卡拉霉素 15 万 ~ 20 万国际单位，或庆大霉素 4 万单位。一旦发现红底板病，立即给病鳖注射丁胺卡那霉素，一般 9 针见效。注射后可放在 30 毫克 / 升氟苯尼考浸洗 30 分钟。并口服病毒灵（每日每千克鳖 4 ~ 6 毫克）和左氧氟沙星（每日每千克鳖 50 毫克），6 天为一个疗程。

3. 鳖鳃腺炎

鳖鳃腺炎是一种病毒性疾病，主要特点是鳖脖子肿大但不发红，一旦感染死亡率较高。

2012 年 6 月 21 日，山东菏泽读者志伟反映，他养殖的鳖发生严重的鳃腺炎病，死亡率高达60%。经调查，该读者购买的是当地温室甲鱼，温室里没有加温，5月20日购买时，感到温室内外温差7℃左右，使用的河水冲洗，回去放养消毒，使用也是河水，应该没有温差。放养时让鳖自行爬入池水中，没有操作失误。主因温室鳖移出来的温差，引起的恶性应激，鳖体质下降，病毒感染，引起鳃腺炎发生。从图片上看，鳖死亡时头颈伸长，脖子内鳃腺充血，内脏解剖未见明显病变（图5-121）。温差7℃，已死亡60%左右。

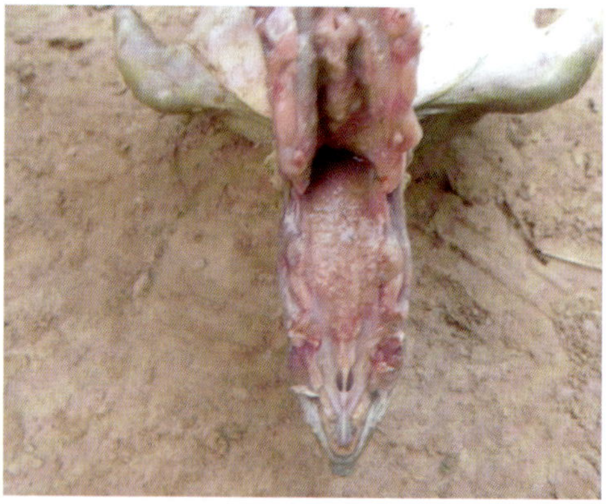

图5-121　山东发生鳖鳃腺炎（志伟提供）

2012年6月17日，湖南省常德市西湖区西湖镇读者刘顺成反映，20天前鳖从温室移到露天池，移出前温室早就停止加温，早上移出，应该没有温差。移出后，遭受一场暴雨，断续5天，此后出现死亡，这些死亡鳖有去年的存塘老鳖，也有今年的新鳖，据分析，与温室鳖转群没有关系。仅投喂配合饲料。该池放养3 000只鳖，现在每天死亡十多只，主要症状是：鳖爬上岸才死亡，头部伸得很长，腹部未见白底板症状，部分鳖腹部有红点，头部未见肿大，解剖后鳃状组织发炎发红，内脏未见明显病变（图5-122）。据此诊断：鳃腺炎。发病原因，初步分析认为，与暴雨袭击，引起应激有关。应激后，部分鳖体质下降，病原体乘虚而入，病毒感染，引起鳃腺炎。

治疗方法：（1）病毒灵1毫克/升、喹诺酮1毫克/升、Vc 1毫克/升全池泼洒；（2）每千克饲料中添加病毒灵3克、喹诺酮2克、Vc 5克；（3）对已发病的鳖进行注射药物，每千克鳖肌肉注射头孢曲松0.2克和地塞米松0.25毫克。

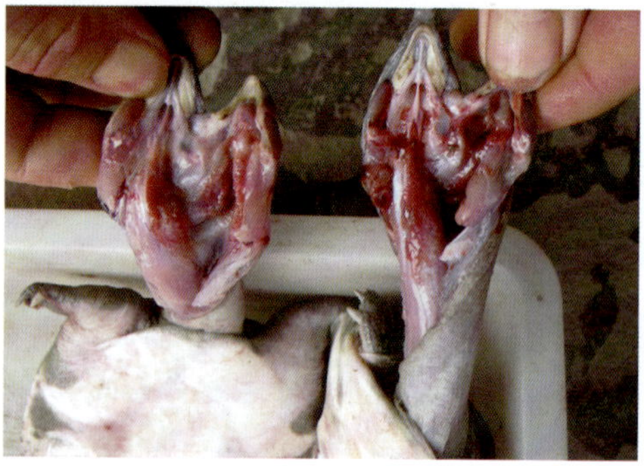

图5-122　湖南发生鳖鳃腺炎（刘顺成提供）

4. 鳖红脖子病

广西横县一家养鳖场发生珍珠鳖红脖子病。2013年1月21日，读者陆绍燊反映珍珠鳖亲鳖由于长期摄食了不新鲜的海鱼，引起脖子红肿，最近发现有两只在冬眠期爬到食台上来，头缩不进去，不肯下水。抓起病鳖，用针尖刺破病灶，有血水流出来。起初他们不知道是什么病，以为就是水肿。根据图片帮分析，诊断是红脖子病（图 5-123）。

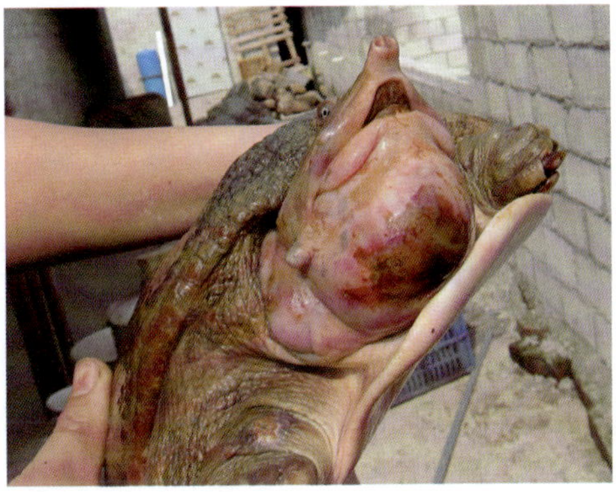
图5-123　珍珠鳖红脖子病（陆绍燊提供）

防治方法：（1）预防：对养鳖池使用生石灰全池泼洒，25×10^{-6}；（2）治疗：用庆大霉素注射，每次注射 4 万单位，连续 6 天。

5. 鳖烂颈病

烂颈病主要特点是鳖的颈部溃烂，皮肤与肌肉分离，拉开皮肤，就会露出里面的肌肉（图 5-124）。主要危害温室养殖鳖，在稚鳖和幼鳖期发病比较严重，如不及时治疗，每天都会出现大量死亡，给生产造成很大的经济损失，已成为一种疑难性传染性疾病。这种病多与微调换水采用低温河水等温不够有关，也与密度较高鳖相互撕咬有关，往往真菌先感染，细菌继发感染。如果仅用抗细菌的药物难以治愈，需要先使用抗真菌药物，接着使用抗细菌药物，才能取得理想的治疗效果。

2013 年 1 月 6 日，上海浦东读者邬林龙反映他养殖的台湾鳖出现烂颈病，死亡比较严重（图 5-125）。温室 3 000 平方米，养殖 7 万只台湾鳖，目前规格 50 克，这批鳖已养殖 61 天。为什么选择台湾鳖，因为台湾鳖一般不会出现鳃腺炎，但会出现烂颈病和烂脚病，而日本鳖在温室养殖中容易发生鳃腺炎。从鳖苗放养后第 2 个月开始烂颈病发病严重，发病率 25% 左右，每天死亡 30 ~ 70 只，平均每天死亡 40 只左右。

图5-124　珍珠鳖烂颈病

图5-125 台湾鳖烂颈病

治疗方法：（1）先用亚甲基蓝 1×10^{-6} 全池泼洒，每天1次，连续2天；（2）再用氧氟沙星 20×10^{-6} 全池泼洒，每天1次，连续2天。

预防方法：（1）大小分养；（2）设置网巢；（3）等温换水；（4）每半个月一次使用生石灰消毒，终浓度为每立方米水体25克。

治疗结果：鳖主反馈，经过一个疗程的治疗，病情得到控制。具体方法是将病鳖隔离到一个新池，使用：（1）先用亚甲基蓝 1×10^{-6} 全池泼洒，每天1次，连续2天；（2）再用氧氟沙星 20×10^{-6} 全池泼洒，每天1次，连续2天。用药期间摄食不受影响。

鳖，尤其是中华鳖，或是台湾鳖，好斗是其习性，当温室内养鳖密度加大进行集约化养殖时，在水质偏清的情况下，容易出现相互撕咬的现象，因而造成伤痕，这样病原微生物就会乘虚而入，感染伤口。由于温室在微调换水时，有时调温池水体不够而直接加入外河凉水，形成局部温差；在这种情况下，温度较低适应真菌感染，因此，真菌病发生，接下来细菌继发感染，造成双重感染。所以治疗难度也就大了，变成疑难病。在治疗上，如果仅仅用杀菌药物，就是抗生素类的杀灭细菌的药物是治不好的，应该先用治疗真菌类药物，再用杀灭细菌的药物，才能根除此病。很多养殖户不知道这一原理，由此拖延病情，愈加严重，最终导致养鳖成活率降低。

6. 鳖漂白粉中毒

2012 年 7 月 7 日，广西横县读者陆绍燊，反映了广西横县的一例过量使用漂白粉对山瑞鳖消毒引起的中毒。

一个新手朋友给山瑞鳖消毒，漂白粉量用多了，造成氯中毒，还好发现及时，马上分池隔离，消毒过后就 5 分钟时间，山瑞鳖都伸长脖子逃离水面，个别鳖马上翻身扑水（图 5-126）。一个池子 50 只山瑞鳖，放了 2 碗漂白粉，气味太刺激，人都感到头脑发昏，别说龟鳖了。

图5-126　中毒后山瑞鳖伸长脖子呼吸困难（陆绍燊提供）

该池子 30 平方米，水深 50 厘米，使用漂白粉估计有 300 克以上，按照标准用量 1×10^{-6} 计算，实际使用超标 20 倍以上。

漂白粉是次氯酸钠、氯化钙和氢氧化钙的混合物，为白色至灰白色的粉末或颗粒。有显著的氯臭，性质很不稳定，吸湿性强，易受水分、光热的作用而分解，亦能与空气中的二氧化碳反应。水溶液呈碱性，水溶液释放出有效氯成分，有氧化、杀菌、漂白作用，但有沉渣，水表面有一层白色漂浮物，对胃肠黏膜、呼吸道、皮肤有刺激，并会引起咳嗽和影响视力。

中毒后第二天，个别山瑞鳖眼睛有点肿大，并出现嚎叫声。鳖反应都迟钝了，傻傻的，眼睛外膜也鼓出来。用金霉素眼药水涂眼睛效果不明显，因为鳖的眼睛已被强氯灼伤，用金霉素没用。

急救措施：换清水（图 5-127）；水中增氧；用生理盐水雾化喷入鳖的口腔。这口池都是雌山瑞鳖，中毒严重的，马上死了 1 只，第 2 天又死了 2 只，幸好山瑞鳖规格较大，最大有 2 千克，平均 1.5 千克左右，此前长势良好，有抵抗力，不然会全军覆没。

图5-127　山瑞鳖中毒后 放入清水中（陆绍燊提供）

第三节　应激性疾病

环境整洁、饲料卫生和生态平衡是预防龟鳖应激性疾病的三大法宝。什么是龟鳖应激？就是龟鳖内平衡受到外来威胁所做出的生物学反应。什么是龟鳖疾病？也就是龟鳖生态系统失衡的表现。应激是由应激原引起的，应激原主要包括龟鳖转群、长途运输、温度突变、呛水、雷雨季节气候急剧变化、药物刺激、水质恶化、严重缺氧、氨中毒、非等温放养、非等温投饵、非等温换水、受惊吓（内脏破损、缺糖、体瘦、不食、最终死亡）等。在应激原作用下，龟鳖交感神经系统兴奋，肾上腺组织分泌儿茶酚胺类激素，下丘脑室旁核释放促皮质激素，诱导垂体分泌促肾上腺皮质激素和肾上腺肾间组织分泌皮类固醇（皮质酮和皮质醇），通过龟鳖能量储存、糖异生，抑制生长繁殖，促进其逃避等。糖异生是生物体将多种非糖类物质如氨基酸、丙酮酸、甘油等合成葡萄糖的代谢过程，是维持血糖水平的重要过程，肝与肾是生成糖异生的主要器官。龟鳖应激可以预防和缓解，常用的龟鳖抗应激药物有 11 种（表 5-1）。此外，龟抗应激的饲料添加剂研究的有新进展，在龟饲料中添加虾青素 60 毫克 / 千克，或通过摄食虾类食物来补充。类胡萝卜素、虾青素具有抗应激的作用，胁迫时类胡萝卜素、虾青素用于清除体内过多的自由基，维持健康。目前研究发现，Astaxanthin（虾青素）为类胡萝卜素生物合成的终端形态，虾青素抗氧化活性是 β 胡萝卜素的 10 倍。通过摄食西红柿和胡萝卜等食物，都可以帮助龟合成类胡萝卜素，以增强机体的免疫力，减轻应激带来的综合征。虾青素常用来改善龟鳖体色，提高商品价值和观赏价值。

广东惠州读者新购黄缘龟，在预防应激方面取得突破。2011 年 7 月 19 日，惠州读者王建灵上网咨询笔者，她说：“我是您最忠实的读者，看了《龟鳖高效养殖技术图解与实例》中您对黄缘的分析斟酌再三才决定养的。我是女性读者，不过我的爱人和家公非常支持，都是我一人在照料这些龟，养出感情了，所以非常害怕面对龟的死亡。我从事护理工作 17 年，护理病人我懂，对于龟，我是门外汉。2011 年 6 月，先是引进 13 只，后来又进了一批野生台湾黄缘闭壳龟，现黄缘为 55 只，平均 750 克左右，市场价格为每 500 克 1 770 ～ 1 900 元。半月前因全部一起放养，结果有个别黄缘拉墨绿色的稀烂便，并且导致一只死亡，后来给黄缘使用庆大霉素治疗后基本控制。并用大箱立体养殖隔离，箱内放少许浅水，

表5-1　龟鳖常用抗应激药物

药　物	剂　量	作　用
Vc	2.5～10克/千克料	1. 对应激所致的龟鳖血清补体的下降有拮抗作用；2. 降低龟鳖对应激敏感性；3. 抑制应激所致的皮质醇升高
VE	0.25 克/千克料	维生素E能增强龟鳖对酸应激的抵抗能力，促进龟鳖血清补体C3和C4的合成，维持血清正常溶菌活性，且血清杀菌活力随添加量的加大而逐渐恢复
黄芪	10 克/千克料	能抑制酸应激引起龟鳖血清皮质醇含量的升高，缓和酸应激导致补体C3和C4含量下降，还对酸应激导致的血细胞的吞噬能力的下降有对抗作用，提高龟鳖血清溶菌活力和杀菌活力
果寡糖	1 克/千克料	提高龟鳖生产性能，并增强其免疫功能
糖萜素	0.6 克/千克料	提高龟鳖机体神经内分泌免疫功能和抗病抗应激作用
高活性干酵母	1.2 克/千克料	增强了龟鳖对人工感染嗜水气单胞菌活菌的抵抗力
酵母细胞壁	1 克/千克料	提高了龟鳖白细胞吞噬活性和溶菌酶的活性
茯苓多糖	160毫克/千克料	对龟鳖的非特异性免疫功能也有增强作用
壳聚糖	1 克/千克料	对氨氮胁迫导致的免疫应激反应有一定的拮抗作用
电解多维	1 克/千克料	预防转群、天气变化等因素引起的应激反应
虾青素	60 毫克/千克料	清除体内过多的自由基，增强机体的免疫力，减轻应激带来的综合征。有助于改善龟鳖体色，提高商品价值与观赏价值

有 1/3 的干处，也没放沙，担心这样的环境，黄缘会交尾吗？从开始到现在总共死亡 3 只黄缘。主要采用注射头孢曲松钠，每只龟 0.02 克，三针见效。并在食物中添加维生素 C 和维生素 B，我投喂的是香蕉和胡萝卜，将胡萝卜切成丁，然后把维生素捻碎拌匀给它们吃，所放食物龟全部吃完，没敢再加量。那天死了一只，剖开，见其中的一个肺叶涨得像气球，肺气肿。第一只是死后才想到注射，后面是预防注射，但最后一批注射的天数不够，发现绿便又没办法知道是哪只龟，耽误两天后才用庆大控制住的。听说 3 个月之内会有 50% ~ 60% 的死亡。但这样做，通过注射药物防御，已经成功地让它们安然度过应激期。”（图 5-128）

图5-128　惠州读者王建灵采用三针预防使台缘度过应激期

广东佛山南海区读者李华基反映，2015 年 8 月他从广州花地湾买来的一只台湾黄缘闭壳龟成体，9 月份死亡。主要是不进食，并有拉稀现象，怕人。龟主进行过治疗，使用药物浸泡，主要采用注射药物，用庆大霉素 2 毫升（8 万单位）加地塞米松 0.1 毫升，连续 5 针。龟死亡后解剖发现肝脏变黑，而肠道正常，龟主认为是肝脏和肠道有问题。笔者为其进行分析，台湾黄缘闭壳龟走私经过千难万险，尤其是高温季节，台湾黄缘闭壳龟在运输过程中都要加冰保活，由此会造成慢性应激。到达广州后，台湾黄缘闭壳龟的处理一般使用具有温差的自来水直接进行冲洗，有时，由于台湾黄缘闭壳龟过多，来不及清理排泄物，台湾黄缘闭壳龟会通过饮水吃进去脏物，甚至粪便，也会带来疾病。不过，从解剖来看，只见肝脏变黑，应该是加冰和冲凉带来的问题，也就是温差应激综合征。从龟主述说的使用庆大霉素剂量明显偏高，应该使用 0.5 毫升左右，他使用了 2 毫升，这样的剂量在龟的体质不好的状态下，很容易产生新的应激，造成死亡。

再举一例：广东顺德大灰熊养殖的安布闭壳龟发生温差应激综合征。2016 年 5 月 6 日，该龟友来中国龟鳖网反映，该安布闭壳龟于 3 月中旬从广西一中介购得，快递时间 3 天（寄回顺德）。收到龟后，静养 2 天，再下水，发现其中一只有浮水（侧浮、并且头向下尾部向上）。本人认为可能是天气及长途运输造成的应激——轻度肠胃炎加肺炎。当时龟状态还好，眼睛有神，喂食有吃。于是用了点“西林 + 黄金多维”泡水 2 星期，情况没有改善，当时口部已经开始出现少量透明泡沫。于 4 月初改用灌药（西林 + 利巴韦林颗粒 + 益达肠炎康 + 李万山整肠丸，全溶解于水），后用板蓝根颗粒 + 黄金多维泡水，2 天后，龟情况好转，变成半浮。再用药 1 天后，不浮水了。于是坚持用药 4 天，龟状态不错，嘴里透明泡沫减少，当时认为龟可以自己修复，就不再用药，并于 4 天静养后放回池中，与其他安布闭壳龟及草龟一起生活。当时每天中午也见该龟上岸晒太阳，头部抬起，状态好，姿态优美。除嘴里泡沫一直存在，没看出其他问题。没有用药。两个星期后，看见该龟情况转变了，头部开始不全抬起了，虽时有半抬，但头及四肢依然有力，走近时，蜷缩在壳里，当时依然没有用药。两天后，依然每天中午出来晒太阳，虽然头部伸出来，但龟头部不抬起了，感觉是平放且有轻微向下的感觉。这时嘴里的白色透明增多，并且发现有黄色的分泌物，且有张嘴呼吸，打开龟嘴，发现里面很多黄色的片状物，两边通向鼻腔的小孔已被堵塞，这时第一反应是可能自己之前灌药搞伤了龟的口腔及气管（用的灌药器是针管加细软管，每次使用时用食用油抹涂软管）。于是把龟捉起再次灌药（西林 + 利巴韦林颗粒 + 益达肠炎康 + 李万山整肠丸），后用板蓝根颗粒 + 黄金多维泡水，情况没有改善，于是使用地塞米松 + 头孢曲松钠注射 3 天，每次注射后用蓝药水（当地水产诊所的自制杀菌消炎药水，之前一直有使用，药性温和效果不错）加黄金多维泡水，3 天后情况好转，龟又开始抬起头了，感觉精神好转了，但依然张嘴呼吸。4肢及头尾也有力。但嘴里透明泡沫一直存在。再按以上治疗2天，于今天中午回家后看见龟已经死亡。笔者分析：(1)安布闭壳龟发病与运输应激有关，但是直接使用井水也是致命的，会产生恶性应激，还有可能卖家使用了非等温水换水，至今为止，不懂应激的还很多，我曾告诉大家，不懂应激就不懂养龟，这是一个典型的案例。(2)使用了那么多药物，几乎所有的药方都是错误的，都是从其他非正规的书或微信中学来的，不仅药物品种繁多，滥用药物，而且强迫灌服这在应激理论中是绝对禁止的，最后使用的打针药方，也是我书中之前讲过的方法，被其他的人盗用，以为是法宝，其实在使用时需要调整药方，甚至需要换药，不是每种病都用头孢曲松和地塞米松的，因此，这个病例对养龟者来说是个教训，让养龟者知道什么才是专业的，什么是非专业的。(3)诊断：龟温差应激引起的应激综合征。主要表现，下呼吸道感染。龟主承认每次直接使用井水给龟换水，从而造成累计应激。引起龟死亡的综合原因：温差与不当用药。

一、龟应激性疾病

1. 龟白眼型应激综合征

实例1：2012年9月9日，广西柳州读者彭永青反映，他养殖的石龟苗应激。7月15日陆续购入250只石龟苗，分盆局部加温方法养殖，调温池蓄水时间8小时，但有时不严格要求，换水不够，或者忘记补充水箱蓄水时，直接使用自来水带来温差应激。长势不错，规格有20～30克，半月前其中一盆陆续出现白眼症状，眼睛紧闭，甚至有口吐白沫现象，无精打采，不觅食，已死亡20只，现有20多只白眼（图5-129）。

图5-129　龟白眼型应激综合征
（彭永青提供）

根据养殖者提供的图片和养殖过程进行分析，诊断为：温差引起的白眼型应激综合征。防治方法：严格等温水换水；使用氟苯尼考浸泡，浓度为每盆每次5克，每次换水后使用药物，浸泡到下次换水前。后逐渐治愈（图 5-130）。

图5-130　龟白眼型应激综合征治愈（彭永青提供）

实例 2：2012 年 1 月 13 日，广州杨春反映，从 12 月 10 日发现缅甸陆龟病了就开始去打针，当时脖子是红的，舌头也是红的，鼻子冒泡泡，后来通过打针 5 天，晒太阳等，然后用药，给营养，加温到 22 ~ 24℃。又带去打 3 针，然后又用药，给营养，到现在也是加温到 22 ~ 24℃，鼻子的泡泡少了很多，几乎也没有了，口腔的分泌也少了一点，眼睛也不红了，但就是不愿意睁开，脖子也不红了，看起来感觉有好转，但其实不然，因为它越来越没有力气，拉它的腿没有敏捷的反应。主要发病原因是在 14℃的自然温度下，用 34℃的热水泡澡，结果引起温差 20℃的恶性应激反应，出现白眼型应激综合征（图 5-131）。治疗：肌肉注射头孢噻肟钠 0.2 克 + 地塞米松 0.25 毫克 +1 毫升生理盐水，每天 1 次，连续 6 天；用食盐水浸泡，浓度为每千克水中加食盐 5 克，每天 1 次，每次浸泡 0.5 ~ 1 小时，最好眼睛要能浸泡到；用氟苯尼考药水涂抹龟的眼睛，反复多次涂。结果：2012 年 1 月 17 日，龟主反映，注射治疗 3 天，加上食盐浸泡，眼药水涂眼睛，出现好转。昨天晚上眼睛都没睁开，今天早上上药的时候，发现眼睛睁开了，发生根本好转，看得出，劫后余生，样子很疲惫（图 5-132）。龟的眼神告诉主人，一场大病后很疲惫，但终于得救了。目前仍有 3 只缅甸陆龟用同样方法治疗中。这 3 只中有 2 只白眼，这 2 只白眼的龟经过治疗眼睛都已经睁开。一个疗程 6 次注射后，有所好转，眼睛睁开，但舌苔较厚，继续注射第二疗程，当地医生改用营养和消炎针（台湾产），注射2针后停药，舌苔少了。继续注射第三疗程，连续注射10天抗生素，结果痊愈。

图5-131　缅甸陆龟白眼型应激综合征（杨春提供）

图5-132　缅甸陆龟龟白眼型应激综合征治疗后眼睛睁开（杨春提供）

图5-133 庙龟白眼型应激综合征（杨春提供）

实例3：2012年9月19日，广州出现庙龟白眼型应激综合征。龟主杨春反映：最近，她的一只庙龟生病了，有白眼症状（图5-133），停食，非常着急，后来在笔者的指导下用药，及时治疗，很快得到康复。为此，将她写的日记与大家分享。“我有一只庙龟，体重2.85千克，于2012年4月中旬接到我家来养，成为陪伴我人生的心爱的宠物。它是一种不喜欢水的龟，平时放进水里，不到半个小时就挣扎要出来，出来后在客厅溜达一遍，就去阳台，再去副阳台，副阳台是露天的。它总喜欢待在阳台的大花盆边上，中午，有一部分阳光能够直接照射到龟的身体，另一部分被花叶挡住，我每天只给它进水3次，早上7：30一次，有时间的时候喂食物，晚上19：00后进水为固定的喂食物时间，基本只有这个时候有时间喂，因为他养成了一个习惯，就是要让人手拿食物喂给它吃，直接放进盆里它不吃。夜里23：00再进一次水。9月3日，我去离我住处不远的妈妈家吃饭，饭后，突然一场大雨夹着闪电急急袭来，我想到了庙龟还在阳台上，之前学习过《龟鳖病害防治黄金手册》写的关于应激问题，想到我的龟会存在应激的危险，但我从小怕雷电，不敢回去，我叫我侄儿回去帮我把龟收进屋，我侄儿又不肯，我只能窝在沙发里祈祷。确实由于我的麻木，龟真的生病了，第二天早上发现龟没有胃口，中午，发现龟吐了，吐出了昨晚吃的水果和虾肉（每千克46元的新鲜虾肉），我急疯了，我平时针对龟的一些小毛病能应付下来，但龟吐食物我却束手无策，于是求助《龟鳖病害防治黄金手册》作者，章老师开出了针剂药方，我联系了几家动物医院都没有这药，之后找到了一家有，带庙龟去医院的路上，庙龟还拉稀，便便带有像肠黏膜一样的东西裹住一些软成型的便块。按章老师药方3天打针治疗，白眼症状消失了，回来调养了几天后，于9月9日晚上有了食欲，虽然吃了两小口，但毕竟在慢慢恢复中。现在这只龟已完全康复”。龟治愈后的状态如图5-134。

图5-134　庙龟白眼型应激综合征治愈（杨春提供）

实例4：2013年5月11日，西安读者李恩贤反映，她养殖的黄喉拟水龟发病，龟眼睛发白，嘴巴张开，停食，已有部分死亡，四处求医，用尽方法，不见效果（图5-135）。龟主通过《龟鳖高效养殖技术图解与实例》书中的联系电话找到笔者，此时龟病已拖延近一个月，病情十分严重，经过查看大量图片和了解发病过程，笔者分析后诊断为：龟白眼与张嘴并发型应激综合征。发病原因是加温养殖过程中人为造成的温差失误。龟主回忆道：我的龟病了。准确地讲是在4月份就病了。开始并没在意，等到龟不吃了才开始着急了。用了许多乱七八糟的方法，不见好转。一直到5月11日在书上看到章老师的电话。当时很纠结，是否给老师打电话犹豫了许久，后来还是打了电话给老师，没想到老师特热情，询问了龟的病情，后确切告诉我这是由于饲养不当造成应激反应，已经耽误了最佳治疗时间（那时龟已经病了快一个月了）。根据笔者提供的治疗方法：头孢曲松钠1克规格，加5毫升生理盐水稀释、摇匀，抽取0.1毫升对龟进行肌肉注射，每天1次，连续3天。后改用头孢噻肟钠注射，剂量为0.2克，并用青霉素和链霉素“双抗”药物浸泡，用氟苯尼考药水涂抹龟的眼睛。经过漫长的治疗过程，至6月8日，第一只龟终于睁眼了（图 5-136）；6 月 16 日，第二只龟睁眼（图 5-137）；6 月 17 日，两只龟全部恢复摄食（图 5-138）。

图5-135 龟白眼与张嘴并发型应激综合征（李恩贤提供）

图5-136 治疗后第一只龟睁眼（李恩贤提供）

图5-137　治疗后第二只龟睁眼（李恩贤提供）

图5-138　龟白眼与张嘴并发型应激综合征治愈（李恩贤提供）

2. 龟鼻塞型应激综合征

实例 1：2012 年 12 月 26 日，广西柳州龙旭辉养殖的石龟出现鼻塞型应激综合征。龟主反映，一个控温箱内 86 只中有 1 只规格 50 克的石龟苗出现鼻孔堵塞（图 5-139），其他正常。控温 28 ~ 30℃，可能是局部加温在换水时出现的个别应激现象，每次换水时间 8 分钟左右。对未发病的石龟采用泼洒维生素 C 3 毫克 / 升的方法进行预防。对于发病龟进行治疗。诊断：鼻塞型应激综合征。治疗：隔离；用牙签轻轻地将石龟鼻孔的堵塞物质剔除；用药物浸泡，一般选用双抗，即青霉素和链霉素，每千克水体各加入 40 万单位，全池泼洒，长期浸泡，每次换水后用 1 次药物，连续 5 天。结果：第 4 天痊愈（图 5-140），第 5 天继续用药，巩固疗效。

图5-139　龟鼻塞型应激综合征（龙旭辉提供）

图5-140　龟鼻塞型应激综合征治愈（龙旭辉提供）

实例2：广州读者杨春从市场上捡回来一只庙龟鼻孔堵塞。2012年10月15日，杨春求救一只庙龟，原来是她从市场上捡回这只庙龟，发现龟有病，鼻孔堵塞，被龟贩子正在出售，她担心被人买去吃掉，善良之心驱动她花了850元买回来，对龟进行治疗，治愈后准备送给动物园。这只龟有8千克重，个体大，她没有治疗经验，求助笔者帮忙。经过初步分析，此龟的鼻孔堵塞可能是龟贩子在经营中，直接使用温差较大的自来水冲洗，引起的鼻塞型应激性综合征（图5-141）。因此对症下药，笔者建议药方是：肌注头孢噻肟钠0.2克，每天1次，连续6天为一个疗程。2012年10月16日，龟主反映，昨天中午第一针后，晚上见效，龟不叫了，鼻孔堵塞缓解了。治疗前，龟发出的声音是呼哧哧的，像人捏住鼻孔，上牙压住下唇，促气一样的感觉。2012年10月22日，龟主反映，目前庙龟状态好，口鼻都没泡泡了，但鼻子还不通气，已经连打了6针，还要不要接着打针？不主动吃食，但扒开口给肉自己就吧嗒吧嗒的啃着吃。因此，笔者建议改用氧氟沙星注射，规格为0.1克 : 5毫升。每次注射2毫升，每天1次，连续3针。2012年12月4日，大庙龟的鼻子通了，通了个小小的孔，鼻孔周边的烂处已经开始长新肉了。因药用太多，需要静养，主要是激活其自愈力。不久发现鼻子通气了，这只庙龟成功得到解救（图5-142）。

图5-141　龟鼻塞型应激综合征（杨春提供）

图5-142　龟鼻塞型应激综合征治愈（杨春提供）

实例 3：广东东莞风吹沙养殖的黄额盒龟发生鼻塞型应激综合征。2016 年 6 月 7 日，龟主反映，他的黄额盒龟出了状况。目前有三只龟的眼圈包括鼻孔都是白色的，精神状况很差，也不吃食，盒龟放在天台顶养，前几天天气太热（38℃），过后就发现这三只出问题了。根据调查分析，龟在天台上养殖，遇到高温天气，又遇到下雨天气，可能温差太大引起应激。诊断：龟鼻塞型应激综合征。

笔者建议的治疗方法：（1）使用达克宁涂抹龟眼眶和鼻孔，三天后改用氧氟沙星注射液涂抹 3 天；（2）注射药物，使用头孢曲松钠 1 瓶（1 克）中加入维生素 C 注射液 5 毫升，稀释后，取 0.5 毫升行肌肉注射 3 天。（3）看情况决定是否继续注射。

2016 年 6 月 14 日，龟主反馈：四针后，鼻孔堵塞，眼皮发白的现象消失。精神好多了，其中一只龟状态差一点，需要继续治疗，再打两针。

2016 年 6 月 20 日，龟主反馈，最严重的那只已死亡。另外两只，有只应该好了。还有一只状态不算太好。两只都没有摄食。试喂西红柿切条，让它张嘴，再直接放西红柿条进口。

2016 年 6 月 26 日，龟主反馈，现两只黄额盒龟精神状态蛮好，四处爬行，只是还不怎么吃东西。另一只黄额盒龟，从上次治疗打三针后，状态不怎么好，后来又打了三针，到今天感觉状态有所好转（图 5-143 和图 5-144）。

图5-143　龟鼻塞型应激综合征治疗前（风吹沙提供）

图5-144　龟鼻塞型应激综合征治疗后（风吹沙提供）

3. 龟鼻涕型应激综合征

实例 1：广州番禺庄锦驹养殖的乌龟发生鼻涕型应激综合征。2013 年 3 月 21 日，龟主反映，感冒龟已经饲养一年，体重 60 克，气温二十来摄氏度，三月份开始少量喂食，2013 年 3 月 9 日连续几天发现龟都在池边，过冬期间温差大，觉得异常拿起来观察，发现流鼻涕，马上隔离单养，并用可溶性阿莫西林泡了两天（一天泡一次），浓度没真正量过，大概是 500 毫升水放了绿豆大的阿莫西林粉，11 日看见龟没有再流鼻涕了，就停泡药。14 日，几天的单养也没流鼻涕了，放回池里养（图 5-145）。20 日，一星期过去了，期间喂食时这龟都没进食。21 日晚上得到笔者的帮助，开了药方：对于感冒的乌龟，肌肉注射左氧氟沙星每次（0.2 克：100 毫升）0.1 毫升，每天 1 次，连续 3 天为 1 疗程。但龟主 22 日全天没有寻到药，无法治疗，23 日终于找到药了，马上治疗。24 日治疗一小时后，尝试喂食，龟马上开口吃食了（图 5-146）。25 日先喂食，看龟胃口不错，就没治疗了。

图5-145　这只乌龟感冒泡药后不流鼻涕但仍停食（庄锦驹提供）

图5-146　经过注射治疗后恢复摄食（庄锦驹提供）

实例 2：2012 年 6 月 11 日，南宁读者龙碧珠反映她养殖的黄缘盒龟发生应激性感冒，主要症状是流鼻涕，冒泡，摄食不正常。这只病龟体重 1.5 千克，起初采用土霉素和灰黄霉素治疗无效，接下来去书店买到《龟鳖病害防治黄金手册》，找到笔者，根据她介绍的情况，诊断为龟鼻涕型应激综合征。建议采用注射治疗的方法：在头孢曲松钠 1 克瓶中，加入葡萄糖注射液 5 毫升，摇匀后抽取 0.5 毫升，每天 1 针，连续 6 针，每天注射多余的药液对龟进行浸泡，结果治愈，龟恢复正常摄食。使用的饲料是配合饲料加香蕉，有时加苹果。今年此龟产卵 4 枚，但未受精。这批龟是2012年上半年买来的安徽种群黄缘盒龟亲龟，一组3只，1雄2雌，合计2.3万元。买来时就发现有病，1只雄龟肠胃炎，用葡萄糖浸泡，慢慢自愈；1只雌龟感冒，就是上述情况。因为无条件上网，只好电话联系，也无法发图片。一个疗程后，该读者来电，告诉笔者，龟病已痊愈。

实例3：2012年5月11日，笔者对自养的一只铜皮黄缘盒龟鼻涕型应激综合征进行治疗。下午发现一只铜皮黄缘盒龟鼻涕不停地从鼻孔喷出，并出现拉稀现象，眼睛无神，活动力较差（图5-147）。近期，天气昼夜温差较大，白天最高气温27℃，夜间仅有17℃，夜间时有下雨，对露天生态养殖的黄缘盒龟增加了应激。根据这一判断，这只铜皮黄缘盒龟发生了应激。对症下药，及时治疗，最后取得理想结果，很快痊愈。采用的治疗方法是：在注入7千克的新水的泡澡池中，加入头孢呋辛钠1克，将药物加水溶解后均匀泼洒，溶入水中。之后，将此龟轻轻放入水中，让龟自行爬入，以免再次应激。在药液中浸泡30分钟左右，龟自行离开。第二天观察，此龟不再出现鼻涕喷出现象，原来从鼻孔里冒泡的病症不再发生。第三天继续观察，发现此龟已经很健康地在树丛中栖息，精神饱满（图5-148）。总结此次病例，笔者认为，在养龟过程中要善于观察，发现龟受到应激后，查明原因，对症下药，及时治疗。从治疗结果分析，对于早期的感冒应激的病龟，完全可以采用药物浸泡的治疗方法。

图5-147　铜皮黄缘盒龟鼻涕从鼻孔流出

图5-148 铜皮黄缘盒龟鼻涕型应激综合征治愈

4. 龟肠胃型应激综合征

2011 年 6 月 28 日，笔者受苏州朋友委托，对送来的两只台湾黄缘闭壳龟进行治疗。诊断为：肠胃型应激综合征。治疗前，小缘前肢肿胀，大缘拉稀不止。采用 5 毫升针筒配 0.5×20 针头对黄缘盒龟进行肌肉注射治疗。体重 200 克小缘前肢肿胀，腋窝鼓胀，但前肢能活动，头部和四肢都能伸缩；对小缘注射头孢曲松钠 0.1 克 + 地塞米松 0.5 毫克 + 生理盐水至 0.5 毫升；注射后，小缘无不良反应，表现灵活起来，在暂养盆里爬动，头伸缩自如，如果人为动它，会头部缩回，眼睛紧闭，四肢同时缩进壳内，几小时后发现前肢基本消肿，前肢腋窝不再鼓胀。体重 500 克大缘病危，主要表现拉稀不止，头部伸出无反应，后肢无反应，前肢有反应，眼闭。对大缘肌肉注射头孢曲松钠 0.2 克 + 地塞米松 1 毫克 + 生理盐水至 1 毫升。将病龟放在盘中水养，在 2 千克水体中加入注射用头孢曲松钠 0.7 克 + 地塞米松 3.5 毫克，进行药物浸泡。大缘在注射后反应比较强烈，眼睛紧闭时间较长，后肢更加变软，没有任何反应，昏迷状；继续观察，几小时后，逐渐苏醒，眼睛微微睁开，头部已有反应，但后肢仍无反应。翌日晨，发现大缘后肢有稍微的反应，眼睛能常态睁开，精神不佳，排泄两次，仍有拉稀。

2011 年 6 月 29 日 16：00，对两只黄缘盒龟继续注射药物进行治疗。首先，小缘表现更为灵活，病情根本好转，主要体现在，昨天注射时后腿能拉出来行针，今天注射时后腿紧缩有力，根本拉不出来，只好拉开前腿进行肌肉注射，剂量为头孢曲松钠 60 毫克 + 地塞米松 0.3 毫克 + 生理盐水至 0.3 毫升；注射后不久发现小缘龟爬到大缘龟背上，眼睛亮（图 5-149）。其次，大缘逐渐好转，主要表现在后腿能伸缩，头部伸缩自如，眼睛有点精神，注射时后腿能拉出来，但有一点回缩力，注射头孢曲松钠 140 毫克 + 地塞米松 0.7 毫克 + 生理盐水至 0.7 毫升。注射后大缘眼睛闭一会儿，时间不长就睁开，后肢明显回缩有力（图 5-150）。而昨天注射时，后肢无力，拖拉在地，毫无反应。今天注射时发现明显的好转，不再拉稀，泄殖孔干净。不像昨天注射第一针时不停地拉稀，今晨拉稀减少，今傍晚打针后拉稀基本停止。浸泡：对上述两只黄缘盒龟注射后进行药物浸泡，在 2 千克水体中加入头孢曲松钠 0.8 克 + 地塞米松 4 毫克，浸泡 24 小时。

图5-149　黄缘龟肠胃型应激综合征注射治疗后精神好转

图5-150　黄缘龟肠胃型应激综合治疗后四肢回缩有力

2011 年 6 月 30 日 18：00，黄缘盒龟基本痊愈，但仍需药物浸泡，以巩固疗效。原本准备继续注射治疗，发现两只龟都有精神，决定不再注射。改用头孢曲松钠 1 克 + 地塞米松 5 毫克溶入 2 千克水体中，对龟进行药物浸泡（图 5-151 和图 5-152）。

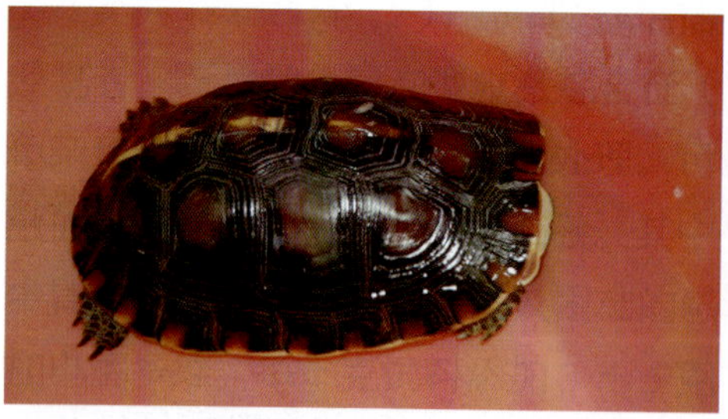

图5-151　黄缘龟肠胃型应激综合征药物浸泡（小龟提供）

图5-152　黄缘龟肠胃型应激综合征药物浸泡（大龟提供）

5. 龟出血型应激综合征

图5-153 龟出血型应激综合征（黄保森提供）

实例 1：2012 年 1 月 8 日，广西读者黄保森反映，他养殖的石龟出问题了。原来，白天加温可以加到 28℃，前段时间不在家，家人不会弄，一直都是 23℃左右。换水也是用热水器直接加温到 38℃左右用手试着不烫暖暖的，就直接给龟换水再放进保温箱加温。70 只石龟苗中已经有 40 只出现全身性出血（图 5-153）；但能摄食。笔者分析原因，由于温差太大，引起的恶性应激，温差 10℃以上一般难以抢救，尤其是内出血已很严重。实际上是恶性应激引起的内出血，因此诊断为龟出血型应激综合征。建议治疗方法：逐渐将温度降到 28℃，达到最佳温度后，稳定温度；坚持等温换水；使用氟哌酸药饵，每千克饲料添加 3 克，连续 6 天。结果痊愈（图 5-154）。

图5-154 龟出血型应激综合征治愈（黄保森提供）

实例 2：2012 年 4 月 28 日，钦州传说反映，他养殖的鳄龟亲龟，雌性亲龟全部停食，其中一只口鼻大量出血，最后死亡。解剖发现，大量内出血，肠道内淤血，肝脏发白，其他内脏也有不同程度的点状充血。笔者经诊断为：出血型应激综合征。这批龟规格是 7.5 千克左右，20 只，其中雄龟 5 只单养，另外 15 只雌龟混养，采用露天水泥池养殖，池底铺沙，水深 30 ~ 40 厘米，直接使用山上泉水，未经等温处理，在晚上 20：00 左右彻底换水，每 3 天换 1 次，投喂小杂鱼。经过分析得知，发病是由于温差应激引起，因累积应激，发展成恶性应激，鳄龟生理紊乱，体质下降，致病菌乘虚而入，引发内部出血，最终导致出血型应激综合征发生。笔者提供治疗方法：等温换水；在仍能摄食的雄龟食物中添加头孢呋辛纳，每千克饲料添加 0.5 克，连续 3 天；对雌龟进行注射药物治疗，具体使用头孢呋辛纳 0.2 克、维生素 K 0.2 毫升、维生素 B_6 0.3 毫升，每天 1 次，连续 6 天。结果病情得到控制。

实例 3：广东茂名高州读者唐科反映一例花龟出血型应激综合征。2016 年 4 月 5 日，他的一位朋友最近从广州买来一批温室龟，是海南花龟，回来后开始发病，主要表现为红脖子，并且全身性红肿，呈出血病症状。其实，是温差引起的出血型应激综合征（图 5-155）。这种病如果是晚期，很难治愈。早期发现，可以及时治疗，挽救一部分龟的生命。

图5-155　龟出血型应激综合征（唐科提供）

此例，温室龟由于室内外温差太大，加上运输、自来水冲洗以及粪便不能及时处理等环节，都可能产生致命的恶性应激。因此，在引种前要弄清种源的背景，也要观察龟的状态，是否眼睛有神、四肢有力、活泼好动、体表完好和体质健壮等。买回来之后，要进行预防应激或解除应激的技术处理，具体可以参考笔者有关应激方面的龟鳖书籍。

6. 龟吹哨型应激综合征

2011 年 8 月 29 日，广西钦州读者杨军反映，其养殖的石龟发病。主要症状是：喘气的龟呼吸气大，发出吹哨声，龟四肢有力，进食正常，发病 6 天，每天死 1 ～ 2 只。全场共有 2 200 只石龟，其中温室有第二年的龟 900 只左右，体重 400 克左右。究其原因是，尽管采用外塘水用于温室内养龟，但已经是夏天，经常在下午 18：00 左右摄食后换水，并且，有时使用温差较大的井水，约占 1/10，觉得水温低，就加温后使用，温度没有精确控制。因此，必须要注意加温后的恒温控制，温度要求稳定。这批石龟曾经摄食过变质的海鱼，变质海鱼也是致病因子，最近的少量浮水病龟解剖发现肝脏变性坏死。因此，建议改用配合饲料。笔者诊断：龟吹哨型应激综合征（图 5-156）。笔者提供治疗方法：头孢曲松钠 0.1 克，每只龟每天注射 1 次，连续 3 次为一个疗程。治疗效果：从 8 月 29 日开始对所有的石龟分批进行注射，2 针后，吹哨声减少，3 针后基本消失。

图5-156　龟吹哨型应激综合征（杨军提供）

7. 龟垂头型应激综合征

实例 1：2011 年 7 月 2 日，笔者在广东顺德容桂镇发现，读者李丽兴养殖的金钱龟应激发病。查找应激原，主要是直接使用自来水调节水质，让自来水不停地流淌，造成微流水环境。下午在现场直接温度测定，自来水温度 28℃，养龟池水体温度 28℃，气温 33℃，水温与气温的温差 5℃。尽管自来水与龟池水温没有温差，但不分时间直接用自来水注水，早晚有温差，正常 3℃，而实际温差在 5℃，当龟从水体中爬到休息台上的时候，感受 5℃温差，容易产生应激，并且这种应激是长期的，也就是累积的，因此诊断为温差引起的累积恶性应激。正常情况下，稚龟、幼龟和成龟能忍受的温差分别是 1℃、2℃和 3℃。从金钱龟死亡的情况看，也证明了恶性应激的源头来自温差。主人介绍：18 只金钱龟已死亡一半，出现了无名死亡的应激症状。根据龟主反映，在平时的金钱龟死亡前的症状中发现有头颈上扬和下垂交替进行，张嘴呼吸，口吐泡沫、眼睛发白等现象。因此，笔者诊断为龟垂头型应激综合征（图 5-157）。主人曾经采用过土霉素、氯霉素、青霉素等注射或浸泡治疗，但效果不佳。笔者建议改用头孢噻呋钠和头孢曲松钠 +

图5-157　金钱龟垂头型应激综合征

地塞米松进行治疗。具体治疗方法是：每千克龟用头孢噻呋钠 20 毫克 + 地塞米松 1 毫克；或用头孢曲松钠 0.2 克 + 地塞米松 1 毫克，肌肉注射，每天 1 次，连续 3 天为 1 疗程。病情得到缓解，并逐渐康复。预防应激方法：增加调温池，自来水经过调温池自然升温，达到与自然温度一致后，才可注入养龟池。这样做就可以避免因温差造成的应激反应。此外，投喂冰冻饵料，一定要经过化冻后，与常温一致时才能使用，否则会产生饵料温差应激。

实例 2：广州读者鸣搞引种鳄龟发生垂头型应激综合征。2012 年 10 月 18 日，龟主反映，前几天将鳄龟从一朋友家中运回家，中途是用一篮子装好放在摩托车后面的，估计就此吹风着凉了（真后悔，大意了），回到家里又直接放进水池里。之后龟一直不进食，活动量很少，头低下至地板，无精神，最近发现鼻孔有泡。两只，每只重约 2.6 千克，其中一只有鼻泡，另一只没有。笔者诊断：垂头型应激综合征（图 5-158）。治疗方法：让龟自行下水，静养，不可人为投入水中；肌注头孢曲松钠 0.1 克，加氯化钠注射液 1 毫升，稀释后使用，每天 1 次，连续 3 天。根据 3 天注射药物效果，决定下一步如何治疗。2012 年 10 月 23 日，龟主反映，两只鳄龟按照笔者指导的方法，肌注头孢曲松钠 + 氯化钠 3 天，现精神状态好转，但依然有点鼻泡。因此，建议继续注射 2 针。2012 年 10 月 25 日，鳄龟鼻泡消失，垂头相对减少，精神也好得多，鳄龟慢慢康复（图 5-159）。

图5-158　龟垂头型应激综合征（鸣搞提供）

图5-159　龟垂头应激综合征治愈（鸣搞提供）

8. 龟豆腐渣型应激综合征

实例 1：2012 年 5 月 4 日，广州读者邓广斌反映，他已养了十几年的四眼斑龟，最近发现一种病，请求帮助。症状：初期眼睛似白眼症状，口中有白沫吐出，泄殖孔红色，绝食；初时精神尚好，还爬动，后来口中有白色类似豆腐渣吐出，张大口呕吐状，有恶臭味，具传染性。经过用土霉素等药物浸泡救治，现在一只已正常，一只已死亡，后传染 2 只，精神较差（图 5-160 至图 5-162）。笔者经过图片诊断，确诊为龟豆腐渣型应激综合征。疑似使用自来水换水时偶尔不注意温差，直接换水引起的。治疗方法：对于体重 250 克的四眼斑龟，使用头孢呋辛钠 0.1 克 + 生理盐水 0.5 毫升稀释。每天 1 次，肌肉注射，连续 6 天为 1 个疗程。后治愈。

图5-160　龟豆腐渣型应激综合征（邓广斌提供）

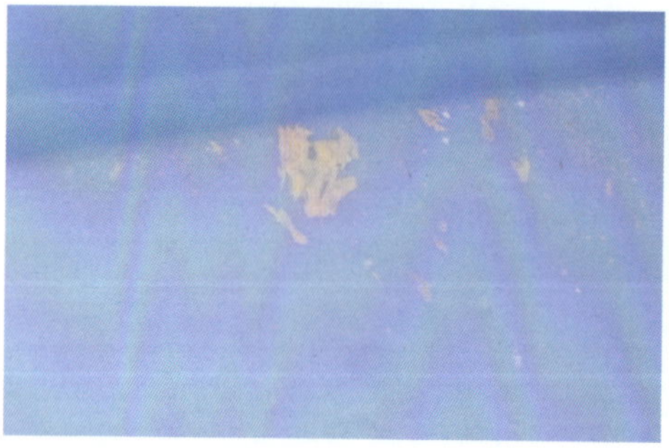

图5-161　龟豆腐渣型应激综合征口中吐出物（邓广斌提供）

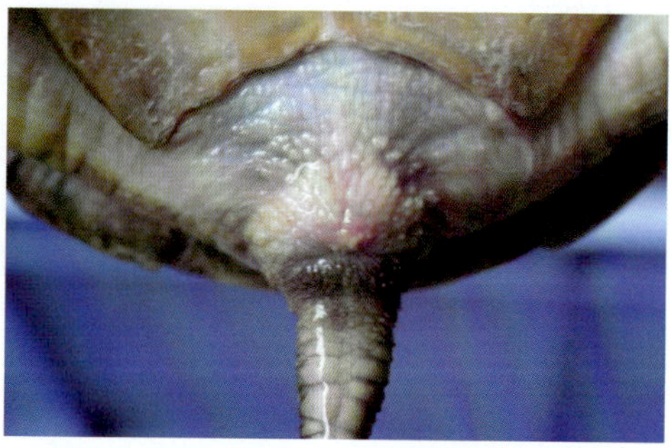

图5-162　龟豆腐渣型应激综合征显示泄殖孔红肿（邓广斌提供）

实例 2：2011 年 11 月 2 日，茂名读者冯艳反映她养殖的石龟苗发生肺炎，并表现出各种症状：嘴巴张开呼吸，并且很急促，每天都有石龟苗死亡。龟主还反映，所有的龟一开始都是眼睛先出现一个米状的白色物，接着开始张口呼吸、口边有豆腐渣样物质等。她采用药物浸泡，已经用过青霉素、链霉素、头孢哌酮、阿莫西林和强力霉素了。头孢哌酮是才刚刚使用，感觉好点。笔者建议用庆大霉素浸泡，连续 6 天，每天换水换药。对病龟，每 500 克水体使用庆大霉素 1 支 8 万单位；对未发病龟用药量减半。在治疗期间可以投喂黄粉虫，不要使用蚯蚓投喂，防止蚯蚓带菌感染。引起肺炎的主要原因是局部加温，养殖箱盖子每天打开两次进行换水和投饵，箱内外产生较大温差。由此产生应激，最终导致感冒和肺炎发生。诊断为：豆腐渣型应激综合征。在龟发病的不同时期表现不同的应激症状（图 5-163 至图 5-166）。2011 年 11 月 7 日，龟主反映，第一次养殖石龟。总共养殖石龟苗 60 只，已死亡 18 只。现在规格 20 ~ 25 克，购买时规格 10 克，买入价 500 元 / 只。2011 年 11 月 12 日，龟主反映，已注射 5 针，每 12 小时注射一次，头孢噻肟钠 1 克瓶装，每只规格 20 克的石龟苗每次注射 1 毫克，并加地塞米松，未浸泡。注射有一定效果：呼吸好点，没那么急促，嘴巴还张开，黏液也少点。笔者建议改为：药量可以增加 1 倍，改为 2 毫克，24 小时注射一次，同时浸泡，不用加地塞米松。继续观察。2011 年 11 月 16 日，龟主反馈，采用头孢噻肟钠加倍注射的石龟，剂量为 20 克龟注射 2 毫克，24 小时注射一次，同时浸泡，不用加地塞米松。结果两只晚期的石龟苗死亡。其他石龟苗保住，病情得到控制。

图5-163　龟豆腐渣型应激综合征（冯艳提供）

图5-164　龟豆腐渣型应激综合征初期（冯艳提供）

图5-165　龟豆腐渣型应激综合征表现脖子肿胀（冯艳提供）

图5-166　龟豆腐渣型应激综合征呼吸困难（冯艳提供）

9. 龟温差投饵型应激综合征

实例 1：2011 年 3 月 24 日，钦州读者米－运反映他养殖的鳄龟出现问题。钦州读者米先生 28 岁，从当地新华书店买到《龟鳖高效养殖技术图解与实例》这本书，觉得这本书比较好，能指导他养好龟。他养殖的龟鳖品种有 5 个：山瑞鳖，年产苗 100 只；珍珠鳖，年产苗 1 800 只；黄沙鳖，年产苗 1 000 多只；5 龄石龟几百只。此外，新引进鳄龟。石龟苗在 2010 年钦州卖 320 元 / 只，灵山卖 420 元 / 只，他自己前年买回来的石龟苗价格 178 元 / 只。由于钦州自然温度较高，今天气温 18℃，目前当地有一位养殖户的鳄龟已产卵 200 枚，但均未受精。等温放养、等温换水和等温投饵是养龟的三原则。笔者分析该读者违背了第三条原则。

2010 年 8 月份引进鳄龟亲龟 16 只，平均体重 8 千克左右，是从当地的一位医生那里买回来的，去年这批龟已产卵 600 枚。由于投饵采用冰冻鱼，未经解冻，仅洗一洗就投喂鳄龟，因冰冻饵料与常温之间的温差产生应激，2011 年开春后，已投饵一次，仍然是非等温投喂冰冻鱼，发现有 3 只爬上岸，并有浮水现象，脚部有腐皮症状，但未发现腿部或全身性浮肿现象，可排除因饵料变质引起的脂肪代谢不良症。经分析，病龟属于非等温投饵引起的应激症。笔者诊断：龟非等温投饵型应激综合征（图 5-167）。

因此，建议采用注射药物的治疗方法。注射治疗：每千克龟注射头孢曲松钠 0.1 克＋地塞米松 0.25 毫克，肌肉注射，每天一次，连续 6 天。2011 年 6 月 2 日米先生来电反映，鳄龟非等温投饵应激症已治愈，并已顺利产蛋。

图5-167 龟非等温投饵型应激综合征（米-运提供）

实例2：2013年7月12日，笔者接到钦州张作英来电，她的一个龟友养殖的规格100克石龟两后腿肿胀，爬行有拖行现象。分析原因，是小孩不当心投喂了冰冻饵料引起。笔者诊断为：龟非等温投饵型应激综合征。建议治疗方法：肌肉注射左氧氟沙星（0.2克∶100毫升）0.2毫升，每天1次，连续6天。

实例3：2012年1月23日，广东东莞读者周振年养殖的石龟出现轻度应激综合征。石龟100克大小，采用加温养殖，控制水温28℃、气温30℃，使用动物饲料和甲鱼配合饲料。由于在最近的动物饲料投喂前，未将冰冻的饲料解冻完全等温后使用，而是用手摸，估计25℃。因此出现轻度应激，主要表现是石龟的眼睛里有分泌物，部分龟嘴巴发出嗒嗒声，并发现有拉稀的情况，尚未停食。笔者根据这些症状诊断为：温差投饵型应激综合征（5-168）。

图5-168 龟温差投饵型应激综合征治疗前（周振年提供）

治疗方法：用庆大霉素浸泡，浓度为每千克水体用 8 万单位的庆大霉素浸泡 10 小时，在晚上浸泡，直至第二天上午的一次投喂前，每天 1 次，连续 3 次。如果病情加重，采取其他办法。但此法应该有效果。使用药物前，适当降低水位。

2012 年 1 月 28 日，龟主反映，石龟苗按照笔者的办法用庆大泡了 3 天，目前龟有明显的好转，但还有部分病情加重。请问要怎样处理？笔者指导，改用青霉素和链霉素合剂浸泡：每千克水体中施放青霉素和链霉素各 80 万单位。

2012 年 1 月 31 日，发现死亡石龟一只，规格 100 克左右，是一只发病比较早的龟，眼睛红肿，嘴里有大量黏液，肺部肿大有气泡，肝脏花样变性，应激性综合征。其他的龟经过 3 次庆大霉素浸泡后普遍好转。

2012 年 2 月 3 日，在治疗过程仅发现两只石龟属于原来就很严重的，一只已经死亡，另一只严重到晚期，其他的基本正常。在笔者指导下，其他的龟已经没有频频张嘴呼吸，眼睛也没有分泌物，就是泡药之后第二天拉很多屎，不怎么吃饲料，换水后，到晚上，吃食正常，基本痊愈（图 5-169）。

图5-169　龟温差投饵型应激综合征治愈（周振年提供）

10. 龟肺气泡型应激综合征

广州读者梦想飞天养殖的石龟并发应激性肺气泡和白眼病。2013 年 3 月 14 日，龟主反映，她养殖 2012 年的石龟苗 600 只，因暖气机坏了，过 2 ~ 3 天才修好，导致温室内温差很大，引起石龟恶性应激，逐渐死亡 100 只。发现石龟病症是白眼型应激综合征和应激性肺气泡并发。肺气泡（肺大泡）是由于肺内细小支气管发炎，致使黏膜水肿引起管腔部分阻塞，空气进入肺泡不易排出而使肺泡内压力增高，同时肺组织发炎使肺泡间侧支呼吸消失，肺泡间隔破裂，形成巨大含气囊腔，叫肺大泡。用过维 C 应激宁一周，再用阿奇呼清（硫氰酸红霉素可溶性粉）一周，还是不稳定，龟很瘦，现在有时候一天死两三只。笔者诊断：龟肺气泡型应激综合征（图 5-170）。治疗方法：鉴于石龟体重 250 克左右，肌肉注射头孢噻肟钠 0.1 克 + 氯化钠注射液 0.5 毫升，每天 1 次，连续 6 天为 1 疗程。

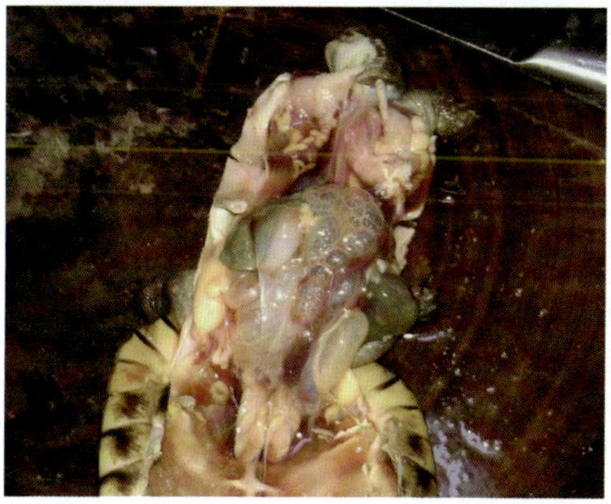
图5-170　龟肺气泡型应激综合征
（梦想飞天提供）

11. 龟肺炎型应激综合征

2012 年 10 月 10 日，广东茂名市电白县沙琅镇读者吴梦云反映，她养的鳄龟今晨发现死亡 2 只，另有 4 只发病，放养密度为每平方米 12.5 只，养殖箱规格为 1 米 ×2 米，是当年 7 月份买回来的鳄龟苗，现在规格有 50 克左右。笔者经过分析发现，尽管她采用的是等温水，但实际没有完全做到等温，因为从井水抽取到调温池之间没有设置开关，这样，在使用完等温水之后，井水会自动上水至调温池，在短时间内做不到等温，连续使用结果就是造成不等温，因而产生了应激反应。从死亡的鳄龟解剖发现，其肺部有病变，其他内脏未见异常。死亡时鳄龟嘴巴张开，显示呼吸困难。此外，眼睛睁开，泄殖孔松弛。笔者诊断：温差应激引起的肺部感染，定名为龟肺炎型应激综合征（图 5-171）。笔者指导治疗方法：对养殖池用头孢曲松钠全池泼洒，每池每次用药 1 克；对正在发病的 4 只鳄龟肌肉注射药物，左氧氟沙星（0.2 克 : 100 毫升）0.2 毫升，每天 1 次，连续 3 天。10 月 14 日，小鳄龟应激引起的肺部感染基本消失，并已恢复正常摄食（图 5-172）。

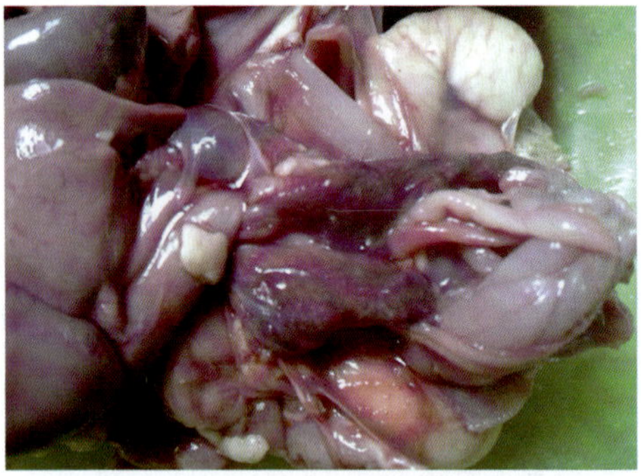

图5-171　龟肺炎型应激综合征
（吴梦云提供）

图5-172　龟肺炎型应激综合征治愈
（吴梦云提供）

12. 龟浮水型应激综合征

实例1：2012年9月27日，广西北海读者包仁珍反映，她养殖的石龟苗出现问题。10天前买回来石龟苗200只，在室内养殖，水深4厘米，最近发现其中有一只出现浮水现象（图5-173），摄食基本正常，主要是投喂黄粉虫和虾，偶尔也喂一些配合饲料。为什么会出现浮水现象？笔者经过调查发现，龟主直接使用温差较大的井水养殖，井水温度24.5℃，养殖池水温度28.5 ~ 29.5℃，温差4 ~ 5℃，由此产生温差应激。不仅如此，管理中有时将龟苗抓起来观察，之后直接投入到水中，容易引起呛水应激。因此，浮水现象实际上是应激综合征。具体诊断为：浮水型应激综合征。防治方法：注意使用等温水，井水必须经过调温池等温之后才可以使用；将龟苗观察后，必须经过斜板自行爬入水中，不可以人为直接投入水中；将浮水龟隔离，并用维生素C浅水浸泡，浓度为每立方米水体30克。注意将含有维生素的水徐徐倒入盛有龟苗的盆里。龟主反映：今天用强力霉素加维生素C泡过了，感觉比没泡之前的精神好一点。后来又用小小的盆放指甲一丁点的强力和维生素C加水放到它的背左右，龟逐渐痊愈。

图5-173　石龟浮水型应激综合征
（包仁珍提供）

实例2：2012年10月1日，广西

钦州读者黄毅振反映，他养殖的石龟出现浮水性应激反应。该读者养殖石龟300只，8月20日死亡2只，最近一段时间又死亡1只，目前有1只正在浮水（图5-174），规格900克，浮水的原因基本查明，主要是直接采用井水和自来水换水，未经等温处理，尽管偶尔测量温差不是很大，但这种低温差会导致抵抗力弱的龟难以通过自身的免疫系统调节过来，变成慢性应激，因此发生的浮水死亡龟数量不多。笔者分析认为：原来的养殖方法违背了应激原理，就是说石龟苗、幼龟和成龟，瞬时换水温差必须分别控制在1℃、2℃、3℃内，要做到这一点就需要等温换水。怎样等温，就是建有等温调水池，将井水、自来水与常温相等后才可以注入养殖池中，如果是加温养殖，必须与加温池中的水温保持一致，才可以换水，否则是要应激的。原来的养殖方法是直接使用井水和自来水，尽管他说的情况温差不大（养殖池的水温是25℃，井水的温度是27.5℃），但毕竟存在一定的温差，所以他的石龟死亡和浮水才是个别现象，否则问题很大，严重时会全军覆灭。为什么他的龟死亡不多，这是因为温差不大，产生恶性应激是个别的。应激大小取决于温差和龟的自身抵抗力，如果他的龟逐渐适应这样的温差，而自身抵抗力很强，也许没事，但操作方法上还是违背应激预防原则的，就是直接用自来水、井水换水。笔者诊断：浮水型应激综合征。治疗方法：杜绝温差；使用“双抗”浸泡，具体是每千克水使用青霉素和链霉素各40万单位，对龟进行浸泡，时间到下一次换水前；如果病情严重，需要采用注射药物的治疗方法。2012年10月7日，龟主反馈，按照笔者的指导用青霉素和链霉素对龟进行了3天的浸泡，龟在第二天已进食（图5-175）。泡药的第二天发现龟的活动力比前一天强，龟主说：“我想，龟几天不吃东西了，肚子饿了吧，于是我就找一小片肉放进水盘里去，观察龟在水里的动静，半个小时过去了，仍然不见有龟吃东西的迹象，无奈上班时间已到，怀着遗憾的心情走了。下班回来，水盘里的这一小片肉不见了，我的龟又开始进食了。泡药的第三天，龟在水盘里的活动更加有劲，四条腿不停

图5-174　石龟浮水型应激综合征（黄毅振提供）

地动、不停地爬，放进去的肉也在一个小时内吃完，我的龟的病情已经大有好转，真是神啊！”

图5-175　石龟浮水型应激综合征痊愈（黄毅振提供）

实例 3：广州番禺庄锦驹养殖的石龟出现浮水现象。2013 年 1 月 1 日，龟主反映，有 1 只上一年的石龟苗，在前几天发现有浮水，其他的都没问题，入冬以来，都没换过水，在广州，上月中旬天气突然转温，石龟都出来找食，就喂了它们，喂完 2 天又遇冷空气，怀疑摄食的东西没排出来。龟主在阳台下养殖的石龟自然越冬，体重 5 ~ 6 两，是 2010 年的龟苗，最近出现浮水现象。笔者分析原因可能是前段时间天气突然降温，体质较差的石龟引起的应激反应，观察其眼睛能睁开，四肢有力，已采用维生素 C 和氟哌酸浸泡，效果不明显。诊断：浮水型应激综合征（图 5-176）。治疗方法：隔离单养，用泡沫箱养殖；肌肉注射头孢噻呋钠，每天 0.1 克 + 0.5 毫升氯化钠注射液，连续 3 天，结果痊愈（图 5-177）。

图5-176　龟浮水型应激综合征（庄锦驹提供）

图5-177　龟浮水型应激综合征治愈（庄锦驹提供）

实例 4：2012 年 8 月 7 日，茂名龟友清清直接将石龟苗投入深水中出现浮水的错误操作方法（图 5-178）。对于孵化后一周左右的石龟苗，在自家，龟主是用 2 ~ 3 厘米水位，但是卖给商家时，对方要求用深水位检验龟苗质量，发现有浮水的就不要。龟主说，平时喂养小龟是刚好浸过龟背，龟苗刚孵出来不浮水，喂养几天后再投进深水，就浮水。笔者建议正确做法：可以向有龟苗的箱子里慢慢注水，不可以将苗直接投入深水里，否则会引起呛水型应激反应，这是技术关键。

实例 5：2012 年 1 月 15 日，茂名读者郭金海反映，他养殖的庙龟发生温差应激。一只体重 1 千克的庙龟在前几天出来晒太阳，后来下些小雨有些感冒了，龟主就用维生素 C 和头孢菌素一起泡。第 3 天把龟放到金鱼缸中加温，从 16℃的水温加到 24℃，温差 8℃。16℃水温的时候很爱游，但是水温升高后就出现浮水不动的现象，眼睛有时候闭着，呼吸急速。笔者诊断：龟浮水型应激综合征（图 5-179）。提出缓解措施：逐渐降温，每天下降 2℃；使用维生素 C 和头孢浸泡；用地塞米松 0.25 毫克 + Vc1 毫升，肌肉注射。2012 年 1 月 16 日，龟主反映：庙龟好多了。还没有打针，已经在外面晒太阳了，用 VC 和头孢菌素泡着。这表明浸泡药物也有一定作用，龟主表示龟逐渐恢复，并开始摄食，状态很好。

图5-178　不当操作引起的龟苗浮水现象（清清提供）

图5-179　庙龟浮水型应激综合征（郭金海提供）

13. 龟肝肺变性型应激综合征

2012 年 11 月 22 日，南宁读者黄江山反映，他养殖的当年石龟苗 500 只，以每只 520 元买入，现在规格已有 50 多克，最近死亡 1 只，并解剖发现肺部变黑，肝脏变性，在肝脏上面有一黄色斑块（图 5-180）。从仅死亡 1 只的病例，笔者对其发病原因进行分析：从大的思路分析，目前广西、广东等地养龟采用的局部加温方法是很不科学的，容易引起应激，由应激引起龟的生理紊乱，致使肝脏等器官变性。关键问题在哪里？投喂、换水时，必须将箱盖打开，就在打开的时候，温差不大，不要紧，龟会自行调节应激，如果温差较大，就难以调节，累积应激后就会发病。也就是说，暂时没有问题，不等于这个方法可行，实际上局部加温养龟方法是有缺陷的。

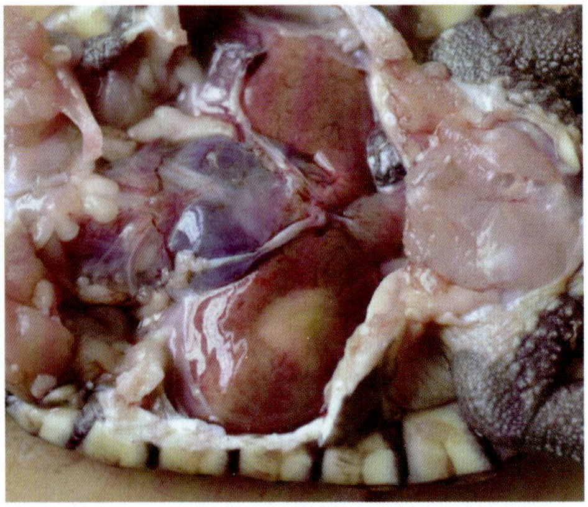

图5-180　龟肝肺变性型应激综合征（黄江山提供）

14. 龟肝肿大型应激综合征

2012 年 8 月 13 日，茂名读者莫晓婵反映，她养殖的石龟应激出现无名死亡。主要症状是肝肿大，死前没有什么症状。主要原因是使用井水换水，可能有时等温措施做得不够到位。其他池也是一样的养，就这一池是这样，其他的没事。井水不是直接抽上去，是先抽上水池再上龟池的。这半个月死了 4 只龟，剖开后都是肝肿大（图 5-181 和图 5-182）。今天晚上 21:00 左右测量，井水温度 25℃，龟池水温 29℃，温差 4℃。一般龟对温差很敏感，对于一定范围内的温差能够自我调节，石龟苗、幼龟、成龟对于温差的调节范围分别是 1℃、2℃、3℃。超过这一范围，就看龟的体质，如果体质较差就会发生应激。什么是应激，就是龟的生态系统受

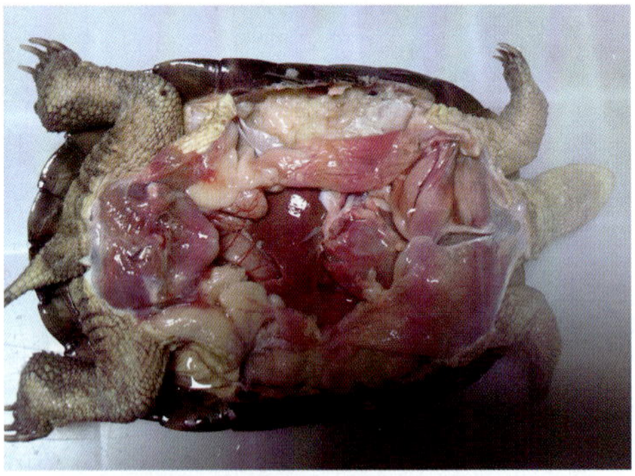

图5-181　石龟解剖检查（莫晓婵提供）

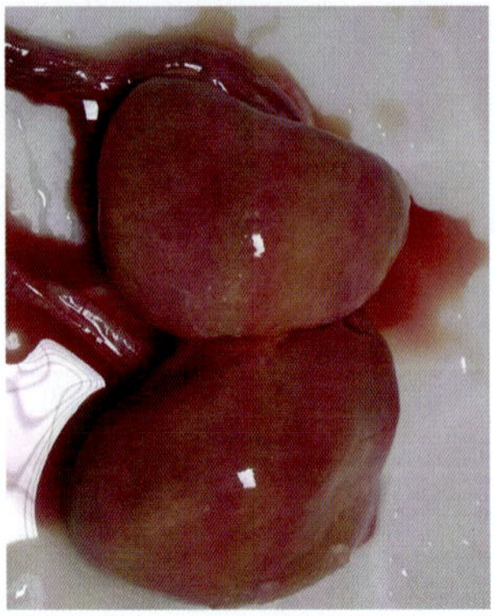

图5-182　龟肿大型应激综合征（莫晓婵提供）

到威胁所作出的生物学反应。那么石龟直接使用井水造成的温差估计在 4℃，这样的温差对于体质较好的龟来说不要紧，它会自己调节过来，变成良性应激，如果调节不过来，多次应激累积后会变成恶性应激。龟主拍的解剖图，肝脏肿大，外观无任何症状，又叫无名死亡。因此，石龟发生的疾病为应激性疾病，具体为龟肝肿大型应激综合征。

15. 龟红底型应激综合征

实例 1：2012 年 1 月 12 日，东莞塘厦镇的杨英给龟投饵换水时，将 24℃变成 20℃，再升温到 28℃，因温差 8℃，结果出现温差应激。主要表现是石龟的腹部尤其是尾部充血发红，表现红底型应激综合征（图 5-183）。龟主反映，发病率 60%（70 只龟，40 只龟发病），石龟规格 100 ~ 600 克 / 只。笔者指导，给出治疗方法：庆大霉素 4 万单位注射，每千克水体用青霉素和链霉素各 80 万单位对龟进行浸泡。

治疗第 2 天，龟主杨英反映，泡了一次药，打了一针，检查下好了很多。打针后龟不怎么吃东西。继续浸泡，没有注射。浸泡 6 天，每天浸泡 12 小时。结果已有 85% 的龟出现根本好转，体色接近原色，不再充血。笔者建议继续浸泡治疗，再浸泡 3 天，巩固治疗效果。2012 年 1 月 20 日，龟主反映，龟病痊愈（图 5-184）。

图5-183 红底型应激综合征治疗前（杨英提供）

图5-184 红底型应激综合征治愈（杨英提供）

实例 2：2013 年 6 月 16 日，浙江海宁斜桥镇万星村读者张月清反映，他进行温室养殖日本鳖和露天池培育鳄龟种龟，养殖日本鳖 10 万只，鳄龟亲龟 2 000 多只。最近鳄龟出现问题。

去年引进 2 000 多只北美小鳄龟，放入外池，培养亲龟，今年未产卵，预计明年开产。今年开春以来鳄龟无名已死亡逾 50 只，最近每 2 天死 1 只，问题比较严重。笔者来到现场诊断为：龟红底型应激综合征。主要症状是腹部皮肤发红，并发腐皮病（图 5-185 和图 5-186）。龟主反映，曾解剖刚病死的鳄龟肝脏呈土黄色，肺气肿，膀胱积水。发病的原因是露天池天气多次突变降温，部分体质差的鳄龟，抗应激力低，体内平衡受温差突变威胁引起的应激综合征。

图5-185　龟红底型应激综合征

图5-186　龟红底型应激综合征并发腐皮病

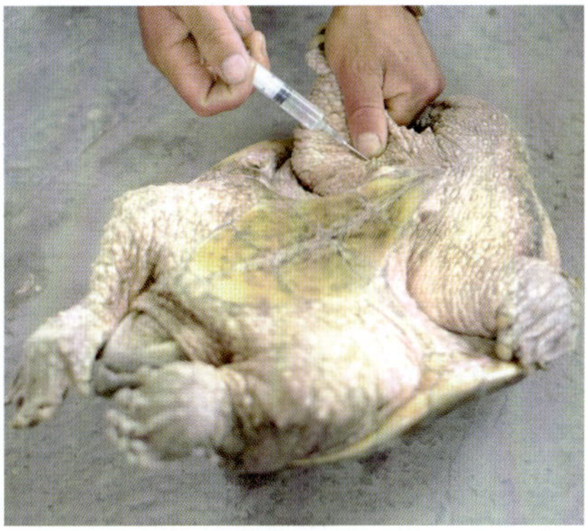

图5-187　龟红底型应激综合征注射治疗

防治方法：泼洒药物与注射药物相结合。全池泼洒氧氟沙星浓度为 0.5 毫克 / 升；生石灰 25 毫克 / 升；聚维酮碘 1 毫克 / 升，交替使用。肌肉注射左氧氟沙星 2 毫升（0.2 克 : 100 毫升），加地塞米松（1 毫升 : 2 毫克）1 毫升。具体要求，对鳄龟爬上池坡不下水，见人无反应的，立即注射药物，每天注射 1 次。注射后立即放回原池（图 5-187 和图 5-188）。连续 6 天为一个疗程，根据病情决定是否继续下一个疗程。

图5-188　龟红底型应激综合征每次注射后放回原池

2013 年 6 月 18 日，龟主张月清反映，前天开始注射，昨天死 1 只，8 只上岸不下水，今天减少为 2 只上岸，已有明显好转。2013 年 6 月 22 日，龟主反映，已停止死亡，上岸不下水的病龟显著减少，病情得到有效控制。后继续注射，因原池龟密度太高，将注射过的龟隔离到另池观察，结果再未出现死亡。

16. 龟交配频繁型应激综合征

2012 年 9 月 18 日，广东顺德读者鹰反映，最近发现一只雄性石龟亲龟浮水现象，饲料采用浙江生产的配合饲料，经过分析疑似因交配过于频繁，引起的应激反应。因此，采用隔离—浅水养殖—找到病因—对因下药的措施。目前，石龟正处于交配季节，公龟过于频繁交配，也会产生应激，体力透支，精神下降，生殖器发炎，尾巴肿大，体内炎症等，最后表现浮水现象。笔者诊断：龟交配频繁型应激综合征（图 5-189）。笔者提供治疗方法：采用左氧氟沙星（0.2 克：100 毫升），肌肉注射，每天 1 次，连续 6 天，剂量为每次 2 毫升。经过治疗已治愈（图 5-190）。

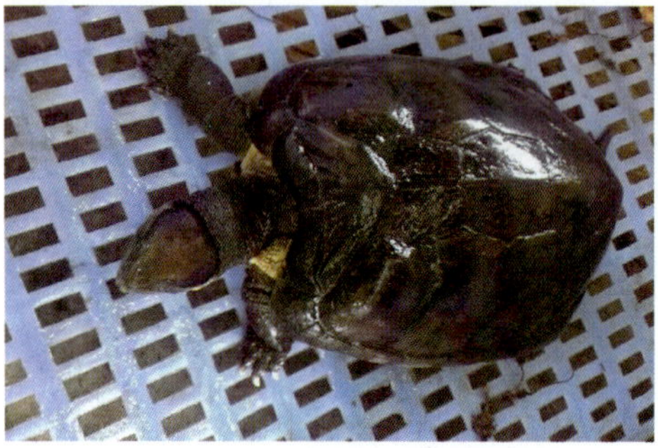

图5-189 龟交配频繁型应激综合征（鹰提供）

图5-190 龟交配频繁型应激综合征治愈（鹰提供）

17. 龟泡沫型应激综合征

实例 1：2011 年 11 月 15 日，哈尔滨发生大鳄龟泡沫型应激综合征（图 5-191）。读者王瀚霆是黑龙江大学的一名学生，从网上向笔者求助。他的大鳄龟作为宠物饲养，龟的体重不到 2 千克。2011 年 10 月 25 日发现玻璃缸里大鳄龟嘴里吐出大量泡沫，水面上漂浮一层（图 5-192）。水温 25℃。换水时不注意，直接使用具有温差较大的自来水冲洗并换水，在最近的一次换水 6 天后发病，病情较为严重，停食。

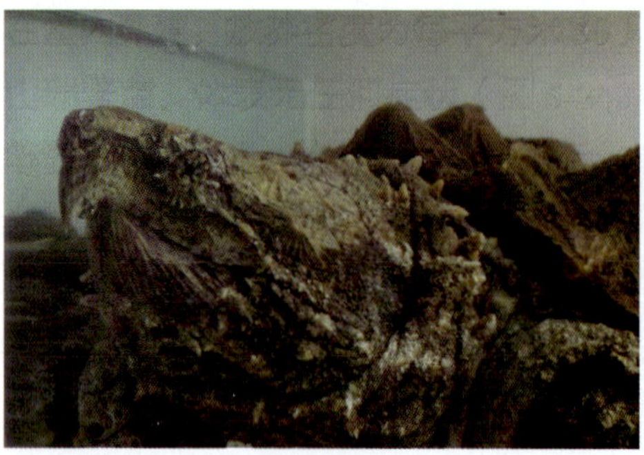

图5-191 龟泡沫型应激综合征（王瀚霆提供）

图5-192 龟泡沫型应激综合征吐出大量泡沫（王瀚霆提供）

笔者诊断为：龟泡沫型应激综合征。泡沫产生的原因：自来水未经等温处理，直接使用；因温差引起应激反应；泡沫是大鳄龟在受到应激发生感冒后肺部发炎从嘴里吐出来的。

防治方法：等温换水，在换水时必须将自来水调节成与当时水箱里的水温一致后才能换水；肌肉注射庆大霉素，每次 4 万单位，每天 1 次，连续 6 天；根据病情变化调整治疗方法。

治疗过程：分三个阶段，使用抗生素，经过 15 天的治疗时间，结果治愈。

第一阶段：肌肉注射庆大霉素 2 针后初步见效，已不见泡沫，仅见池底有絮状物，可能是龟在换水后将嘴里原有的絮状物吐出，之后嘴已干净，不见有新的絮状物吐出，准备注射第 3 针后，继续观察。结果注射 6 针庆大霉素后，大鳄龟感冒复发，又出现气泡，水中又有零星的气泡，不是沫，还有一些漂浮的类似于鼻涕的东西。

第二阶段：改用头孢菌素，注射头孢菌素后大鳄龟反应强烈：给它打完针也就 10 分钟，表现不安，手蹬脚刨，换气频繁，脖子伸得老长还贴在缸底然后抬起头换气，周而复始。5 分钟后，才安静下来，并昂头，正常换气。水温 21℃，注射前换水，未使用加热棒。

第三阶段：换用副作用小的头孢菌素进行治疗。经 2 天肌肉注射，口吐泡沫症状消失，大鳄龟养殖水体干净，未见泡沫状物。接下来，将现有的水温由原来的 21℃逐渐升高到 25℃，并用头孢菌素浸泡。此时，新的应激原出现：大鳄龟养殖在大学生寝室设置的水族箱中，因学校每晚都要停电，不能正常使用加热棒，难以恒温在 25℃饲养，因此将大鳄龟移回家中。读者反映，在笔者的指导下，从 10 月 25 日求治到 11 月 9 日，经过了 15 天的有效治疗，大鳄龟终于恢复摄食，每晚吃 1 条鱼（图 5-193）。

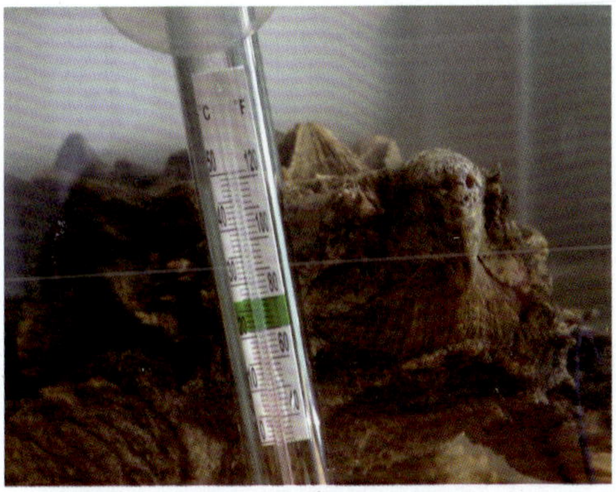

图5-193　龟泡沫型应激综合征治愈（王瀚霆提供）

实例 2：2011 年 6 月 3 日，江西丰城黄缘盒龟应激引起的泡沫型感冒。江西丰城电信公司读者徐兆群，在黄缘盒龟养殖中，发现龟有泡沫型的感冒。发病原因是天气的突然变化，气温陡降，引起的龟的应激。2011 年 5 月 21 日，白天气温 30℃，晚上因下雨气温突然下降到 19℃，这时将黄缘盒龟移到室内，当时室温 29℃。就在这样的温差较大的环境中，一只体重 600 克的雌性黄缘盒龟发病了。5 月 27 日发现一只黄缘盒龟口吐白沫，精神状态变差，平时跟人走，可现在不动了。针对这一症状，采取适当升温并使用药物浸泡的方法进行治疗。在一个长、宽、高分别为 55 厘米、45 厘米、35 厘米的恒温箱中，利用 50 瓦 UVB 灯进行加温，并控温 28℃，在箱内放一个小盒，其长、宽、高分别为 20 厘米、10 厘米、2 厘米，在此盒内注水并投放一支庆大霉素，2 毫升，8 万单位，将龟放入小盒浸泡半小时，结果第二天，泡沫消失，龟的嘴巴基本干净；5 月 28 日继续用同剂量的庆大霉素浸泡；5 月 29 日在笔者的建议下换用头孢曲松钠 1 克，浸泡半小时。在浸泡过程中，发现龟不断饮水，因为水中含有药物，从而达到治疗效果。此后停药观察，6 月 3 日，水温仍保持 28℃，因下雨，当天的气温为 24 ~ 25℃，该读者来电反映，龟已基本痊愈。能正常摄食龟粮和西红柿，大便成形，精神状态较好，准备逐渐降温，在与室外温度一致的时候将治愈的龟移到室外去，进入正常养殖阶段。

实例 3：黄缘盒龟泡沫型应激综合征治疗新实例。对于黄缘盒龟来说，在养殖中最令人头痛的是容易发病，并且疾病的种类层出不穷。2016 年 4 月 20 日，江西一位网名叫归途的养龟者反映，他养殖的黄缘盒龟从农村搬进城里的住房后，不当心就发病了。其中一只口鼻吐出泡沫，一时不知道该怎么办?

起因是黄缘盒龟新居的窗户被打开一天，进行通气。由于昼夜较大温差产生，体质较差的龟发病了。这是一只雌性亲龟，发病后，头颈缩进壳内，四肢无力，眼睛无神。笔者诊断为：龟泡沫型应激综合征。

治疗采用两种药物进行注射。使用笔者推荐的两种药物，混合后，按龟的体重计算出剂量。这只龟体重 777 克。结果一次注射后，第二天观察，龟的症状已消失，继续注射两天，共三天疗程，龟的疾病已治愈。

具体方法：五水头孢肌肉注射，每次 0.1 克 + 地塞米松 0.5 毫克，每天一次，连续 6 天。不过打完第 1 针，第二天观察时病症已消失，已经恢复健康。但是为了防止病情复发，须连续打针。下图是一共打了 3 天，治疗前后的对比照（图 5-194）。

图5-194 治疗前后对照（归途提供）

18. 龟呛水型应激综合征

呛水是应激综合征中的一种，一般发现时已晚，很难治愈，死亡率极高。刚孵化的稚龟、培育中的幼龟等不当心翻身，无力反转，呛水后，龟表现四肢无力，头部变软，眼睛无神，尤其是没有特效药物抢救，主人束手无助。

实例 1：2016 年 8 月 16 日中午，笔者发现一只刚孵化两天的黄缘盒龟苗，在暂养容器中腹部朝上，看上去，此龟因呛水似乎已死亡，表现四肢和头部软绵绵，没有任何反应。但其眼睛还是睁开的。拿起龟观察，龟的头部完全下垂，眼睛不动，无神，四肢松软下拉。笔者将此龟苗移到有蛭石的容器里，先是平放，过了一会发现龟的嘴巴张开一下，又不动了。进一步改进体位，将龟的身体后部垫高，头部低一点，便于排水。继续观察，大概过了半个小时之后，发现龟头部偶尔有一点反应，微微的颤抖，又过了半个小时，龟的头部间隙性伸缩一次，间隔时间大约 30 秒，每次 1 ～ 2 秒。又等了大约半个小时，发现龟的头部摇了一下，继续下垂，头部无力抬起，仍未脱离危险。晚上再观察时，发现龟的头部已经能全部缩进，头部和四肢都有反应，第二天早晨检查，龟苗已基本恢复，能爬行。

龟呛水濒临死亡，被成功抢救过来，这在龟病治疗史上没有先例，未见过此类报道。几年前，海口读者反映，他养殖的黄缘盒龟苗早晨发现呛水，晚上就已死亡。这次笔者治疗呛水病例，核心技术在于：（1）一旦发现呛水立即将龟苗由腹部朝上，翻身恢复正常的背部朝上的体位；（2）将龟迅速移到无水的蛭石中，轻拿轻放，关键是将龟的后部垫高，头部低一些，便于排水；（3）在静养中要注意在蛭石和龟的体表喷水，保持湿度，注意使用等温水。此次呛水型应激综合征的龟苗使用科学的抢救方法，终于获救，奇迹发生。

实例 2：广东省东莞市龟友冯文远，于 2016 年 8 月 30 日引进 10 只安缘苗，到家后使用毛巾覆盖的方法保湿，进行暂养。这种方法必须是在干养条件下，才可使用。然而龟主不当心在龟苗暂养容器中注水，使得个别龟苗出现呛水。当他发现时已是下午 17：00 左右，求助笔者。呛水后的龟苗主要表现为，精神很差，眼睛紧闭，后肢有一点反应。针对这一情况，笔者分析是由于呛水造成的，因此需要采取对因治疗措施。

诊断：龟呛水型应激综合征。

治疗：对于呛水后的龟苗首先要从有水的容器里移到干燥的地方，轻拿轻放；其次，准备好另一个容器放入干净的蛭石，注意蛭石必须是干的，这样才具有吸水的作用，此时将龟苗移到蛭石上面，这里特别要求龟苗的摆放姿势是头部倾斜朝下，后部垫高，这样做是为了排水，让龟将肚子里的水慢慢吐出来；最后观察过程中不要触碰龟苗，让其安静。经过这样的物理方法治疗后，龟苗在晚上 23：00 已有好转，第二天中午龟主反映，这只龟苗已能正常摄食黄粉虫（图 5-195 和图 5-196）。

图5-195　龟呛水型应激综合征治疗前（冯文远提供）

图5-196　龟呛水型应激综合征治疗后（冯文远提供）

实例3：2016年9月11日晚上，广西北海读者陈薇反映，她养殖的安缘大苗发生了呛水应激，由于水位较深，一只缘苗翻身后没能翻回来，呛水后龟苗四肢无力，眼睛闭起。她根据笔者提供的方法，将此龟苗移到放有蛭石的盒子里，将龟苗头部调低，后部垫高，在蛭石的表面，让其静养几个小时，蛭石具有吸水的功能，而龟苗通过身体的高低调节，有利于其逐渐吐出肚子里的水，获得新生。最后，这只苗获救。此法已经三次实践验证，效果显著。

19. 龟停食型应激综合征

实例1：2012年5月25日，佛山读者邓志明引进的温室鳄龟出现不摄食应激现象。龟池约13平方米，养了20只4千克的小鳄龟，水深20厘米，5月1日从广州市场买来的温室鳄龟，单价每500克29元，回来后一直没开食（图5-197）。引进时注意等温放养，自来水晾晒两天后使用。此后发现有一只龟发生严重的肺炎，浮水，并在水中吐气泡。笔者分析龟不摄食的原因：温室龟主要从江浙一带运输到广州市场的，路途很远，高密度装运，一路应激过来；到广州市场后，商家直接使用自来水冲洗与暂养，加大了应激；新龟主买回去之后，未能及时解除应激。尽管使用了等温水，因为买来的龟已经应激了，体内大量炎症尚未消除，所以不吃东西。其中有一个严重得了肺炎。此外，温室龟在5月1日的时候，江浙一带温室内外温度尚未平衡一致，如果出温室未注意逐渐降温，也会应激的。笔者诊断：龟停食型应激综合征。防治方法：注意等温换水，以后开食后注意等温投喂饲料，不要直接投喂冰冻饲料。肌肉注射药物治疗，使用头孢曲松钠0.2克+地塞米松0.25毫克+氯化钠注射液2毫升，每天1次，连续注射6天。经过一个疗程6天的治疗，结果鳄龟基本痊愈，已开始摄食。2012年6月1日，龟主反映：“龟已经打完了6天针，今天下午放了2条鱼，龟全部都吃了，明天再多放几条观察。”2012年6月2日，龟主反映，打了6天针，中途第三天换了1次等温的晾晒24小时的水，换了1/3，还降低了水位，便于观察，换水后加了

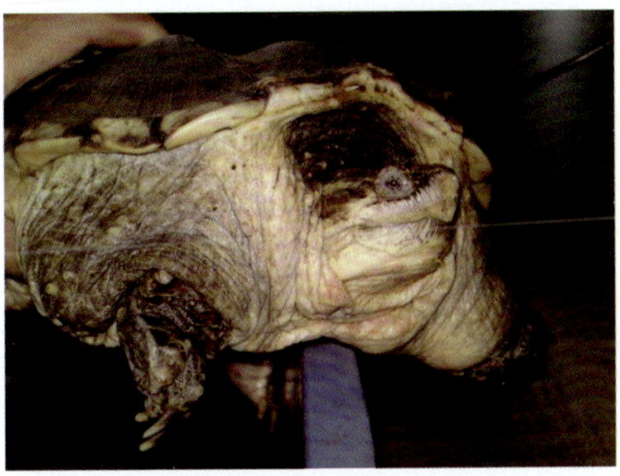

图5-197 鳄龟停食型应激综合征（邓志明提供）

EM 菌，打完第 6 天针后，观察了 2 天，第一天投喂了 2 条小鱼，吃完了，第二天投喂了 6 条小鱼也吃了，治疗中 8 天以来的自然温度是 26 ~ 32℃，现在龟基本都精神多了，到处游跑（图 5-198）。至此，龟病痊愈。

图5-198　鳄龟停食型应激综合征治愈（邓志明提供）

实例 2：2012 年 6 月 9 日，广东佛山读者强人反映，其养殖的安南龟，因直接使用自来水造成温差应激，起初发现鼻子冒泡等感冒症状。此安南龟上月中开始不愿动，不吃东西，5 月 21 日打了几针（是一种叫苦木和阿米卡星混合液）后，开始吃了几只虾，但几天后又不吃了，休息几天后浸泡土霉素，还是这样，龟约 200 克，拉它的脚，它是有力缩回去，只是在水中不愿动，头也不伸出（图 5-199）。笔者给出治疗方法：等温换水，就是自来水不可以直接使用，必须经过曝晒或者放置在自然温度下等温几个小时后，与外界温度一致的情况下才能使用；肌肉注射头孢曲松钠，在头孢曲松钠 1 克的瓶内，加入 5 毫升的氯化钠注射液，摇匀后，抽取 0.2 毫升注射，每天 1 次，连续 6 次。多余的药液用于浸泡龟。

图5-199　安南龟停食型应激综合征（强人提供）

实例 3：2012 年 9 月 15 日，龟主林方恩反映，广东阳春市发生了一例黄缘龟停食型应激综合征。他养殖的石龟，规格约为 1 千克，最近停食几天，眼睛流水，没力，精神差（图 5-200）。笔者究其原因，使用了温差 4℃的井水，一般井水温度仅有 24℃，直接使用的结果导致石龟应激，产生综合症状。目前只发现一只石龟发病。他对病龟进行治疗，使用注射药物的方法，但剂量偏高。具体为：2 毫升地塞米松（1 毫升：1 毫克）加 0.2 克头孢噻呋钠注射。地塞米松用了 2 毫克，应该是 0.2 毫克，超标 10 倍（看书没看懂）。所以病龟变软，无力。在笔者的指导下，改用左氧氟沙星 2 毫升，肌注，连续 6 天。2012 年 9 月 22 日，龟主反馈，龟已被治愈，恢复摄食，精神很好（图 5-201）。

图5-200　石龟停食型应激综合征（林方恩提供）

图5-201　石龟停食型应激综合征治愈（林方恩提供）

实例4：2012年9月20日，广东肇庆读者吉共平反映，她养殖的石龟是2008年的苗，雄性，体重1.5千克，最近发生应激，主要表现是停食（图5-202）。应激原是偶尔直接使用未经等温的自来水，引起的温差应激。并且，8月份下了几场大雨，当时龟放在阳台雨水洒进来，造成龟的应激反应。治疗方法：左氧氟沙星2毫升，每天1次，连续6天，肌肉注射。2012年9月25日，龟主反馈，龟已经好转，开始吃东西了（图5-203）。2012年10月26日，龟主进一步反馈，治愈后十几天，主人把它搬到了新家，怕它对新的环境不适应，在龟池泼洒维生素C水3天，现在龟已经完全适应新的环境，摄食正常，也能进行交配。

图5-202 石龟停食型应激综合征（吉共平提供）

图5-203 石龟停食型应激综合征治愈（吉共平提供）

实例5：2012年6月19日，茂名市高州读者张雄志反映，采用局部加温养殖的石龟直接使用井水，出现停食型应激综合征（图5-204和图5-205）。井水26℃，养殖盘中水温30℃，温差4℃，石龟规格500克左右。治疗方法：肌肉注射头孢曲松钠0.1克，连续6天，结果龟病痊愈。

图5-204 局部加温养龟（张雄志提供）

图5-205　龟停食型应激综合征（张雄志提供）

实例 6：2011 年 9 月 15 日，广东省顺德读者欧阳杏棠反映："我的雄性台湾黄缘闭壳龟买回来已经半个月，买回来后，在盘中放了三天维生素C、复合维生素和护肝灵（板蓝根和大黄）。最近这几天发现龟没有精神，整天都闭着眼睛不走动，有时把头伸出来垂到地上，如果爬到水盆以后不愿意上岸（图 5-206）。这两天我在盆中放了氟苯尼考，打了两针庆大、维C、地塞米松，但没有效果。还有另外一只母缘，我看到它的鼻孔有时有少量鼻水或白色分泌物，有时听到它有很大的杂声，但有时鼻孔又很干爽，都有进食。我喂过几餐番茄、两餐瘦肉、一餐配合饲料，打过一针庆大、维C、地塞米松，现在不知道该如何处理？"笔者分析：是引进前从台湾到大陆途中以及暂养过程中受到过应激，回来后未注意等温原则（使用等温水，等温投饵，等温放养）。笔者指导治疗方法：肌肉注射头孢曲松钠第一针 0.2 克，第二针、第三针减半，3 针一个疗程。2011 年 9 月 20 日，龟主来电反映，母龟已经痊愈，公龟尚未开食，仍需继续治疗。此后经过进一步治疗，公龟痊愈。

图5-206　黄缘龟停食型应激综合征（欧阳杏棠提供）

实例 7：2011 年 8 月 11 日，苏州王元生反映养殖的黄缘盒龟停食。这只龟是一个月前从河南买回来的雌性亲龟，体重 575 克。因直接使用自来水，温差较大应激发病。主要表现是后肢无力，前肢有反应，眼睛有神，刚停食，属于应激症早期。诊断为：龟停食型应激综合征（图 5-207）。笔者建议采用注射治疗方法：注射头孢曲松钠 0.1 克 + 地塞米松 0.5 毫克，连续 3 天。治疗效果显著：表现后腿有力，排便正常，精神状态好，眼睛有神，灵活好动。又注射头孢曲松钠 0.1 克 + 地塞米松 0.5 毫克 1 次。第二天恢复摄食，给予肉丝，能正常吞食，走路逐渐有力，龟病痊愈（图 5-208）。

图5-207　苏州黄缘龟停食型应激综合征

图5-208　苏州黄缘龟停食型应激综合征治愈

实例 8：2011 年 5 月 20 日，苏州市公积金管理中心读者顾平反映，他养殖的珍珠龟停食。经笔者诊断为珍珠龟温差引起的停食型应激综合征。顾先生家养的 1 只珍珠龟已有十几年，雌性，体重 1.5 千克，今年越冬解除后一直停止摄食，究其原因是早晚直接用自来水冲洗和换水，由于温差引起的慢性应激。最近此龟能饮水，但就是不摄食。活体检查，头脚伸缩有力，眼睛有神，嘴巴微张，下巴处有一个小瘤，曾切除过（图 5-209）。笔者指导采用注射治疗方法：每千克龟体重，每次注射头孢曲松钠（规格 1 克）0.2 克 + 加地塞米松 1 毫克，每天 1 次，连续注射 6 次为 1 个疗程。注射 4 针后开始摄食，一个疗程后痊愈，精神状态好，喜欢摄食青虾。

图5-209　苏州珍珠龟停食型应激综合征

实例 9：2012 年 9 月 11 日，武汉诚诚反映，他养殖的黄缘盒龟直接使用地下水应激发病。龟主养殖的黄缘盒龟最近发生停食现象，部分龟已恢复摄食，仍有一只公龟拒食，这只龟已停食半个月。究其原因是直接使用地下水换水，用于龟的泡澡。一般地下水温度 22 ~ 28℃，不稳定，造成了温差应激。目前龟的精神状态良好，四肢有力。笔者经分析后诊断为：龟停食型应激综合征（图 5-210）。指导治疗方法：注意等温处理地下水，就是说，地下水使用前必须经过等温处理，才可以使用；使用左氧氟沙星注射液，每次注射 2 毫升，每天 1 次，连续 3 天。结果痊愈。

图5-210　黄缘龟停食型应激综合征
（诚诚提供）

实例 10：2013 年 5 月 11 日，广东佛山读者无忧草反映，其养殖的石龟发生停食型应激综合征。养殖石龟 250 只，2012 年的苗，现在规格 3 ~ 6 两。4 月 30 日傍晚石龟从温室转去室外，那时温差约 6℃。直接放自来水，在水里加了维生素

C片，第二天发觉龟不愿意走动，好似在睡觉，就按平时那样喂食，结果龟不肯进食，到今天为止都不摄食。笔者从图片上看，石龟的精神状态不太好，个别石龟鼻孔冒泡（图5-211），因温差引起的应激，全部停食。诊断：龟停食型应激综合征。笔者指导的治疗方法：头孢曲松钠1克，加5毫升生理盐水，抽取0.3毫升注射，每天1次，连续3天。肌肉注射后，每天将多余的药液用于浸泡病龟。2013年5月13日，龟主反馈：龟已开始摄食（图5-212）。

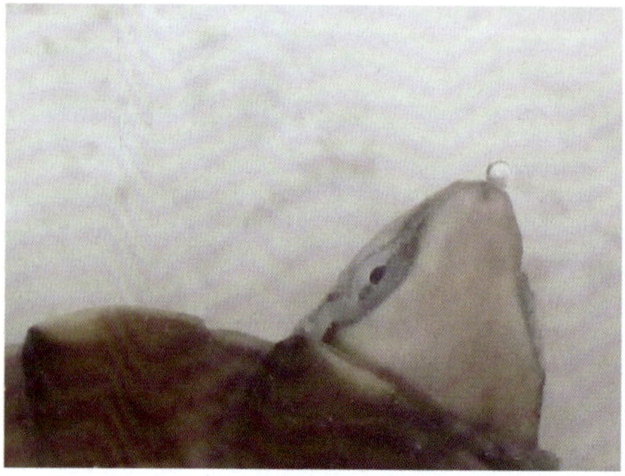

图5-211　石龟停食型应激综合征（无忧草提供）

图5-212　石龟停食型应激综合征治愈（无忧草提供）

20. 龟冒泡型应激综合征

鳄龟在养殖过程中，需要注意“等温换水”这一管理环节，如果疏忽会产生应激。由于鳄龟应激后会产生多种表现症状，其中吐泡就是一种。吐泡实际上是感冒初期，鳄龟呼吸道感染后的表现。致病机理是温差引起恶性应激，鳄龟体质下降，病原体感染，感冒症状出现。一般需要注射治疗。

实例1:2012年12月16日，茂名信宜读者陈锋反映，他养殖的鳄龟出现问题，经笔者诊断为鳄龟冒泡型应激综合征（图5-213）。龟主说：一周前引进十多只鳄龟亲龟，回来后没有注意等温处理，可能在上一家养殖过程中忽视了等温预防应激的环节，导致发生冒泡型应激。其中一只应激严重，颈部和前肢微肿胀，在水中冒泡，头部上扬，好像呼吸困难的感觉。根据笔者提供的治疗方法：饲料中添加电解多维，每千克饲料添加3 ~ 5克；肌肉注射头孢噻呋钠0.2克，每天1次，连续6天。结果龟病痊愈。

图5-213　龟吐泡型应激综合征（陈锋提供）

实例 2：2011 年 3 月 23 日，来自广东顺德读者柳英反映，家养鳄龟在水中出现吐泡现象。这批龟是 2011 年 3 月 9 日引进，共 24 只，其中有 4 只鳄龟疑似出现感冒症状。鳄龟的平均规格 5 千克。鳄龟池建在室内，面积有 6 平方米左右。池水深度 17 ～ 18 厘米，后加深到 28 ～ 29 厘米。采用自来水直接换水，由此产生温差，引起应激反应。经测定，早晚时，自来水与池水温差 2 ～ 2.5℃，但白天温差较大。引进初期中午换水，温差 5 ～ 6℃，因而造成应激。2011 年 4 月 3 日，柳英反映鳄龟口吐泡沫，感冒加重。笔者诊断：冒泡型应激综合征（图 5-214）。因此，笔者建议采用注射药物的治疗方法，并在饲料中添加药物，注意等温换水、等温投饵。2011 年 4 月 9 日，龟主反映，注射 6 天后有所好转，鳄龟在水中不再吐泡，也不吐泡沫，感冒缓解（图 5-215）。

图5-214　鳄龟温差应激后吐泡（柳英提供）

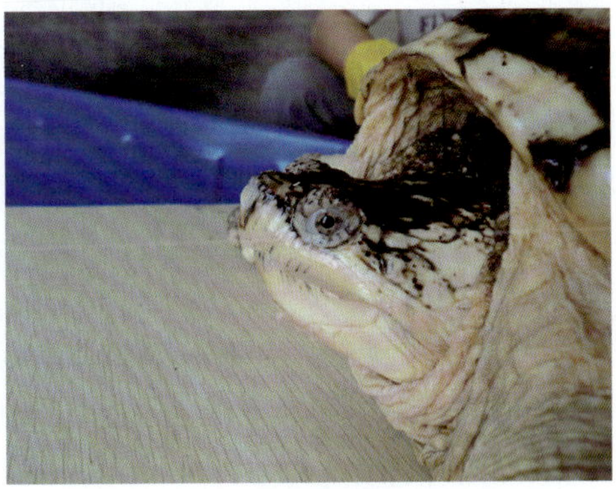

图5-215　龟吐泡型应激综合征治愈（柳英提供）

21. 龟歪头型应激综合征

实例 1：2012 年 5 月 12 日，佛山读者毛影脚反映，他养殖的台湾黄缘闭壳龟最近出现异常。歪头，张嘴呼吸，但有食欲。这只龟是当年 3 月份购进的，体重 600 克。回来时候就有点张嘴，期间喂过头孢，后来没症状也开食了，就放在其他龟那里一起养，昨天就发现有点头歪，今天再看歪的很严重，还张嘴，偶尔都有张嘴嘎嘎的叫声，龟主以为开食就没事。抓龟的时候，以为是紧张问题，虽然歪头，但还是有食欲，刚才拿出来放地上还会咬红色的刷子（图 5-216）。笔者经查，这是由于直接使用自来水泡澡和冲洗，因此产生温差应激。建议注射治疗，并给予具体指导。治疗方法：每次头孢曲松钠 0.1 克，肌肉注射，每天 1 次，连续 6 天。每天都泡等温水，里面加维生素 C。2012 年 5 月 15 日，龟主反映，经过 3 针治疗后，病情有所好转，黄缘龟不流口水了。当晚喂了饲料，吃了功夫茶杯小半杯那么多。拿起来没那么张嘴了。头还是歪，嘴里面没那么多黏液。2012 年 5 月 19 日，龟主反映，经过 6 针治疗后，现在没张嘴呼吸了，嘴角也没黏液了，还能少量摄食，就是头有点歪，爬行有点像喝醉了酒一样。2012 年 5 月 25 日，龟主反映，黄缘龟打完 6 针后，停药 2 天，又继续张嘴，有黏液，就打地塞米松 + 头孢，2 针状况好转。停药，此后逐渐痊愈（图 5-217）。

图5-216　歪头型应激综合征（毛影脚提供）

图5-217　歪头型应激综合征治愈（毛影脚提供）

实例 2：2012 年 5 月 23 日，东莞网友心言反映，他养殖的黄缘龟出现歪头症状（图 5-218）。笔者经过调查分析：龟发病的主要原因有两个方面，一是直接使用自来水冲洗，并且直接用自来水进行泡澡，自来水与自然温度之间的温差突变，易引起龟的应激；二是龟泡澡池水未能及时更换，一般像龟主养龟水池，可以两天换一次，小池一般每天换水 1 ～ 2 次，而龟池换水是 1 ～ 2 周才换一次水，龟泡澡后残饵、粪便和身上的污物留入水中，败坏水质，产生大量的氨、硫化氢、烷等有毒物质，龟在这样的水池中泡澡容易发生氨中毒，其神经系统受到威胁，最后表现出龟的神经中毒，出现歪脖子现象。简称歪脖病。防治方法：（1）使用等温水进行冲洗和换水，改善养龟环境；（2）注射头孢曲松钠治疗歪脖子病，6 天为一疗程；（3）口服维生素 B_1，每千克饲料添加 1 克。

实例 3：2012 年 5 月 29 日，佛山读者陈勇强求治台湾黄缘龟，其体重600克，养殖在楼顶，前日情况良好，能摄食西红柿和米饭，并有追咬手指的活泼状态。昨天一场暴雨后，发现龟无力，头部上扬，一会又下垂，并有歪头症状，呼吸急促，今晨发现龟有呕吐现象。泡澡和饮水使用等温水。笔者诊断：因天气突变引起的温差应激，上呼吸道感染，引起的歪头型应激综合征（图 5-219）。治疗方法：头孢曲松钠 1 克 + 氯化钠注射液 5 毫升，摇匀，用 5 毫升一次性针筒抽取 0.6 毫升肌肉注射病龟，每天 1 次，连续 6 天为 1 疗程。注射后，将多余的药液加 1 千克水浸泡病龟。治疗结果：2012 年 5 月 31 日，龟主反映，已打 3 日针，现在龟精神了，还食了一条蚯蚓。暂停用药，龟逐渐痊愈（图 5-220）。

图5-218　龟歪头病（心言提供）

图5-219　黄缘龟歪头型综合征（陈勇强提供）

图5-220　黄缘龟歪头型应激综合征治愈（陈勇强提供）

实例4：2012年9月6日，广东新会的网友龟峰山人反映，前不久，家养的黄缘盒龟在室外遭受一次雷暴雨袭击，造成温差应激，结果有一只黄缘盒龟出现歪脖子现象（图5-221）。此后，主人并未对病龟进行处理，仍然按照常规养殖，一段时间后，龟逐渐恢复正常，并能自行寻找食物。因此，一般认为，应激发生后，龟会依靠自身免疫力，将不平衡调节过来，变为良性应激（图5-222）。如果调节不过来，就会转化为恶性应激。

图5-221 黄缘龟歪脖头型应激综合征（龟峰山人提供）

图5-222 黄缘龟歪头型应激综合征自愈（龟峰山人提供）

22. 龟眼肿型应激综合征

实例1：2012年5月29日，广西柳州出现巴西龟应激。广西柳州的读者龙旭辉反映，三天前，他刚养龟一个月，试养殖巴西龟，由于不懂得等温换水，结果导致巴西龟应激感冒，主要表现症状是两眼肿大紧闭，于是向笔者求教。根据巴西龟的病情，笔者诊断为龟眼肿型应激综合征（图5-223）。决定采用药物注射的方法解决。具体方法是：对于这只体重2千克的巴西龟，使用庆大霉素2万单位+地塞米松0.25毫克，肌肉注射，每天1次，连续3天。注射的同时用氟苯尼考药水涂抹肿大的眼睛。经过3天的治疗，眼睛已经消肿，能睁开（图5-224）。基本好转，继续静养几天后康复。从治疗开始，注意等温换水。

图5-223　龟眼肿型应激综合征
（龙旭辉提供）

图5-224　龟眼肿型应激综合征治愈
（龙旭辉提供）

实例 2:2012 年 6 月 5 日，广西黄秋杰（家在广西贵港，人在广东中山工作）在中山养殖的石龟出现应激。主要原因是直接使用自来水进行换水，导致石龟发病。主要表现眼睛肿大，呼吸困难，嘴边有泡沫。共 6 只石龟，平均规格 300 克，症状表现不同，但均已停食几天。因此，笔者诊断为：石龟眼肿型应激综合征（图 5-225）。治疗方法：坚持每次使用等温自来水进行换水，就是将自来水预先放在一个容器中，等水温与常温保持一致时才能使用；治疗采用肌肉注射方法。具体是采用头孢曲松钠 1 克每瓶的药物，在此瓶中注入氯化钠注射液 5 毫升，摇匀后，抽取 0.3 毫升注射每只龟，并将多余的药液用于石龟浸泡，每天注射 1 次，连续 6 天。后治愈（图 5-226）。

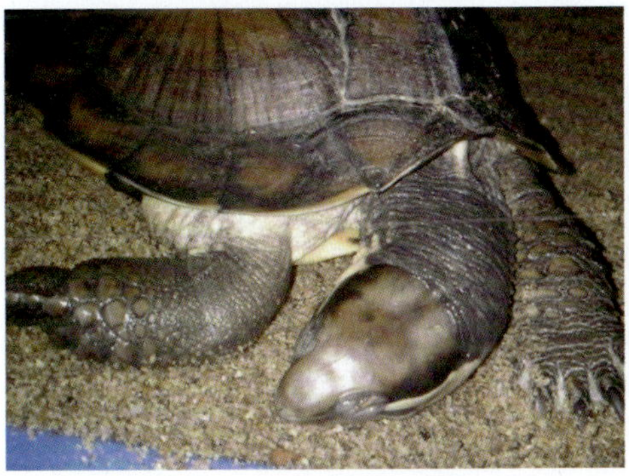

图5-225　龟眼肿型应激综合征
（黄秋杰提供）

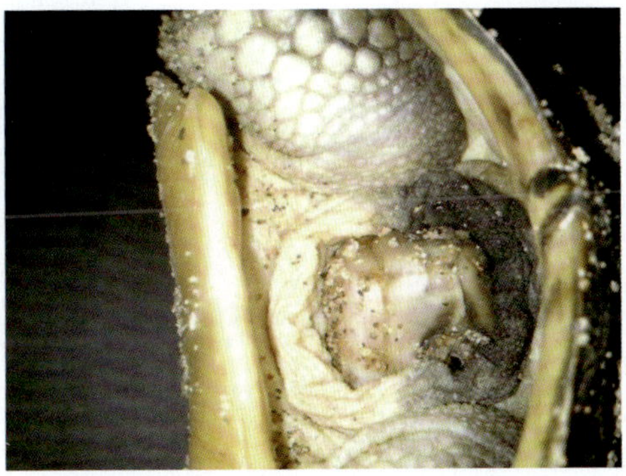

图5-226　龟眼肿型应激综合征治愈
（黄秋杰提供）

实例 3：2013 年 3 月 1 日，茂名默憧养殖的石龟发生眼肿型应激综合征（图 5-227）。发病原因：该养殖户养殖了 2012 年的石龟苗 100 只，规格 250 克左右。两个月前发病，发病率 20%，死亡率 13%。采用局部加温方法，1 米 ×2 米的 PVC 做的箱子，上面用泡沫盖着的，用三个 25 瓦灯泡。每次换水 5 分钟，自来水预热到 29℃。龟主反映石龟有张嘴呼吸的现象，眼睛肿胀，下巴变大下拉，病龟是刚开始不下水，眼睛还能睁开，有些头不伸出来，也不吃东西，在水里就浮起来。每天换一次水，都是晚上喂完就换水，现在龟主用呋喃西林泡着，就是没有见好。这些症状结合发病率和死亡率分析，龟主平时温差并未控制好，就是说，自来水预热有可能不是每次都用温度计测量的，有时发生的水温突变温差应该在 4℃左右。此外，换水的时间不一定每次都能控制在 5 分钟之内，有可能偶尔超出这一时间，冷热空气交换，这也是引起发病的另一个应激原。

实例 4：2010 年 10 月 12 日，来自钦州的刘先生反映："本人第一次养石龟，几天前发现稚龟眼睛肿大，眼球外表被白色分泌物盖住，常用前肢摩擦眼部，并且有些开口呼吸，摄食减少，有些不吃，有一批 50 克左右，有一批 10 克左右，在室内用面盆养。"（图 5-228）。经了解，2010 年 8 月份刘先生购进石龟苗 120 只，每只价格 330 元，采用养殖箱局部加温方法，养殖箱长宽高分别为 1.3 米、1 米、0.3 米。在箱内吊挂 1 盏 100 瓦白炽灯。箱内控制温度，使用热水器控制水温注入养殖箱换水。结果引起应激反应，石龟眼睛肿大，严重感冒的病龟已有少量死亡。主要原因是温差引起的应激反应。养殖箱内外产生温差，尤其在换水时，打开箱盖，空气温差由此产生第一次应激反应；热水器换水，尽管将温度调好至需要的温度，但开始放出来的冷水至少有一面盆，这部分冷水对龟进行第二次应激反应。还了解到，局部加温引起的气温温差较大，有 7℃的温差，换水时打开养殖箱，箱外温度 24℃，箱内水温是 31℃（图 5-229）。此阶段，因温差较大造成应激，引起的死亡率为 18.3%。进一步了解，120 只石龟苗引进后，采用加温方法养殖，由于温差引起死亡 22 只。知道发病原因后，及时采取

图5-227　龟眼肿型应激综合征（默憧提供）

治疗措施，控制病情后全部出售成活的98只，按每只400元出售。从经济分析，投入120只、330元每只，小计39 600元，出售98只、400元每只，小计39 200元，基本收回种苗成本。主人表示，明年有信心继续养殖，仍从苗期开始进行培育。此例，在7℃的温差下死亡率一般为40%左右，经笔者指导，病情得到控制，死亡率下降到18.3%。造成石龟应激性疾病，普遍发生的主要原因是局部加温的方法不当。应将局部加温改为整体加温或系统加温，改养殖箱加温为温室加温，注意保持气温和水温各自的稳定和平衡，杜绝温差引起的应激反应。

图5-228　龟眼肿型应激综合征（刘志科提供）

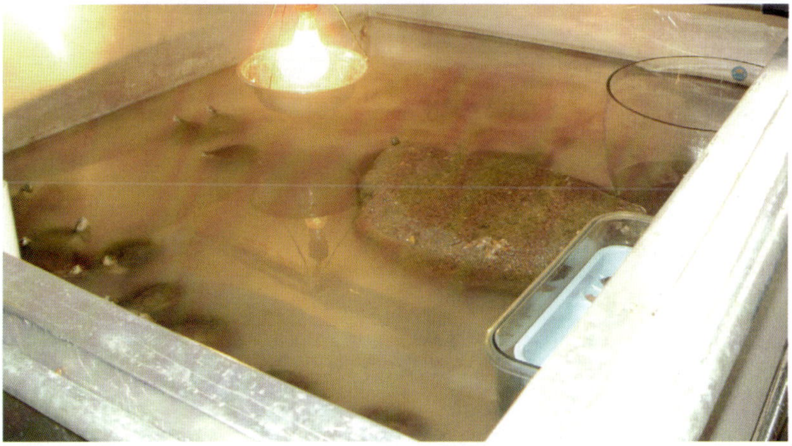

图5-229　采用局部加温的养龟方法易应激（刘志科提供）

23. 龟张嘴型应激综合征

实例 1：2011 年 5 月 26 日，江西丰城市读者徐兆群反映，他养殖的黄缘盒龟发病。现养黄缘盒龟雄性亲龟 5 只，雌性亲龟 8 只，规格为 500 ~ 600 克。5 月 6 日，将这批龟从阳台移到室外养龟场，室内 20℃，室外 24℃，由于温差 4℃，结果其中一只体质较差的雄性亲龟出问题了。自从 5 月 6 日那天起，鼻孔上有黏液，到 10 日就发展到嘴角两边也有黏液，当时使用了 999 小儿感冒药泡澡。再到 22—23 日 3 天使用肌肉注射（阿米卡星 0.02 毫升 + 维生素 C 0.1 毫升），期间把此龟放在室内周转箱采用控温饲养。经过治疗后，症状减轻，转化为张嘴型病症，表现呼吸困难，要求诊断。经过综合分析，笔者确诊为张嘴型应激综合征（图 5-230），并为其提供的治疗方法是：每千克龟体重每次注射头孢曲松钠（规格 1 克）0.2 克 + 加地塞米松 1 毫克，每天 1 次，连续注射 6 天为 1 个疗程。结果痊愈。

图5-230　龟张嘴型应激综合征（徐兆群供图）

实例 2：2012 年 9 月 5 日，沙琅读者梦云使用氟奇先锋对石龟苗浸泡治疗张嘴型应激性综合征（图 5-231）。使用氟奇先锋（20% 氟苯尼考粉剂）浸泡，剂量为 5 克一池。龟主先用了几只龟苗试验，刚开始浸了一天，第二天发现没那么多龟张口呼吸了。再用弗奇先锋全部浸泡；一边浸，一边加一点鱼浆喂。连续浸泡 3 天后痊愈（图 5-232）。

图5-231　龟张嘴型应激综合征（梦云提供）

图5-232　龟张嘴型应激综合征治愈（梦云提供）

实例3：2013年5月22日，广西南宁范思镟反映：一只石龟浮水，眼睛红，张开嘴巴呼吸，停食，体重130克（图5-233）。发病约有半个月了，用过抗生素、肠胃炎的药物浸泡，未见效。去年开始学习养石龟，是在龟箱保温养殖的，一天喂两次，每次喂食完都换水（直接用自来水龙头的水）。感觉不是肠胃炎，但不知患了什么病。用过诺氟沙星泡了3天，感觉不好；改用黄金败液加治疗肺炎的药泡了3天，感觉也不行，又改用硫酸莲黄素泡，都不见好转。经笔者诊断：张嘴型应激综合征。建议治疗方法：肌肉注射头孢曲松钠0.05克+地塞米松0.2毫克，每天1次，连续3天为1疗程。每天注射后将多余的药液用于浸泡。结果：一针后，仍张嘴呼吸，三针后基本痊愈。龟主反馈：刚才观察半个小时石龟的状况，没有再发现张开嘴巴的现象（图5-234），停药3天后痊愈，龟恢复摄食（图5-235）。

图5-233　龟张嘴型应激综合征
（范思镟提供）

图5-234　三针后不再张嘴呼吸基本治愈
（范思镟提供）

图5-235　龟已痊愈，停药3天后恢复摄食
（范思镟提供）

实例4：重庆云阳小彬养殖的巴西龟发生张嘴型应激性综合征。2016年5月28日，龟主反映，他直接使用自来水换水饲养巴西龟，有时晒水去氯。龟的主要

症状是嘴巴张开，发出喵喵声，脖子鼓大，浮水。根据上述症状以及图片进行分析，属于呼吸道感染。笔者诊断：龟张嘴型应激综合征。

24. 龟风湿型应激综合征

2013 年 6 月 29 日，广东云浮读者刘萍反映："3 只台湾黄缘闭壳龟是一个月前我买回来的，一个月来我每天都强行将它们泡水一次，每 2 ~ 3 天正常喂食一次，除了泡水，其他时间都让它们在整理箱里用毛巾盖着，没怎么活动，这种情况会不会造成它们后腿爬行功能退化呢？"

其中 1 只龟这两天发现四肢僵硬，以前很灵活健康，胃口很好；另外两只龟各有一条后腿拖行，有一只明显看到一边腿肿，另一只看不到明显腿肿（图 5-236）。

图5-236　三只台缘龟发生风湿型应激综合征（水静犹明摄影）

应激原 1：强行泡水一个月；应激原 2：盖湿毛巾 1 个月，限制龟活动。

诊断：龟风湿型应激综合征。

治疗：每 500 克龟用左氧氟沙星（0.2 克：5 毫升）1 毫升 + 地塞米松 0.5 毫升，每天一次，连续 3 天，第 2 天停用地塞米松。龟的规格是 1 只 500 克，另外 2 只各 250 克，规格小的龟减半用药。结果：两针见效。第 2 针后，3 只龟均恢复了摄食，而且爬行也基本正常。因此停止注射用药，龟痊愈（图 5-237）。

图5-237　三只台缘龟风湿型应激综合征治愈（水静犹明摄影）

25. 龟黏液性应激综合征

山西晋城读者林向博反映：2010 年 5 月 10 日下午喂金钱龟，发现该金钱龟在陆地，对投放的虾只是闻，并不吃，行为反常。拿起观察发现金钱龟鼻孔通畅，但嘴角有些黏液（图 5-238）。通过咨询，得知金钱龟感冒了（呼吸道感染），找原因是由于换水时未注意等温换水引起的应激。晚上再次观察，发现金钱龟有偶尔张口呼吸现象，但并不抬头，此时确定金钱龟是患了呼吸道感染。开始采取了保守的逐步加温隔离药浴治疗方案，用头孢拉定胶囊，每市斤水兑一颗。两天后发现金钱龟不但没有好转，病情反而有所恶化，四肢舒展长久保持不动，在水底偶尔爬行时，腹甲前部随着爬动磕碰在箱底，很明显是四肢无力。且嘴角和水面有明显的白色痰状黏液。

图5-238 龟黏液型应激综合征
（林向博提供）

林先生得到笔者的技术支持，采取注射药物治疗。开始采用了头孢哌酮钠舒巴坦纳，每支 0.5 克，用 2 毫升灭菌注射水稀释。病金钱龟体重将近 500 克，本应注射 0.25 克，但由于担心，第一针先注射了 0.125 克。次日嘴角黏液似乎有所减少，次日共打了 0.25 克，但是分两次注射的，每 12 小时一次。第三天，黏液显著减少，但水面陆陆续续还是出现白色物。金钱龟精神振作了很多，能在水中追手指较快的游动。这时候犯了第一个错误，网上说症状消失后，金钱龟能进食后会恢复较快，要相信金钱龟自身的抵抗力，所以停了药。但一天过去后，金钱龟嘴角黏液再度出现，精神也很快萎靡不振，并且已经开始浮水；睡觉多，四肢耷拉无力，醒的时候眼睛也是半睁半闭，经观察金钱龟的舌头颜色也比较苍白，和正常的明显不一样。无奈之下，只好重新打针，这次是每次 0.25 克，一次打足量，一天一次。打过两天后，每次注射后金钱龟比较嗜睡，但几小时后金钱龟便有明显好转，黏液显著减少，而且黏液的颜色由白色变为透明，最好的时候几乎都看不到了，精神食欲都有明显好转。本来药物是有效的，坚持下去应该就会治好，可惜由于注射经验不够，第三天注射时又犯下第二个严重错误。注射部位不当，导致药物差不多一天憋着，没怎么扩散开，第四天，黏液增多，颜色变回白色，金钱龟精神委靡不振，浮水明显，呼吸时四肢拉伸动作幅度很大，显得费力，病情再度反复。此时考虑到用药，最开始由于担心风险导致剂量不够，操作不当使药物吸收不良，金钱龟情况也更加不好，担心产生了耐药性，选择了换药。这次换药选择了头孢米诺钠。此时情况已是天不灵地不应，只有把心一横，继续注射下去。结合前几天情况，得出三条经验：一是剂量要正确，二是症状消失后也必须继续用药巩固，三是注射方法必须正确，使药物较快被龟顺利吸收。注射头孢米诺钠，每支 0.5 克，注射剂量为每次 0.25 克，一天一次。直接注射 7 天。从第 4 天起，金钱龟情况一天比一天好。首先这种药注射后，金钱龟没有明显嗜睡的情况，再者每多一天注射后，金钱龟的情况就更好一些。注射后金钱龟在水里，虽然还比较漂浮，但活动明显增多，呼吸时四肢拉伸幅度逐步变小，不但可以较积极地追食物，甚至可以在水面以上抬头咬食物了，而且此时可以看到金钱龟的舌头颜色明显变粉。7天后，症状基本消失，遂停药观察。停药一天后，金钱龟嘴角又少量出现透明黏液，呼吸偶尔有哨音，又连续注射四天后停药，经过持续观察，停药72小时后无症状反复，确定基本痊愈。

要特别提到，在注射过程中，林先生都用地塞米松和头孢的药放在一起注射，地塞米松每支为1毫升5毫克，剂量为每天一次2.5毫克，加入到头孢米诺钠药瓶中一起抽取注射，主要就是起到抗过敏作用，确定金钱龟逐步好转后，林先生逐渐减少了地塞米松的剂量（激素类药物不能一下停顿，要逐步减少直至停用），最后巩固那四针，已经是只注射单独的头孢米诺钠了。金钱龟嘴角黏液在治疗过程中的变化如下:（1）成团的白色黏液，在嘴角刚出现是半透明带有白色絮状物，水里嘴边挂久了，或者脱落到水中，会变为全白，大都漂浮于水面（图5-239）。（2）黏液减少、透明，但里面带有一些白点，开始漂浮，一夜后相当一部分沉水。（3）黏液显著减少，基本变为全部透明，脱落后呈透明膜状，由于透明挂在嘴边不仔细看就看不出来。有时候特别少，几乎看不出来，但其实还是有极少量。（4）黏液彻底消失。这是症状消失，基本康复的一个重要标志。有黏液只能说明两种可能：病没好、治疗或环境不当引发反复。在完全停药（注射）后，水中撒土霉素巩固预防复发。因为金钱龟虽然已无症状，精神食欲都恢复得很好了，但是唯独一个鼻孔还略有一小圈堵塞。林先生考虑呼吸道感染很可能和鼻子堵塞有关，因为此时放任不管的话，就可能会再度向内发展，甚至又出现黏液和复发，所以必须彻底清除。土霉素片，每片20万单位，水大概是10千克，撒5片，共计100万单位，药浴3天后，用数码相机微距拍摄金钱龟鼻孔，放大后观察，发现观察效果不理想，肉眼观察似已没事，再用10倍放大镜对光仔细检查金钱龟鼻孔内侧，发现已经彻底没有堵塞物了，而且鼻孔内侧皮肤，已经由白色变为一些灰色区域（鼻孔内侧应有的一些正常颜色），与右鼻孔类似，此时才百分之百确定金钱龟已痊愈（图5-240）。选择土霉素的原因，是因为有书籍介绍该药对金钱龟呼吸道感染有明显效果，还有就是此时感觉金钱龟的病灶只剩下鼻孔这点了，药浴应该有效。泡了3天，果然效果明显。此时距5月10日发现病情，已经超过20天，治疗过程之苦真是不堪回首，龟主狠狠恶补了一次药物和金钱龟病治疗知

图5-239 治疗过程中团状黏液脱落（林向博提供）

识。得到经验是宝贵的，教训也是深刻的，让林先生对金钱龟的应激性感冒有了本质的认识。健康金钱龟的鼻腔内应该是生存了多种细菌的，它们相互制约，加上金钱龟本身的免疫力，正常环境下不易发作生病。但环境温度突变后，金钱龟的免疫力陡然下降，鼻腔黏膜受到刺激，可能会产生黏液，综合起来就给致病菌创造了繁衍壮大的环境，不及时发现治疗，细菌便步步深入，金钱龟从呼吸道感染，直至发展成肺炎甚至死亡。看来以后必须加倍细心，才能避免再次发生这种事。整个治疗环境：金钱龟是单独养于一个蓝色周转箱，水加温至 29℃。水位没过金钱龟背 1 ~ 2 厘米。水每天换一次，开太阳灯加热空气。水箱的 1/3 用了一本养鱼书遮盖，以营造一片较暗的环境。金钱龟睡觉时大多会去那一小片阴影下。治疗过程中水里一直泼洒维生素 C 和维生素 B。金钱龟在治疗时是有食欲的，停药发生症状后食欲降低甚至停止。金钱龟吃食的时候，主要喂鱼虾，后来症状消失后开始接受一些素食，停药后喂食时还添加了 BAC（金钱龟类专用的调整肠胃用药）。其实在打了 7 天头孢米诺钠症状基本消失以后，有两次再度出现过黏液。原因全部是因为换水的时候引起，一次是干放时间稍长（即使是在太阳灯下，金钱龟身上的水分蒸发带走热量，也会引起病金钱龟不适），一次是水位降低，露出少部分背部引起的。所以，水加温就必须完全淹没背甲，空气也要加温；换水时必须杜绝任何温差。后来林先生用另一个小箱，换水时两边同时加温到相同的温度，才把金钱龟移入，水换好再放回去。至痊愈，再没有因为温差出现过黏液了。症状消失后，一旦再有温差就会引起嘴出现透明黏液，这和人流清鼻涕的道理差不多，但是反复次数多了就可能引起复发。因为适合病菌繁衍的内在环境又在逐步形成，所以必须杜绝任何温差，这是金钱龟恢复健康最重要的前提。

图5-240　龟黏液型应激综合征治愈（林向博提供）

26. 龟转群应激综合征

黄额盒龟难养，是圈内比较有名的。有多方面的原因，其中温差、转群、运输、冲洗、操作不当等都可能会引起应激，再加上养龟者不懂应激的防御与解除，龟就会发生各种症状，甚至死亡。

广西一位黄额盒龟养殖者陈薇要求笔者提供技术支持。她在进行黄额盒龟转群后，其中一只反应较大，龟的眼睛时而闭起，四肢无力，精神状态不佳，停食。龟池为新建，用水浸泡过几天，但玻璃胶刺激的味道尚未完全消失，加上池子漏水进行修补时使用水泥等，对龟可能会产生不良影响。笔者分析认为，主要原因是转群引起的应激综合征，并建议进行对因治疗。

查到病因后，治疗选用注射药物的方法：肌注头孢噻肟钠 1 克 + 5 毫升注射液后抽取 0.3 毫升 + 地塞米松 0.1 毫升，第二天使用“双抗”浸泡。原来准备一个疗程 3 天的治疗方案，结果一针见效。注射一针后，奇迹发生了，龟的眼睛睁开，精神状态逐渐好转，第二天龟的表现活跃，四肢变得有力，眼睛有神。主人用香蕉引诱，此龟竟然摄食了（图 5-241）。至此，龟的应激已成功解除。

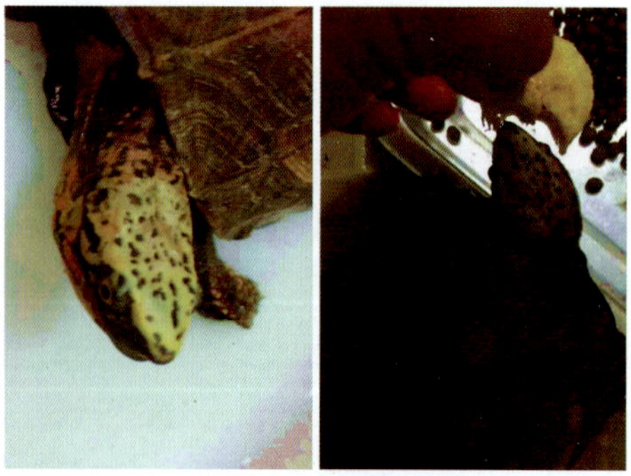

图5-241　黄额盒龟转群应激治疗前后（陈薇提供）

经过艰辛的探索和研究，目前北海

读者陈薇与笔者合作，在黄额盒龟驯养中不断取得新进展。笔者乐观看到，黄额盒龟驯养繁殖尽管难度极大，最终一定会攻克下来（图 5-242）。

图5-242　北海陈薇探索养殖黄额盒龟

二、鳖应激性疾病

1. 温室中华鳖应激反应

2011 年 2 月 7 日下午，湖南常德市西湖镇匡志远来电，反映温室养殖中华鳖出现了强烈应激状况：

温室面积 400 平方米左右，养殖中华鳖 8 000 只，2010 年 8 月份放养，至今规格达到 50 克左右，准备养到翌年 5 月份达到 150 ～ 200 克再放养到室外露天池继续养殖，年底可达 500 克以上商品规格，全部上市。全镇 70 多户温室养鳖，全部采用这种模式，该镇年产商品鳖 150 万千克。每户都有笔者的书《龟鳖高效养殖技术图解与实例》。

最近的问题出在换水方法不当：他采用的是深井水，其水温 18℃，换水时将温室的水温突然下降又突然上升。具体是打开温室门，降温一个晚上，达到 26℃的温室水温后，将水温 18℃的井水注入温室养殖池，又突然加温 24 小时后，达到 29℃，如此折腾后，鳖开始吃食，但 3 天后全部停食。接下来应激反应表现出来：鳖在池中打圈圈，前肢弯曲，腹部出现红点。仅两天时间已夭折一百多只。此外，他们那里温室养鳖普遍没有设置调温池，使用锅炉加温，水温设计 30℃，空气温度 32℃左右。

2. 珍珠鳖应激性冬眠综合征

2013 年 2 月 7 日，广东化州读者李鸿反映，老家化州养殖的珍珠鳖，最近发病。

今天死亡二十多只，总共养殖 3 000 只。是 2012 年的苗，现规格有 300 ~ 600 克。发病原因与最近天气反常，气温突然升高有关，每次气温升高都会出现鳖发病，多次反复，目前病鳖增多。使用过生石灰有一定的作用。根据图片诊断为：应激性冬眠综合征并发钟形虫病（图 5-243 和图 5-244）。

图5-243　珍珠鳖应激性冬眠综合征（李鸿提供）

图5-244　珍珠鳖应激性冬眠综合征（李鸿提供）

治疗方法：（1）第 1 天，维生素 C，每立方米水体每次 5 克，全池泼洒，泼洒 1 次。（2）第 2 天，使用生石灰水全池泼洒，终浓度为 25×10^{-6}。（3）第 3 ~ 5 天，使用硫酸锌 1×10^{-6}，每天 1 次，连续 3 天。

3. 水位过深操作不当引起的珍珠鳖应激死亡

2012 年 9 月 9 日，广西横县读者陆绍桑反映，珍珠鳖苗是 3 个星期前放养的，以前这个是"蓄水池"用来给龟换水的，由于池子不够用放苗前一直没养过鳖，经消毒处理后，第 2 天就放苗，养殖 3 个星期来，情况一直良好，没发现死亡现象。昨天发现死了 30 只，今天发现又死了 5 只，症状是：脖子有点浮肿，四肢无力，有的头弯曲死亡，有的底朝天死亡，但最明显的是生殖器有点外露，龟主反映，养殖珍珠鳖苗一直都很少死过一次性 30 只的。池子面积是 40 平方米，池水深 40 厘米。有水葫芦少许，放苗数量是 400 个（图 5-245 至图 5-247）。龟主打算下午清池隔离。就是不知道是什么病，水都没换过，水也没有出现老化现象。

图5-245 水位过深引起的珍珠鳖应激死亡（陆绍燊提供）

图5-246　水位过深引起的珍珠鳖应激死亡（陆绍燊提供）

图5-247　水位过深引起的珍珠鳖应激死亡（陆绍燊提供）

据分析，是由于水位过深和操作不当引起应激死亡。因此，采取的防治措施是：（1）降低水位，合理水位为3厘米左右，此后随着鳖苗的长大逐渐加深水位；（2）操作方法上讲究科学方法，每次放养时必须将鳖苗放置在一块斜板上，让鳖苗自行下水，不可以人为将鳖苗直接投入水中；（3）使用维生素C全池泼洒，浓度为每立方米水体30克，隔天使用氟苯尼考每立方米水体40克。

2012年9月10日龟主反馈，经过昨晚笔者的指导，晚上用药，已经隔离的270只鳖苗今天零死亡，有应激病的经昨晚55只凌晨泡药，发现症状好很多，反应不迟钝了，而且活力比昨天抓上来的有精神，眼也有神了。

4. 山瑞苗呛水型应激综合征

2012年9月7日，广西南宁读者夜鹰反映，一个月前，买来300只山瑞鳖苗，在室内养殖，放养密度为每平方米50只，分4个池子养殖，最近突然死亡20只山瑞鳖苗，体表无任何症状（图5-248和图5-249）。使用等温后的自来水换水，等温6小时以上，换水方法是排干污水，加注新水，鳖苗不抓起来。水深3厘米，未铺沙，发病只有其中两个池。经过分析，笔者终于找到原因，由于平时观察，将鳖苗抓起来看，然后直接投入水中，引起呛水应激反应。

防治方法：（1）将发病严重的鳖苗隔离，放入一个更浅的池中，最好先放入鳖苗，然后徐徐加入浅水，静养；（2）采用抗应激的药物，比如维生素C，用于浸泡；（3）今后注意操作规范。

图5-248　山瑞苗呛水型应激综合征（夜鹰提供）

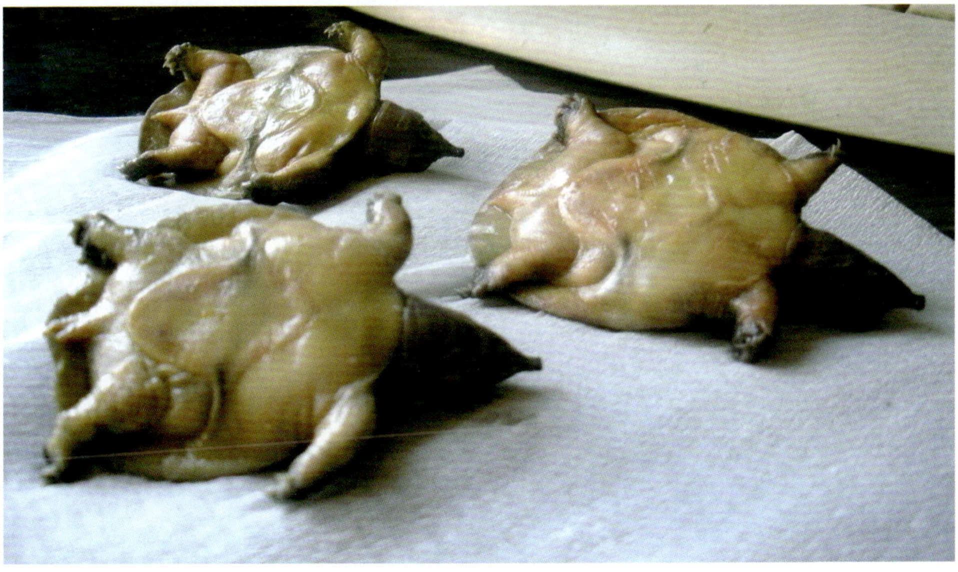

图5-249　山瑞苗呛水型应激综合征（夜鹰提供）

5. 温差引起的山瑞鳖应激

2012 年 5 月 24 日，南宁读者杨超反映，他养殖的山瑞鳖出现异常，其中一个养 50 只的池有问题，发病率 70% 左右。发现腐皮和底板红斑，使用土霉素和呋喃类药物浸泡不见效果，也涂过“百多帮”，但是没用，皮肤慢慢变暗。笔者调查发现两个问题：（1）直接使用自来水进行冲洗或换水，会产生应激，因为有温差。以后要用等温水。在应激发生后，山瑞的体质下降，容易得病。（2）出差一段时间不换水，水有异味，说明水质已经恶化，氨浓度升高，容易引发氨中毒。山瑞鳖发病的表面皮肤变暗，有发炎发红的病灶出现（图 5-250 和图 5-251）。诊断结果：环境变化引起的应激性疾病。

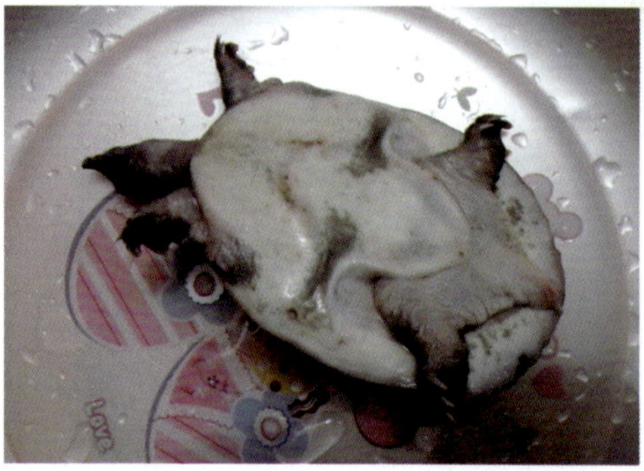

图5-250　温差引起的山瑞鳖应激
（杨超提供）

图5-251　温差引起的山瑞鳖应激
（杨超提供）

治疗方法：（1）对该池的所有山瑞进行注射治疗，肌肉注射头孢曲松钠。具体方法，采用头孢曲松钠 1.0 克的药物，加入 5 毫升氯化钠注射液，摇匀后，抽取 0.1 ~ 0.5 毫升，按照每只鳖大小，不同剂量进行注射，最小的注射 0.1 毫升，最大的 500 克左右的可以注射 0.5 毫升。（2）对发病池泼洒药物进行消毒。使用青霉素和链霉素全池泼洒。浓度为对该池 1.5 米 ×2 米的池子使用青霉素和链霉素各 3 瓶。先溶解后，再泼洒。2012 年 5 月 26 日龟主反馈，他的鳖有好转了。

6. 生态位突变引起的鳖恶性应激

2013 年 5 月 18 日，广西横县读者陆绍燊反映，他所在的养鳖场最近发生生态位突变，引发黄沙鳖恶性应激死亡。2013 年 5 月 14 日，温室已停止加温 1 个月，在分池转群期间，其中一池因维修，将水位从 40 厘米下降到 10 厘米，在池底钻两个排水孔，后一孔已堵，另一孔未及时堵上，第二天水电工未来场及时修补。因此，致使鳖堆积在池子一角，发生恶性应激。第三天发现，鳖已大量死亡，主要症状，大部分鳖背部皮肤溃烂，腹部充血(图 5-252 和图 5-253)。该池 300 只鳖，死亡 244 只，死亡率达到 81%。笔者分析认为，鳖死亡的原因是：水位的突然下降使鳖失去了原来的生态位，鳖的内平衡受威胁，引起急性应激。

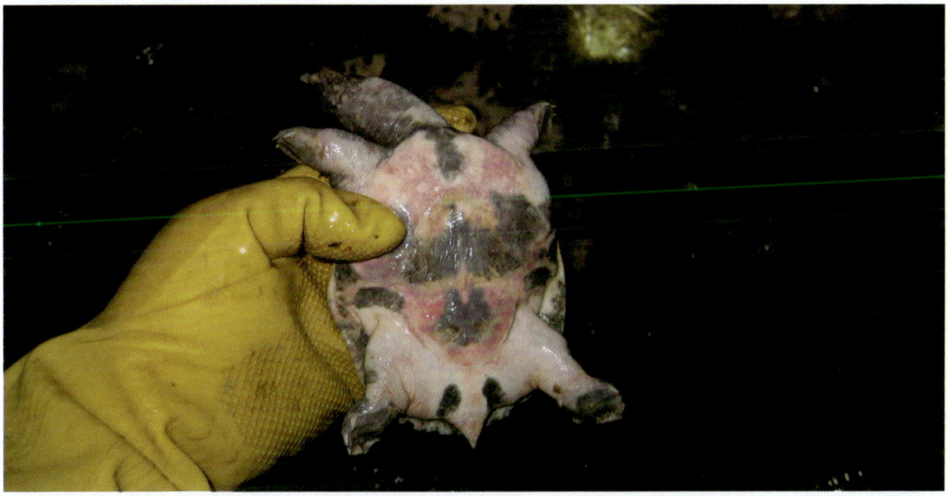

图5-252　生态位突变引起的鳖恶性应激（陆绍燊提供）

图5-253　生态位突变引起的鳖恶性应激（陆绍燊提供）

7. 中华鳖应激反应导致白底板病

白底病在疑难性龟鳖病中已经介绍过，由于白底板病因复杂，有的是由于应激引起，有的是由于摄食变质食物引起，还有的是缺乏维生素引起。在学者中也有争议，有的认为是细菌性，有的认为是病毒性。笔者在这里分析一例由应激引起的白底板病，或许能说清病因，并指出如果使用山泉水来养殖中华鳖须要注意温差问题。笔者应邀于2010年7月3—4日去广东肇庆市超凡养殖场诊断并治疗因温差引起的中华鳖恶性应激，现场看到因应激导致白底板病，鳖大量死亡。该场由两个分场组成，合计养殖面积230亩，放养鳖10万只，因病死亡率已达50%，直接经济损失100万元，病情十分严重。通过仔细观察发现，应激原是低温山泉水，从山上引入鳖池，直接冲入，每天都要补充山泉水，单因子应激不断重复刺激中华鳖，由此产生累积应激。现场测量山泉水温26℃，鳖池水温白天33℃，晚上32℃。因此温差白天7℃，晚上6℃。病鳖出现白底板症状，解剖可见肝脏发黑，肠道淤血、肠道穿孔、鳃状组织糜烂（图5-254至图5-256）。

图5-254　中华鳖应激反应导致白底板病

图5-255　中华鳖应激反应导致白底板病

图5-256　中华鳖应激反应导致白底板病

采用的治疗方法是：在每千克鳖饲料中添加维生素 C 6 克、维生素 K_3 0.1 克、利康素 2 克、生物活性铬 0.5 克、病毒灵 1 克、恩诺沙星 2 克，连续使用 30 天，每周 1 次全池泼洒 25 毫克 / 升生石灰。经过 1 个月的治疗，鳖的死亡逐渐减少，结果痊愈。

8. 鳖白眼病

龟鳖病比较多，常见的病害有几十种，最严重的是白底板病、鳃腺炎等。白眼病一般出现在龟类，在龟病中白眼病是一种难以治愈的病症，我们掌握核心技术，对龟白眼病治愈已有很多病例，如广西柳州彭永清的石龟苗白眼病，广州杨春的缅甸陆龟、庙龟白眼病，西安李恩贤的黄喉拟水龟白眼病，湛江龟友韦妹买来的台湾黄缘闭壳龟发生白眼病等，在笔者的帮助下均已治愈。作为鳖类，发生白眼病在我国还是第一次。

2014 年 8 月 12 日广西贵港穆毅反映，有一只山瑞鳖眼睛发白，不知什么原因？根据笔者的经验，像这种情况可能有两种原因引起的鳖的视网膜病变：一是摄食了残饵；二是被雷暴雨袭击。鳖主认为，可能是下暴雨的缘故。此鳖的体重 750 克。这只鳖是在食台上抓到的，未再发现其他鳖出现此症状，目前就这一只。

诊断：鳖白眼型应激综合征（图 5-257）。

治疗：采用肌肉注射药物的方法，疗程 3 天。具体方法：肌注氧氟沙星（0.2 克 : 5 毫升）0.3 毫升，每天 1 次，连续 3 针。

反馈：鳖主反映，一针救命，二针好转，三针痊愈（图 5-258）。

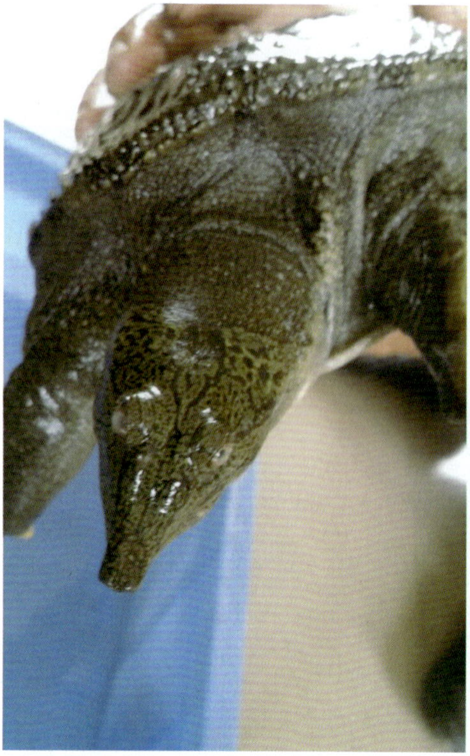
图5-257　山瑞鳖应激性白眼病治疗前

图5-258　山瑞鳖应激性白眼病治愈后

注射方法：龟鳖病害发生后，有些疾病需要进行注射治疗。在这种情况下，养殖者就必须掌握正确的注射治疗方法。一般采用肌肉注射，或称肌内注射。笔者见到一些注射方法不正确，如皮下注射、前肢注射、尾部注射、腹腔注射。正确的注射方法是“后肢大腿基部内侧肌肉注射”。

具体注射部位：龟鳖后肢大腿基部内侧找到后，接下来找肌肉，用手摸肌肉多的地方，一般有凹陷之处。注射时不能碰到神经、血管和骨头，插针时如果遇到阻力，可以偏移，找最佳位置，不能硬插。

手持针筒方法：手握针筒必须注意正确的方法，右手握住针筒，将食指抵住针头的中下部，留下需要注射的深度，一般大规格的龟鳖留 1 厘米左右，小规格的龟鳖留 0.5 厘米左右，这样做是为了控制注射深度，保护龟鳖不被注射过浅或过深而受伤害。进针角度 30° 左右，注射完毕后，将针筒拨出后，立即用消毒棉球按住注射部位 3 分钟左右，防止药液渗出（图 5-259 至图 5-262）。

图5-259　正确的注射部位

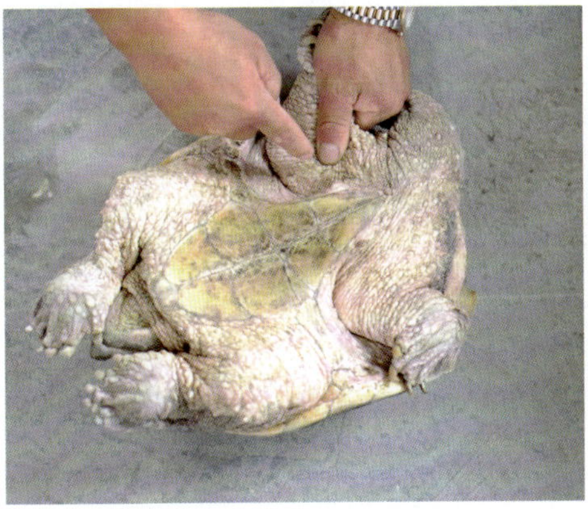

图5-260　注射方法第一步

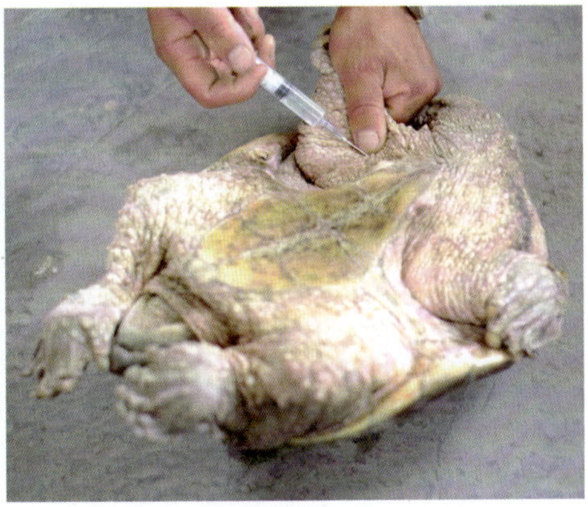

图5-261　注射方法第二步

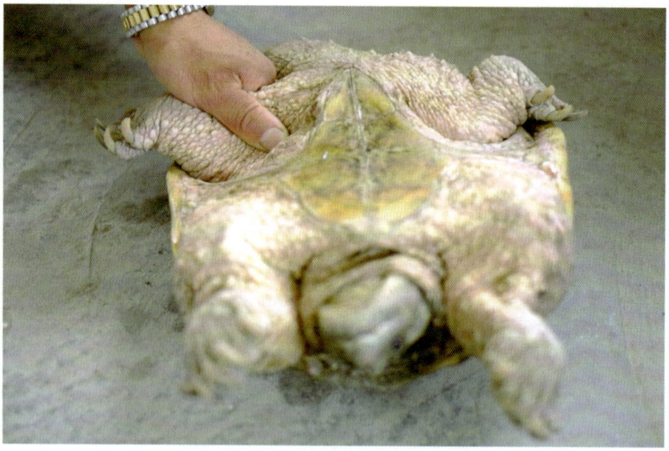

图5-262　注射方法第三步

选择针筒规格：一般对于大规格的龟鳖，选用 5 毫升的一次性针筒；对于小规格的龟鳖选择 3 毫升的一次性针筒；对于 50 克以下的龟鳖苗注射可采用 1 毫升的微型针筒。

粉剂药物稀释：拿到粉剂的药物，需要进行稀释才可使用。一般用生理盐水或葡萄糖注射液进行稀释，不可以用矿泉水稀释，因为渗透压不同，在生理盐水中已经含有 0.9% 氯化钠，与龟鳖体内的渗透压基本一致，这样才能保持渗透压的平衡。稀释后一定要摇匀，然后用针筒抽取需要的剂量，注意抽取药液后发现针筒内有气泡，要将气泡排除，方法是将针筒垂直朝上，将里面的空气慢慢排除，如药液不足规定的剂量，再补充抽取药液。

此外，需要多次注射时，每天换用新的一次性针筒，并换腿注射。就是说，今天打左腿，明天打右腿，注射处用碘酒或酒精棉球进行消毒后再下针。龟鳖后肢难以用手拉出时，不要硬拉，可采用医用镊子包上纱布，夹住后肢慢慢拉出来，不可以直接用镊子夹，那样会伤害其皮肤。最好在注射前，将龟泡水，让其自然伸出四肢，然后，抓住机会，迅速抓住后肢，进行注射。龟鳖注射后可以直接下池，也可以干养，具体根据治疗需要。

第六章

龟鳖健康养殖管理

无论在龟鳖养殖生产中，还是为了观赏而养殖龟鳖时，我们要关注的首先是养殖的成活率，如果没有成活率，就没有产量，就要亏损。就养殖而言，解决了成活率问题，也就成功一半。

提高养殖的成活率，就得在养殖管理上下工夫，科学养殖，确保龟鳖健康。首先，注重种苗健康，从种苗的引进、繁殖和培育入手；其次，注重环境整洁、水源卫生和生态平衡；再次，注重饲料营养及喂养方法。

第一节　种苗健康

种苗是养殖的基础，是环境、种苗、饵料、密度、防病、管理等养殖环节中不可忽视的重要一环，这一关把好，才能有下一步，才有可能提高养殖成活率。在健康养殖龟鳖时，如何组织种苗引进，种苗繁殖，种苗培育，是我们必须认真对待的工作。我们每天都要问自己，今天你认真了吗？当然包括种苗的健康养殖与管理。

一、种苗引进

1. 种苗选择

在龟鳖种苗引进中最重要的是质量，健康的种苗必须具备以下几个标准：

眼睛:（1）眼睛睁开;（2）眼睛明亮;（3）眼睛不肿;（4）眼睛无泪。

四肢:（1）四肢有力;（2）没有残疾;（3）没有拖行;（4）没有肿胀。

体表:（1）体表完整;（2）健壮无伤;（3）皮肤光泽;（4）甲壳通透。

在种群的区别上，要注意抓住养殖对象的主要特征，比如对于黄缘盒龟种群的鉴别。为了让养殖者好学易记，下面笔者用诗的形式来描述（图 6-1 和图 6-2）:

图6-1　笔者养殖的安缘

图6-2　安缘苗

高背细纹，暗棕古朴；
U 线红脖，安缘极品。

皖南无玫，顶峰后背；
金线黑边，铜头脖灰。

皖西黄玫，椭圆高背；
U 线包边，脖红纹碑。

河南种群，纹刻高背；
腹部浓墨，脖红无瑰。

湖北红玫，背高纹垒；
纹细纹粗，红黄脖随。

浙江有缘，体型长圆；
纹路偏粗，盾片黄玫。

青头台缘，高背低背；
黑脖黄脖，柠檬无边。

琉球种群，稀少难见；
纹细体小，三棱甲被。

目前，石龟在广东、广西和海南养殖比较普遍，深受养殖者和消费者的欢迎，很多家庭开展养殖，已成为当地的支柱产业和亮点，在特色农业中具有举足轻重的地位。对于石龟的种群鉴别，大家比较关注南石种群，笔者根据其典型特征，用诗来总结，给读者在挑选时作为参考（图 6-3 和图 6-4）：

图6-3　石龟

图6-4　石龟苗

黑色脊棱，背田纵骋，一杆到底，划线分岭。
三角头骨，视官不鼓，迷人黑线，穿越眼谷。
腹部吻笔，浓墨绘画，清晰大块，浓缩精华。
头顶梅花，越献华夏，点状斑状，有梅更佳。

黄额盒龟比较难养，究其原因是注水的现象比较普遍，由此造成暴死的情况经常发生。一些初试的龟友找不到原因而放弃。其繁殖率比较低，也是个问题。但是，这种龟很漂亮，某些种群甚至比金钱龟的品相还优异。只要技术突破，黄额盒龟养殖前途和市场前景不可估量。笔者正在进行这方面的研究，并对其描述，有诗为证（图 6-5 和图 6-6）：

红头傲群胜三线，黄额指点龟江山；

雍容华贵自天成，金头红霞彩云飞。

图6-5　黄额盒龟（红头）

图6-6　黄额盒龟（金头）

2. 转群运输

因为龟鳖转群会带来一定的应激反应，所以在运输时要特别小心。主要关键点:（1）运输前要停食，防止龟鳖在运输中粪便排出体外，恶化包装环境，造成相互污染，产生疾病;（2）运输前后，要用等温水冲洗，不可直接用井水或自来水对龟鳖进行冲水，以免产生温差应激;（3）在运输途中不要开过冷的空调，防止温度过低，引起龟鳖的恶性应激;（4）为龟鳖准备新环境，总体要求环境整洁、安静、散光，移植盆景或水生植物，根据龟鳖习性，创造良好的生态环境;（5）引入新池前，对龟鳖池进行消毒，放养时对龟鳖进行消毒，选用刺激小广谱抗菌的消毒药物（图 6-7 和图 6-8）。

图6-7　安缘苗内包装

图6-8　安缘苗外包装

3. 手续办理

如果从国外引进，需要进口许可证和健康证，准备好暂养池，便于观察，经过检验检疫部门认可后种苗才能上市。在国内引进时，对于那些国家保护动物，需要办理驯养繁殖许可证和经营利用许可证，引进时还需办理检疫证和运输证，目前办理证件都是免费的，需要向有关部门申请。根据《中华人民共和国动物防疫法》，如果抓到野生龟类，在驯养繁殖前，须经过检疫合格，才可进行人工养殖（图 6-9 和图 6-10）。如果在边境城市（如广西东兴市、凭祥市）运输保护级龟类动物，经过边境检查站时，应持有动物检疫证和运输证，为顺利通过，预先将汽车窗户打开，主动配合检查。防疫法规定，经铁路、公路、水路、航空运输动物和动物产品的，托运人托运时应当提供检疫证明；没有检疫证明的，承运人不得承运。

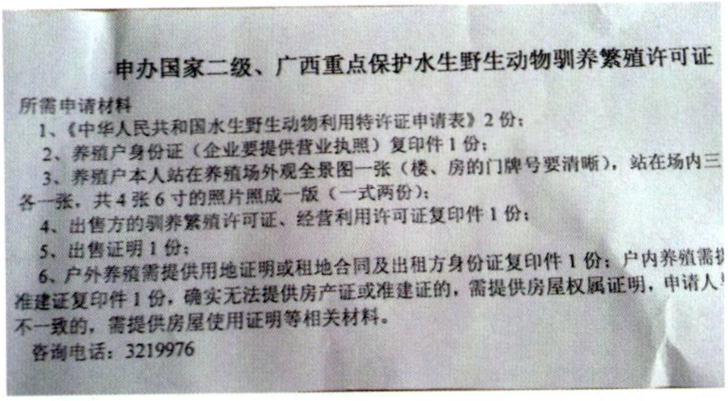

申办国家二级、广西重点保护水生野生动物驯养繁殖许可证

所需申请材料

1、《中华人民共和国水生野生动物利用特许证申请表》2 份；

2、养殖户身份证（企业要提供营业执照）复印件 1 份；

3、养殖户本人站在养殖场外观全景图一张（楼、房的门牌号要清晰），站在场内三
各一张，共 4 张 6 寸的照片照成一版（一式两份）；

4、出售方的驯养繁殖许可证、经营利用许可证复印件 1 份；

5、出售证明 1 份；

6、户外养殖需提供用地证明或租地合同及出租方身份证复印件 1 份；户内养殖需
准建证复印件 1 份，确实无法提供房产证或准建证的，需提供房屋权属证明，申请人
不一致的，需提供房屋使用证明等相关材料。

咨询电话：3219976

图6-9　办理驯养繁殖许可证需要提供的材料

图6-10　驯养繁殖许可证（鸿仔提供）

二、种苗繁殖

1. 环境要求

龟鳖池按照品种不同，建设的形状和面积会有所不同。对于繁殖来说，亲鳖池一般面积 3 ~ 5 亩，便于操作，需要设置晒背台和产卵场，为避免雨天对产卵的干扰，可以在产卵场的上面加盖遮雨棚。用于亲龟繁殖，可以在养殖活动场所的四周设置产卵场，同样可以在产卵场的上方加盖顶棚和遮阳网，给亲龟营造安静的产卵环境。还可在养龟场一侧盖产卵房，亲龟产卵时通过房门进入产卵房内，在里面堆沙，让亲龟产卵。对于产卵需要的介质因龟制宜，可以选用沙、泥、树叶等。比如黄缘盒龟选用沙，鳄龟选用泥，黄额盒龟选用树叶（图 6-11 至图 6-13）。

图6-11　黄缘盒龟喜欢在沙中产卵

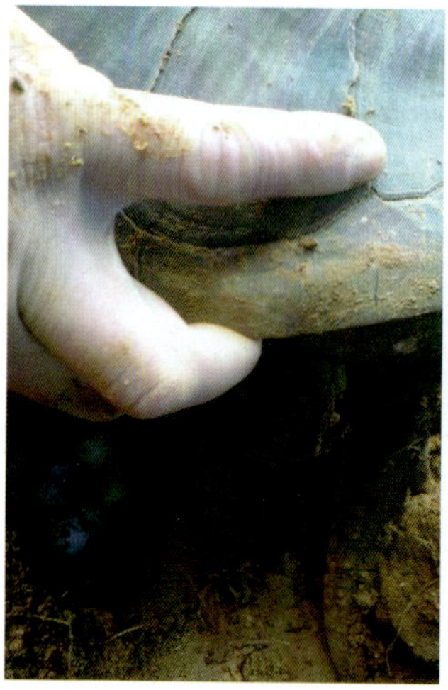

图6-12　鳄龟喜欢在泥中产卵

图6-13　黄额盒龟喜欢在树叶中产卵

2. 产卵季节

在广东、广西，龟鳖产卵季节在3—6月份；而在江浙地区，龟的产卵季节在5—7月份，鳖在5—8月份。龟鳖产卵后，可以马上捡卵，也可以在第二天捡卵，要注意轻拿轻放，挖卵时，可以用手挖卵，也可以用木制的钉耙挖卵。在龟的产卵场内放置一些树枝，产卵龟喜欢在有遮蔽的树叶下产卵，有的喜欢沿着墙壁产卵，可根据龟的脚印来判断龟卵所在的位置。出现受精白斑时，要注意龟卵的动物极朝上放置，将龟卵移入孵化室。

3. 孵化方法

龟鳖卵孵化，数量较多，在孵化室中进行孵化，空间大小因地制宜，设置孵化架，将孵化盘放置在孵化架上，多层放置，充分利用空间。也可以采用孵化箱孵化，不用孵化室，直接在孵化箱中独立完成控温孵化，或使用大型控温控湿孵化机孵化。孵化介质可以采用沙、泥、稻壳、珍珠岩、蛭石等，目前普遍采用蛭石，这种介质保湿、透气，不容易霉变（图6-14）。

图6-14　龟主陈薇用蛭石孵化黄额盒龟

孵化三要素是：温度、湿度和通气。温度一般控制在 28 ～ 30℃，根据需要可以在 25 ～ 32℃范围内调整，但是控温确定后，就不要变来变去。因为绝大多数龟鳖的性别是温度决定的，所以控温孵化时可以利用温度的调节来选择龟鳖性别。一般在 28 ～ 30℃，雌雄性别比例没有倾向，向低温方向调节，雄性比例增加，向高温方向调节，雌性比例增加。龟鳖不同品种，对温度与性别之间的关系可能不完全一样，需要进行调节实验，得到需要的温度指数。湿度包含两个指标，一个是绝对湿度，另一个是相对湿度。绝对湿度是指孵化介质的含水量，以蛭石为例，要求含水量达到 8% 左右，捏起成团、松开即散的状态最好。也可以用蛭石与水的比例来衡量，一般最佳比例为 1:0.7。相对湿度是指空气中的湿度，用湿度计可以量度，要求达到 85%，如果达不到，可以开启加湿器来完成。对于大型孵化机来说，会自动加湿，控制湿度在最佳范围。通气是人们最容易忽视的问题，其实是很重要的指标。因为受精卵在孵化过程中需要呼吸，只有保持通气的孵化环境，才能保证胚胎的正常发育。因此，要选用较大颗粒的蛭石，一次加湿后，尽量不再洒水，而使用空气加湿的方法，补充湿度的不足，以保证通气。龟鳖卵一般采用埋进孵化介质的方法，比较可靠。如果采用裸卵孵化的方法也不是不可以，这样做是通气了，但湿度需要加强监控。为防止孵化介质的霉变，可在使用前，对蛭石喷洒克霉唑药液进行防霉处理。

三、种苗培育

龟鳖苗孵出后，需要经过暂养期，再进入苗种培育阶段。在暂养期中，注意容器要进行消毒处理，一般使用聚维酮碘。并使用开口饵料，选用上等的大厂生产的开口饲料，以保证营养满足龟鳖苗的需要。

图6-15 “金大地”龟饲料

稚龟料主要成分是：优质鱼粉、饼粕类、高筋面粉、肝末粉、复合维生素、复合矿物质和免疫增强剂等（图 6-15）。

稚鳖料主要成分是：进口优质白鱼粉、α-淀粉、谷朊粉、啤酒酵母、膨化大豆、复合维生素、复合矿物质、免疫增强剂及天然引诱剂等（图 6-16）。

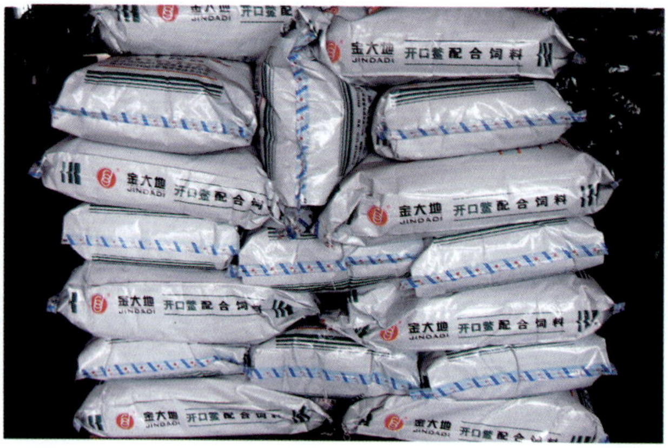

图6-16 “金大地”鳖饲料

在培育中，我们需要注意几个问题：

1. 水位

龟鳖苗开始养殖的时候，一定要保持浅水位，让龟鳖苗头部自然伸出水面，并随着龟鳖生长逐渐加深水位，千万不要操作失误（抓苗观察，扔苗入水，产生应激，严重时早晨扔进水里，晚上就死亡）。还有的人在购苗时，用深水试苗，将苗扔进水里，浮起来的淘汰，沉下去的才是好苗，以此来判断苗的质量是错误的操作方法，如此做法会产生恶性应激（图 6-17）。

图6-17 苗期养殖控制浅水位

2. 等温

等温是排除应激反应的重要环节。我们在龟鳖种苗培育时，每天换水时都要问自己，等温了吗？不懂应激就不懂养龟，不懂等温换水，就不懂龟鳖种苗培育。这是核心技术的一部分。换水前，我们要准备好等温水，使用大的容器储水，经过与自然温度一致后才能使用，一般需要静置 4 小时以上。大型养殖场，可建立水塔，或调温池进行等温。所谓等温，就是使用水与自然温度相等。在温室养殖时，使用水必须与温室内水温一致（图 6-18）。

图6-18 温室中的调温池

3. 排污

有龟友问："我几天排污一次行不行？""我使用微生态制剂可以几天不排污吗？"第一个问题的做法是：在温室养殖时，可以一周一次使用微调的方法排污，就是每次排污几公分水位，再添加水位到原来的位置。第二个问题应该这样来做：一是温室需要节能，二是温室养殖环境需要稳定，三是微调是有条件的，就是池底锅底形，容易排污。使用微生态制剂的确能起到调节微生态平衡的作用，但如果不排污，污物还在池中，最根本的方法还是排污与补充新水，微生态制剂只是辅助的调节作用。此外，在常温养殖中，对于一些浅水池、泡澡池，每天都要换水；高温季节，每天需要增加换水次数。至于什么时候换水最适合？就得看实际情况，水脏了就要换。定期使用消毒剂对池子进行消毒，也是防病的方法之一。在没有龟鳖的情况下，对于龟鳖泡澡池，可以选用“84 消毒液”，定期清除池内的藻类和污迹，保持干净卫生的环境，是防病工作的基本要求（图 6-19）。

图6-19　温室排污系统

第二节　环境整洁

无论是自然温度养龟鳖还是温室养龟鳖，都是在人工控制的条件下养龟鳖。在常温下养的龟鳖，仅温度、空气、光照等不是人为控制的，其他生态因子主要是人工造成的。控温养龟鳖尤其是全封闭温室养龟鳖，几乎全人工因子，龟鳖的命运掌握在人的手中。龟鳖本来是野生的，能适应大自然生态环境，密度稀，龟鳖对环境可以在较大的范围内进行选择。而人工养殖，这种选择的余地就小得多。高温、高密度、高污染就是龟鳖的基本生活环境，龟鳖只能适应，而不能选择，因此对养龟鳖要进行环境调控，时时刻刻从环境与龟鳖病的关系的角度去思考，以解决龟鳖病中的疑难问题。

一、如何创造良好的生态环境

适当增加食台和休息场所面积，水位由浅入深、温度渐进改变，目的是为鳖创造一个稳定、宽松的生态环境。此外，通过内外调控，尽可能减少龟鳖的应激反应，使用无毒副作用、无致畸、无致突变、无污染的维生素类、中草药类、消毒剂（如二氧化氯、碘伏、臭氧等）。在整个养龟鳖过程贯穿“健康养龟鳖”的思想，正确处理“环境与龟鳖病”之间的关系，多生产绿色食品级健康龟鳖，造福于人类。温室养殖密度大，龟鳖摄食量大，粪便及残饵在高温下容易腐烂变质，厌氧菌大量繁殖而产生有害的物质和气体，反过来又毒害养殖龟鳖。养殖水体采用微调，经常清除污物，补充新水，定期施用生石灰或二氧化氯消毒。如果采用微生态制剂，还要适当减少消毒剂用量和换水次数，充气增氧，保持水溶氧量达到3～5毫克/升的水平。龟鳖用肺呼吸，恶劣的空气对龟鳖的健康有不利的影响，因此还要注意室内通风，保持室内空气新鲜（图6-20至图6-25）。

图6-20　黄缘盒龟养殖生态环境

图6-21　给黄缘盒龟舒适的生态环境

图6-22　黄缘盒龟仿野生养殖

图6-23　黄缘盒龟生态位

图6-24　黄缘盒龟泡澡池

图6-25　黄缘盒龟栖息的地方

二、不良环境引起的疾病

笔者分别在浙江和江苏发现一种曲肢症状的新龟鳖病，这是由环境胁迫因素引起。这种龟鳖病发生在温室养殖中，死亡率 20% 左右。主要特点是：病龟鳖前肢弯曲，手拉不能伸直，后肢正常，其他外表完好，解剖后可见其肺呈灰黑色，糜烂状，肺组织内充满直径为 1 毫米的小气泡，其他内脏未见病变。病龟鳖因前肢弯曲失去活动功能，在水中游泳困难，不能爬到食台上摄食，头部经常伸出水面，有时打转。浙江龟主向笔者反映，温室池水长期未更换，水质恶化，将污水排出温室外池塘中，出现鲫鱼中毒死亡现象，说明温室内养龟鳖水质已严重败坏，龟鳖已不能正常生存，导致畸形。江苏的龟主反映情况相似，也是因条件限制不能经常换水，原来每周换 1 次水，现在 2 周才换 1 次水，尽管采用无沙养殖，但未进行水体微调，残饵粪便聚集，水质变坏，更主要的是温室没有通风设备，又停开增氧机，全封闭条件下造成温室内空气浑浊，进温室投饵人员感到头昏胸闷，显然是水体和空气中氧气极少，氨气、硫化氢、甲烷、二氧化碳等有毒气体浓度较大。在缺氧情况下，条件致病微生物容易繁殖，毒性增强，引起龟鳖的中毒。针对这一“环境病”，采取有效措施，可使病情得到基本控制。

一是改善生态环境，将温室门窗口打开，通气，彻底换“等温水”，将病龟鳖挑出，用等温清水暂养，逐步降温后投放到室外专用病龟鳖池，最好是有斜坡的土池，让病龟鳖慢慢爬到土池坡上休息，待恢复体力后自然下水。对温室内病龟鳖池新水，用 0.5×10^{-6} 低浓度的二氧化氯全池泼洒消毒，48 小时后接种有益微生物 EM，泼洒浓度 10×10^{-6}，连续 3 天，维持水体微生态平衡。二是增强抗病能力，对温室内尚未产生病变的幼龟鳖和室外池已恢复体力和食欲的病龟鳖口服抗病中药、维生素和微生态制剂。使用具解毒和抗致畸的中药配方：山豆根、大青叶和生甘草等，按饲料 6%添加，连续服用 7 ~ 10 天。口服 EM 微生态制剂 2 毫升 / 千克饲料，连续服用 7 ~ 10 天。较大剂量服用维生素 D、维生素 C、维生素 B_6。室外露天池水质管理，每半个月或 1 个月 1 次用浓度为 25 ~ 50 毫克 / 升的生石灰泼洒，调节 pH 值至 7.0 ~ 8.0，水色以油绿为佳，水中蓝绿藻较丰富，可以增加溶氧。水色半透明，使鳖有安全感，减少相互撕咬，以防水霉、细菌等病原感染。稚龟鳖刚进温室时特别要注意水位的逐步调节，不要一下子太深，应由浅到深，最好设浅水区、中水位区和深水区，以适应不同规格的龟鳖类生存。否则，将会造成一定的死亡损失（图 6-26 和图 6-27）。

图6-26　龟曲肢病

图6-27　鳖曲肢病

三、放养前的消毒措施

凡是养过龟鳖类的土池、水泥池，不论发过病或没有发过病的水体，都有病原体的存在。对土池通常用生石灰水 100 ~ 150 毫克 / 升全池泼洒消毒，或用漂白粉溶液 20 毫克 / 升消毒。水泥池用漂白粉溶液 10 毫克 / 升消毒即可。用生石灰消毒以后，经过 7 天左右，毒性基本消失，此时如果测量表明使用生石灰前后两者 pH 值相差 1 以内，放龟鳖入消毒池才是安全的。漂白粉消毒后经 3 ~ 4 天，毒性基本消失。

第三节　水源卫生

生物离不开水，水源是动物和植物维持生命所必要的物质。水源的卫生，直接关系到养殖对象的健康，国家有渔业水质标准，对水源有一定的要求，在建立龟鳖养殖场时，需要对当地的水源进行检测，发现有污染或对龟鳖有危害的水质，不宜建场。环境安静，交通方便，水源卫生是建场的三要素，也是最基本的要求。

一、为什么水源卫生对龟鳖养殖重要

因为所有的龟鳖的生存都有赖于水源。水是最基本的成分，所有细胞器都浸在水里，没有水就没法进行化学反应；水还能以汁液的形式将养分送达龟鳖各个部位；水是龟鳖生长繁殖中离不开的物质。在生长季节，龟鳖每天都要饮水，以维持身体对水的需要。水是龟鳖的生活环境，水质的好坏影响龟鳖的生长和生存质量，条件致病菌在优化的环境中难以繁衍，无法使龟鳖致病，为减少龟鳖病的发生，提高养龟鳖成活率，增加成龟鳖产量，取得较高的收益，必须对水质主动地进行调节，以适应龟鳖对良好的生态环境的需要。很有意思的是，通过所谓的“水位线”可判断龟卵是否受精，是近几年大家逐渐知道的方法。我们可以见到，龟卵里面有蛋白和蛋黄，判断是否受精卵，有时可通过光照，轻轻转动，如果看到卵中有“水位线”出现，下面的阴影部分，就是受精后的卵黄沉底固定，不久，卵壳上面出现受精白斑，这样的卵就是受精卵（图 6-28 和图 6-29）。

图6-28　龟受精卵在灯照下看到“水位线”（小辉提供）

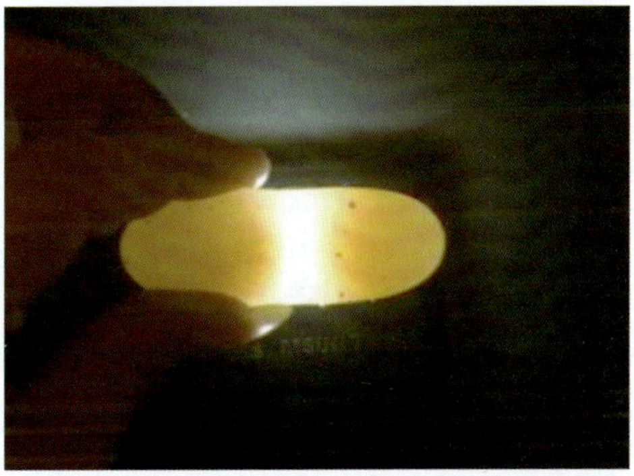

图6-29　双头受精龟卵（梁超德提供）

二、建立新场如何对水源水质进行检测

开办的新场是否适应龟鳖养殖，这时需要对水源水质进行必要的检测。一般请具有资质的单位进行采样化验，这样的检测是收费的，经过检测后，符合相关国家水质标准，确定无污染，才可以建场造池，引进龟鳖进行养殖。如果是小型的家庭养殖，可以使用试验方法，就是用鱼类来试验，对拟使用的水源，放养一

定数量的鱼类，经过一段时间的养殖，看看鱼类是否发生异常，如果能正常存活，可以用少量的龟鳖继续试验，如果仍未发现问题，就可以进行养殖。在试验过程中，始终要注意应激问题，就是要使用等温水，什么叫等温？就是养殖用水与自然温度必须相等，要达到等温，可使用水塔、水箱或水池调温，经过自然升温后才能使用，比如井水、自来水，由于温差较大，必须经过等温处理后才能使用。笔者见到很多养殖户至今不明白等温和应激概念，直接使用自来水，说没事。其实，主要看自来水与自然温度之间的温差大小，如果温差不大，经过漫长的小的温差应激，龟鳖会自我进行调节，达到良性应激的状态，这是我们表面看不到的；但是温差较大时，龟鳖会出现恶性应激，引发各种温差型应激综合征（图 6-30）。

图6-30　对养龟环境进行温度监测

三、养殖过程中如何调节水质

在龟鳖养殖中，水质的调节非常关键，是我们每天都要做的管理工作之一。无论是水栖、陆栖和半陆半水的品种，都离不开水，因为喝水、泡澡需要水，水栖性龟鳖更离不开水。对于龟鳖养殖池中的水，由于排泄物与生存环境合二为一，容易造成有机物污染，水质恶化，滋生细菌，给龟鳖带来疾病。因此，在温室养殖中，注意使用微调的方法，进行少量换水，及时清污。在露天池中，需要定期换水，并可使用微生态制剂调节水质，比如使用光合细菌、EM 菌、硝化细菌等。对于小型的龟鳖养殖池，喝水、泡澡用水，要注意每天换水多次，发现变脏就换，每次投饵之前都要换水，以保持龟鳖能喝到干净的水。对于残饵要及时清除，看到泡澡池中有排泄物，就要换水。每天换水的次数根据实际情况决定，在春秋季节，可以每天换一次，但在高温季节，每天换水需要 2 ～ 3 次。为调节水质，可定期进行水质消毒，一般使用生石灰化浆进行全池泼洒，终浓度为每立方米水体 25 克。对于泡澡池底附着藻类，可使用“84 消毒剂”滴上几滴，刷除后，就可清理干净，以保持环境更加整洁，水源保持卫生（图 6-31）。

图6-31　优良的龟鳖池水质

第四节 饲料营养

龟鳖食性比较复杂，通常龟分三类：第一类是陆龟，主要特征是脚趾间无蹼，植物食性；第二类是半水栖龟类，主要特征是脚趾间半蹼，杂食性；第三类是水栖龟类，主要特征是脚趾间全蹼，杂食偏肉食性。鳖类属于水栖，主要特征是具有裙边，脚趾间全蹼，和水栖龟类一样，杂食偏动物食性。

一、植物性饲料

对于陆龟来说，植物性饲料是它的主食。常见品种有：莴苣叶、生菜、油麦菜、土豆、西红柿、黄瓜、南瓜、胡萝卜、香蕉、橙子、樱桃、苹果，山楂、蒲公英、车前草、桑叶、马齿苋、牛筋草、黑麦草、紫花苜宿、干牧草等。

半水栖龟类，一般喜食野草莓、香蕉、南瓜、西红柿、馒头等，此外，配合饲料中需按比例添加植物性饲料（图 6-32 和图 6-33）。

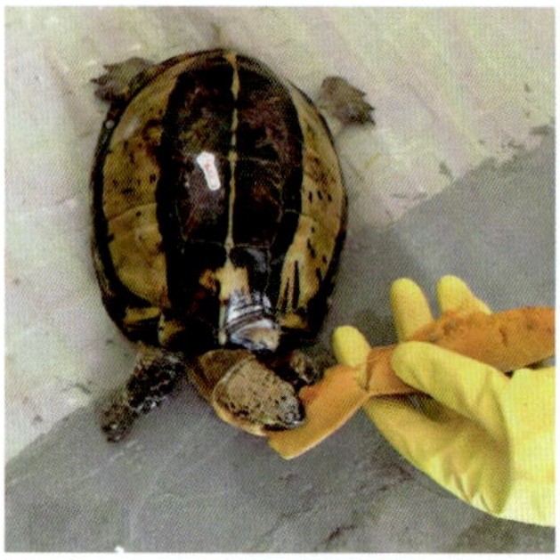

图6-32 黄额盒龟摄食南瓜

图6-33 黄额盒龟摄食西红柿

水栖龟类，一般以肉食为主，不喜欢摄食植物性饲料，个别龟也能摄食植物性饲料，如巴西龟可以摄食水葫芦。在配合饲料中，需要适量添加植物性饲料。

鳖类，仅在配合饲料中适量添加植物性饲料，如玉米蛋白粉、豆饼、木薯淀粉等。这是因为植物性饲料氨基酸不完全，需要与动物性饲料搭配，才能满足鳖的营养需要。

二、动物性饲料

动物性饲料氨基酸相对比较全面，除陆龟外，其他龟类和鳖类都喜欢摄食这类饲料，主要包括鱼类、贝类、甲壳类和其他动物性饲料。各种淡水鱼类和海水鱼类，在使用时一般采用去骨去刺后的鱼糜投喂，对于成体龟鳖，也可将鱼切成段。贝类有螺、蚌、蚬等，使用时最好去壳，为鳖摄食提供方便。甲壳类有虾、昆虫、水蚤等，必要也要进行适当处理。其他还有牛肉、蚯蚓、蜗牛、蝇蛆、乳鼠、蚕蛹、血粉、鱼粉、骨粉、畜禽加工下脚料等。笔者观察安徽种群黄缘盒龟的食性时发现，其最喜欢摄食的食物是牛肉、瘦猪肉、蜗牛、野草莓和膨化饲料等（图 6-34 至图 6-38）。

图6-34　黄额盒龟摄食吃牛肉

图6-35　黄缘苗摄食蚯蚓（陈少华提供）

图6-36　用蝇蛆养黄喉拟水龟

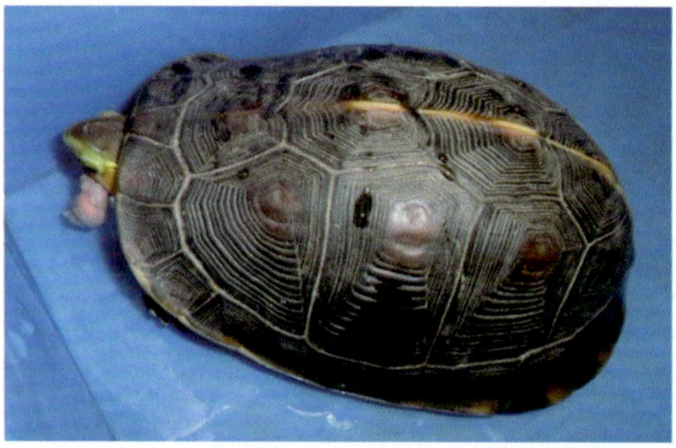

图6-37 黄缘盒龟摄食乳鼠（牧龟人提供）

图6-38 石龟苗摄食鱼糜

三、配合饲料

为什么龟鳖养殖要尽量要使用配合饲料？因为单纯使用动物性饲料或植物性饲料，营养不够全面，没有经过科学配比，也没有根据龟鳖需要的营养来设计。而配合饲料最大的优点是针对性强，营养全面，可以添加免疫增强剂、诱食剂，氨基酸平衡，电解质平衡，龟鳖摄食配合饲料后可以满足其生长和繁殖需要的营养物质，得到最佳饲料报酬，减少疾病（图 6-39 至图 6-42）。

图6-39 “金大地”鳄龟饲料

图6-40 石龟不吃鱼只吃“金大地”饲料（陆绍燊提供）

图6-41　黄额盒龟摄食“金大地”饲料

图6-42　珍珠鳖摄食“金大地”饲料（蛋蛋提供）

龟鳖和其他动物一样需要营养来维持其生命活动，这些营养物质包括蛋白质、脂肪、糖、无机盐、维生素和微量元素等。如果缺乏其中一种或多种必需的营养物质，将导致生长减慢、龟病发生，长期缺乏，将引起死亡。在龟鳖养殖过程中，这些营养物质可能来自单一的商品饲料或人工配合饲料，或来自天然饵料生物。

如果龟鳖饲养在缺乏天然饵料的人工环境中，投喂的人工饲料必须是营养全面和平衡的。如果饲养于有天然饵料的环境中，为加速龟鳖生长，饲养中往往仍要添加人工饲料，这部分饲料最好也是营养全面和营养平衡的。因为龟鳖生命活动所需的热能，龟体细胞组织生长发育与修复、维持机体的正常生理和生殖功能所需的原材料，都需要适当比例的各种营养素作为物质基础。某种营养素缺乏或比例失调，都会影响龟鳖正常生长，因此，投喂的人工饲料应是龟鳖易于消化并能促进食欲的优质饲料。并且，饲料中不应含有对龟鳖有害的物质，或对龟体无害，但会在龟体内积累而对人体有害的物质，如性激素类、孔雀石绿、硝酸亚汞以及滥用抗生素等。每日投喂的饲料，只有满足营养要求，才能维持龟体的正常生长和健康。

不同种属的龟类，营养需要差别很大，尤其是肉食性龟类、杂食性和植物食性龟类之间差别更大。我国龟类营养需要的研究起步比较晚，关于龟类对各种营养需求的研究资料更少，滞后于鳖类的营养和饲料研究。

综合考虑龟鳖所处的生态条件、生理生化特点、生长繁殖需求等因素，都与营养有一定的关系，具体反映在内外因子对龟鳖的影响。内在因子如重要的遗传物质 DNA 决定龟鳖的特异性、性别、寿命、新陈代谢功能、外部特征和机体对外界的适应能力；外在因子包括温度、光照、pH 值和营养等，龟鳖的生长、发育、健康状况等表征由内在因子和外在因子共同作用的结果，而营养作为重要的外在因子必然对其遗传和变异产生影响。就养殖管理而言，饲料与环境的关系又是内因和外因的关系，因为饲料是龟鳖健康养殖的物质基础，日常的营养水平直接影响龟鳖健康的状况，营养物质的平衡有益于增强龟鳖的免疫功能，提高抗病能力，促进健康生长。龟鳖的生存、生长环境不可避免营养物质造成的水体有机污染，而人工配合饲料是最大的有机污染源，正确处理营养与养殖生态环境的关系，维持生态系统物质的正常循环尤为重要，合理的投喂，科学的排污，有利于促进物质正常循环和提高能量转化率。营养对龟鳖的品质有决定性的影响，严禁在饲料中添加性激素，控制使用抗生素，适当使用维生素、矿物质、益生菌、益生元、甲壳素、高度不饱和脂肪酸、磷脂、诱食剂、天然着色剂、香味剂、氨基酸等，不断改进饲料配方，结合科学投喂方式和改善生态环境，就可生产出仿野生风味的优质商品龟鳖。

第五节　生态平衡

什么是生态？什么是生态学第一定律？什么是疾病？知道这三个问题之后，你就知道平衡的重要性。

一、什么是生态

生态就是生物与环境的关系。龟鳖是爬行动物，在生物界中，有它们的特殊地位，从栖息特征看，龟鳖具有两栖性，就是水陆两栖，具体可分为水生、水陆两栖和陆生三类。这些龟鳖不管处于什么环境，都离不开动物与环境之间的关系这个定律。龟鳖无时无刻不与环境发生关系，人工改善养殖环境，也应尽量模仿自然生境，为龟鳖创造良好的生态，使龟鳖在新的环境中，逐渐适应新的生态，自我调节平衡，解除应激，在新的空间里生存、生长和繁殖（图 6-43 和图 6-44）。

图6-43　杨火廖设计的养龟生态环境

图6-44　杨火廖设计的养龟池

二、什么是生态学第一定律

这是 1971 年美国生物学家 Barry Commoner 提出的定律："每一件事物无不与其他事物相互联系和相互交融，在生态系统中，所有的变化彼此关联，就像一张交织的网络。"回到龟鳖类，我们发现，龟鳖养殖系统中，龟鳖与环境，龟鳖之间，龟鳖与人，都相互联系和相互交融，尤其在观赏龟养殖时，龟与人的互动更加突出，龟随人动，龟与人眼睛对视，龟与人眠，龟或鳖互相之间撕咬、争食、争配偶；龟鳖有的需要晒背，有的需要散光环境，有的活动，有的静养，有的产卵，不同的活动或静止状态，表现各异，相互交融，这一切均符合生态学第一定律（图 6-45 至图 6-48）。

图6-45　龟与自然保持和谐

图6-46　笔者设计的黄缘盒龟生态环境

图6-47　金钱龟生态位

图6-48　金头闭壳龟生态位（唐雪良摄）

三、什么是疾病

疾病是生态系统失衡的表现。龟鳖与环境组成复杂的生态系统，同时，龟鳖体内也有一个微生态系统，动态变化，无时无刻，相对的平衡是保持龟鳖健康的提前。如果平衡被打破，龟鳖就会生理紊乱，体质就会下降，甚至导致疾病。我们不仅要注意生态系统的平衡问题，还要注意龟鳖体内平衡受到威胁会带来的后果，那就是应激。当龟鳖平衡受威胁引起应激时，我们尽可能为其创造良好的生态环境，通过静养调节，让其恢复平衡，达到良性应激的状态，不至于发生疾病。如果不能及时调节，或者累积应激，就会演变成恶性应激，这时龟鳖肾上腺皮质激素会升高，生理紊乱，免疫力下降，病原乘虚而入，引发疾病。

综上所述，在龟鳖生态系统中，处处要注意系统的平衡。无论是外平衡，还是内平衡，龟鳖与环境，龟鳖体内，这两个生态系统都必须时刻保持动态的平衡状态，只有平衡，才有健康的可能。养殖的精髓是平衡，养殖的目的是高产高效，平衡为生产服务，为龟鳖创造福利。今天你平衡了吗？要成为每一位龟鳖养殖者牢记并时刻问自己的座右铭。你为龟鳖制造平衡，它们给你带来观赏价值和效益报酬；你感恩龟鳖，它们会为你带来美丽和幸福的回报。

第七章

龟鳖药物与食品安全

目前，我国龟鳖业随着发展速度加快，病害也在不断增加，滥用药物的现象普遍存在，药物的残留对人类健康会有不利的影响。食品安全，关乎到每个人的健康，生活质量，甚至生命。世界各国不断重视食品安全，加强监督，我国也不例外。从国家战略的高度认识食品安全的重要性，我们在龟鳖生产中应自觉执行国家的相关规定，从生产、流通和销售各个环节，重视和贯彻食品安全法律法规，维护食品安全，就是维护我们的身体健康。

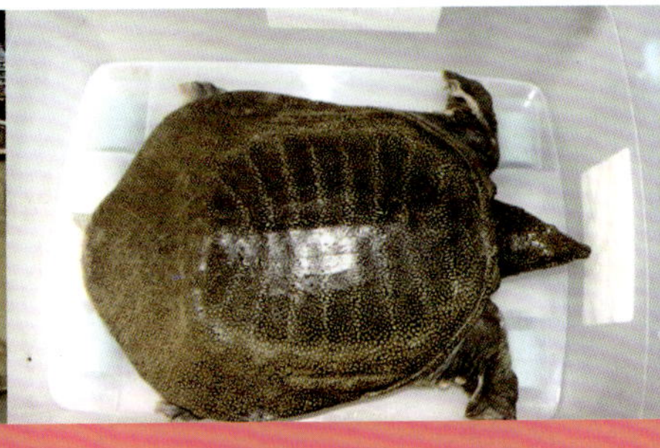

第一节　控制养殖过程

一、食品安全关系到人民群众的健康

食品安全关系到广大人民群众的身体健康和生命安全，关系到经济发展和社会稳定，关系到政府和国家的形象。食品安全已成为衡量人类生活质量、社会管理水平和国家法制建设的一个重要方面。在加强食品安全方面，需要国家、企业和消费者共同努力。从政府的角度而言，需要加强监管，统筹规划，制定食品安全标准等。“王以民为天，民以食为天”，古人早就知道的道理。在今天我们都知道，有钱有势不如有健康，我们每天都要吃饭，舌尖上的食品安全才能保证身体的健康，病从口入，就是这个道理。人与龟鳖已形成食物链，龟鳖作为食品的安全，与人的健康相关，在食物上把好质量关，才能有基本的安全保证。

健康的龟鳖养殖，要从安全的龟鳖饲料开始，所以我们在诊断龟鳖疾病时，有一个方法就是从食物上找原因，如果投喂了变质食物，冰冻不彻底的食物，以及残饵不及时清除，龟鳖吃了残饵，喝了脏水，都会引起疾病。有的龟鳖不当心摄食了变质蚯蚓，结果会怎样？会出现四肢、下巴、眼睛，甚至全身肿胀；如果不及时换水，龟喝了脏水，经过一段时间后，龟的眼帘会肿胀发白，眼睛无神，四肢无力。

三个层次解析食品安全，吃饱，吃好，吃健康，是关系到一个与社会发展相适应的社会问题。这就是，中国人随着生活条件不断改善，健康越来越重要，被人们认识到，并潜移默化地成为口头语。过去，朋友之间见面，首先问的是，你吃了吗？现在呢，不是这样问，一般是，早上好，中午好，晚上好。这样的转变，表明社会已在进步，食品安全表象和内容已发生巨大变化。改革开放后，从食品短缺到食品丰富，进而从食品数量向食品质量转折，我们所处的时代正在这个转折点。

目前，我国龟鳖食品呈现多样化，有直接上市的龟鳖商品，分割小包装，农家小炒，大酒店烹饪，龟酒，龟汤。在苏州吴江，就有巴西龟冷冻包装，送货上门每 500 克 30 元，上门自提每 500 克 15 元；在美国有人喜欢吃鳄龟，将小包装的鳄龟解冻后，制作菜肴，互相分享，并发来照片；在广州，有人以龟为主题，制作生日蛋糕（图 7-1 至图 7-18）。

图7-1　超市里的巴西龟

图7-2　超市里的鳖

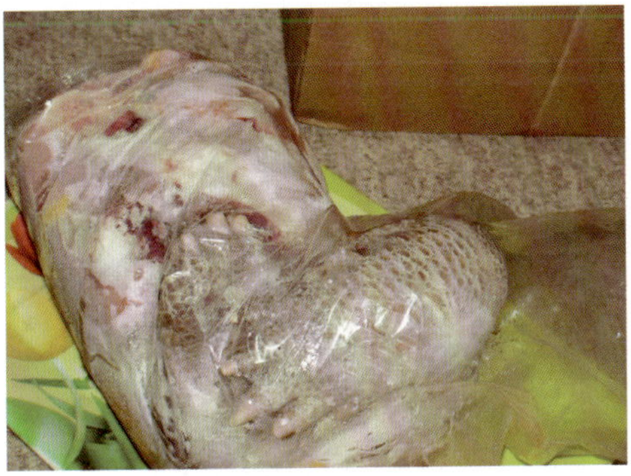

图7-3　美国鳄龟小包装（Ni Tony提供）

图7-4　美国鳄龟小包装解开（Ni Tony提供）

图7-5　美国鳄龟制作的冷盘（Ni Tony提供）

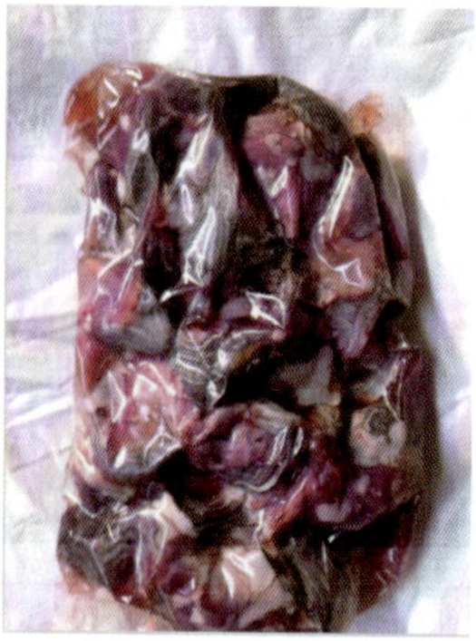

图7-6　巴西龟冷冻包装（八千岁提供）

图7-7　巴西龟烹饪（八千岁提供）

图7-8　北京渔人码头鳄龟菜

图7-9　北京渔人码头鳄龟全宴

图7-10　浙江农村鳄龟小炒

图7-11　黄沙鳖红烧

图7-12　黄沙鳖白烧

图7-13　鳖汤

图7-14　石龟肉

图7-15　石龟汤

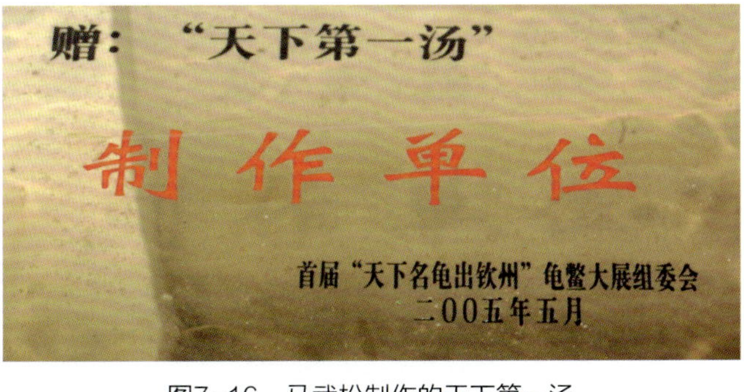

图7-16　马武松制作的天下第一汤

图7-17　龟酒（红光摄）

图7-18　龟主题蛋糕（汪婷婷提供）

二、从养殖过程把控食品安全

2013 年，党的十八届三中全会通过的《中共中央关于全面深化改革若干重大问题的决定》更是将保障食品药品安全列为健全公共安全体系的第一项任务，明确提出："建立最严格的覆盖全过程的监管制度，建立食品原产地可追溯制度和质量标识制度，保障食品药品安全。"

1. 创造良好的生态环境

无论是申报无公害农产品，还是申报绿色食品、有机食品认证，都需要建立一个无公害的生态环境。龟鳖无公害的养殖环境就要求：环境安静、交通方便、水源卫生。具体来说就是：坐北朝南，阳光充足，空气新鲜，无噪音的地方，水源丰富、进排水方便、无污染。水源无污染，是指无工业污染、生活脏水和农药残留等。我们要经常调节水质，避免水质老化，腐败变质，防止重金属、酚、醛、硫化物的产生和渗入。同时，注意调节水体透明度，降低氨氮、亚硝酸盐，增加溶氧，调节藻相平衡，保持油绿水色（图 7-19）。否则，会威胁龟鳖的生存和人类健康。

图7-19　黄缘盒龟养殖优美的环境设计

2. 种苗选择纯正的健康的品种

特别要注意不要选择近亲繁殖的种苗，以免出现急畸形，体弱多病，免疫力差。应选择质量好的远亲种苗，代替一部分本场的近亲种苗，以防各代近亲交配。龟苗应选择腹部灰色，眼睛有神，四肢有力，体无残疾的健康个体；鳖苗要选择腹部橘红色的健康苗，不选淡红或黄色的弱苗。另外，20 克以上的鳖苗腹部变成灰白或黑色是正常的（图 7-20）。

图7-20　纯正的安缘苗

3. 选优质的饲料

饲料主要有两种：一是动植物饲料，二是配合饲料。要选择新鲜上乘的自然饲料和优质专用的人工饲料。投喂专门饲料，包括开口料、稚龟稚鳖料、幼龟幼鳖料、成龟成鳖料和亲龟亲鳖料，根据龟鳖不同生长阶段选择合适的饲料。应选用正规的大厂养殖类饲料，观赏龟饲料同样要求配比科学，加工精细，保管妥当，不选劣质饲料（图 7-21）。

图7-21　黄缘盒龟摄食牛肉

观念一新，遍地是金。在这里是指更新观念，避免同质服务，彰显特色的营销方式，寻觅市场需求，占据更多的市场生态位。注重人才培养，加强技术培训，与国际接轨。尽可能技术创新，品种更新，攻克难题，在特色上下工夫，通过科学技术挖潜，提高龟鳖养殖成活率、生长率和繁殖率，取得优秀的业绩。

三、做好龟鳖食品安全工作

龟鳖用来食用时要注意食品安全。在养殖生产中，切实做到“三个放弃”和“三个坚持”，即放弃以量为纲，坚持以质为纲；放弃以钱为纲，坚持以绿为纲；放弃以药为纲，坚持以净为纲。

首先，强调观念转变。行政主管部门应当从抓产量向抓质量转变，技术推广部门应当从推广龟鳖高产品种向推广无公害产品、健康养殖龟鳖模式转变。更重要的是通过技术培训等形式，向广大养殖者宣传无公害、绿色和有机食品生产的意义，促使广大龟鳖养殖者尽快从追求眼前经济效益转变到实现长远社会效益上来。

其次，推行科学用药。预防为主，明确诊断，对症下药，合理用药，轮换用药，穿梭用药，严格执行休药期。不用国家规定的禁用药物，少用抗生素或其他化学合成药物，多用绿色生物药物。在生产上尽量使用龟鳖疫苗、噬菌蛭弧菌剂、抗菌肽制剂、免疫促进剂等无拮抗、无残留、无毒性的绿色药物。蛭弧菌是寄生于其他细菌并能导致其裂解的一类细菌，虽然它比通常的细菌小，能通过细菌滤器，有类似噬菌体的作用，但它不是病毒，确确实实是一类能吃掉细菌的细菌。

再次，建立追溯制度。龟鳖最终产品不管是外销还是内销，无药物残留是最基本的要求。因此，在生产上应自觉建立用药记录，对药物购入、进库、使用和追溯都要有原始记录，便于检查监督。对饲料的来源要进行认真的检验把关，使用国家商检部门认可的饲料品牌，在使用饲料过程中杜绝添加抗生素、激素、不明促生长药物、化学色素和其他易残留的化学药物，对中药的使用也需慎重。养成的龟鳖商品进入市场，一旦发现问题，立即启动产品质量和用药追溯方案，查出根本原因，处理责任人，立即召回产品，避免药残龟鳖再次流入市场，危害人类健康。一句话，产出的龟鳖食品必须是安全的。

第二节　提高品牌效应

食品安全与附加值是良性互动的关系。通过严管食品安全、品牌效应和管控成本的有机结合，提供优质产品和优质服务，进而提高生产附加值和服务附加值。就龟鳖产业，我们主要考虑的是从生产环节中狠抓食品安全，将安全的食用龟鳖提供给市场和广大消费者，在使用价值中增加附加值，香港的绿洲经验、浙江龟鳖品牌战略和广东绿卡公司的安全质量追溯效应，对我们从事龟鳖产业都是很好的启发。

一、香港的“绿洲”经验

香港实现了“管”上严格控制和“产”上创新驱动的有机结合：从供港食品基地到储运、入市前监测等覆盖“田间—餐桌”各环节的全程闭环控制；一二三产全链条的增值，品牌附加值提高与质量管理成本控制良性互动；政府、市场、社会各方面力量有机结合，各方利益与食品安全的激励相容。多年来，香港食品安全整体合格率维持在99.9%左右，使香港美食的招牌享誉全球，成为食品安全的“绿洲”。

香港的食品大部分来自香港之外，基地散落在若干省，主要供应通道的关口在广东珠海和深圳。同样的食品来源，香港可成为食品安全的“绿洲”，而内地食品安全问题却较为突出，值得思考。

2015年中央一号文件涉及5大方面，“提升农产品质量和食品安全水平”是建设现代农业，加快转变农业发展方式的重要举措之一。科技部把加快食品产业转型、根治食品安全问题作为创新驱动城乡一体化发展的突破口，并提出向全国推广“绿洲经验”。

二、实施品牌战略提高龟鳖附加值

浙江省水产流通与加工协会夏黎、余匡军介绍说：随着商贸经济的繁荣及国家扩大内需、鼓励消费等政策的出台，不少企业审时度势，顺应时代潮流，根据当地资源特色，瞄准市场需求，走差异化经营、专业化生产、特色化发展之路，注重质量安全，融入精神文化元素，创建特色品牌；从原来“以量取胜”的低端路线，逐渐走向“高品质、高附加值、高盈利”的高端路线，努力提高产品附加值和市场竞争力，实现了创业、创新和质量效益的同步提高，也促进了消费者物质需求与精神文化需求的双重满足。

夏黎、余匡军进一步介绍，近年来，浙江省以无公害、绿色、有机认证和渔业主体培育等为抓手，大力促进水产品品牌建设，成效显著。据初步统计，目前浙江省有效期内无公害产地认定866个、无公害产品认证822个；绿色食品（水产品）认证120个；有机水产品认证61个；地理标志水产品13个；浙江省目前已有渔业专业合作组织979家，渔业龙头企业433家，其中国家级龙头企业18家、省级70家、市级155家、县级204家。同时涌现出了一大批品牌水产品：目前已拥有4个中国名牌产品、5个中国名牌农产品、2个浙江区域名牌和82个浙江名牌产品（占大农口的21.1%）；有18个水产品获中国驰名商标称号，17个水产品牌被推荐为“浙江省名品正牌农产品”。这些品牌水产品，为宣传浙江渔业、提高浙江水产品美誉度和市场竞争力、示范引领浙江省水产企业发展方向等做出了较大的贡献。

拥有“夹浦”品牌、主要养殖青虾、甲鱼等水产品的湖州夹浦太平桥特种水产专业合作社负责人许炳云说：“农民以前只知道把东西卖出去，谁知道要搞商标？”他告诉记者，经过注册品牌后，原来卖 60 ~ 80 元一斤的甲鱼，现在卖到了 150 ~ 180 元，2007 年整个合作社产值不到 100 万元，现在接近 1 000 万元。

据浙江省水产技术推广总站报道，杭州市举办“名鳖”评选活动。参加“名鳖”评选的单位必须是年产商品鳖在 4 万只以上，获无公害基地、国家有机或绿色农产品、GAP、出口基地等认证中任意一项。参评单位提供中华鳖样品 2 只，须为参评单位自己养殖的个体重量 2 千克以下的雄性中华鳖。比赛现场我们不断看到了许多特别生猛的中华鳖，品相好，活力足，说是万里挑一，一点也不为过。评选活动采用总分 110 分制，分值由专家品质测评得分和社会影响得分两部分组成。由中华鳖养殖专家、管理专家、行业标准制定者、国际烹饪艺术大师等各路专家组成的评审团从趾爪、裙边、背甲、行为、胴体等外观指标和色、香、味等风味指标这两方面进行测评，满分为 100 分；社会影响测评主要是考量养殖场的生产规模、社会影响、标准化、产业化等指标，满分为 10 分。市纪委派驻杭州市农业局纪检组派出监督员进行全程监督。通过一轮轮紧张激烈而又公开公平的角逐，最终产生了杭州市十大“名鳖”（图 7-22 和图 7-23）。

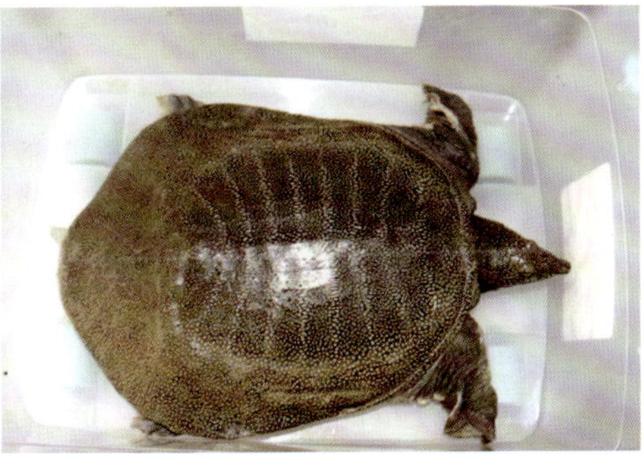

图7-22　参赛选手个个健壮勇猛（浙江省水产技术推广总站提供）

图7-23　评委们评比打分一丝不苟、公平公正（浙江省水产技术推广总站提供）

第三节　安全质量追溯

一、龟鳖质量安全追溯带来可观效益

据国家质检总局中国质量新闻网黄启成报道，近几年，水产品养殖行业存在着不少问题，直接影响行业的持续、健康和快速发展。受产业环境制约，绿卡面临着市场风险和疫病风险。要解决这个问题，绿卡实业公司认为关键在于保障食品安全，必须树立全程监管理念，坚持预防为主、源头治理的工作思路。规避疫病风险，就要重点抓生产技术来提高免疫力，抓生产管理以增强其免疫力，完善产地环境影响评价机制和开展疫病精准监测研究。化解市场风险，关键在于确保产业链的有序和稳定，实现产销联建，应用水产品可追溯系统对整个产业链进行全程监管，实现日常管理与质量控制的无缝集成，通过第三方检测维护公平交易，推动优质安全品牌龟鳖的销售体系建设。广东绿卡实业有限公司注重龟鳖生产安全质量管理，用汉信码记录龟鳖生产全过程。这家国家级龟鳖、乌龟良种场，创建于1987年，以龟鳖、乌龟为主导产业，从事良种选育、种苗繁育、商品无公害养殖、专用饲料配套、产品深加工、科技跟踪服务等。公司先后被确定为“广东省无公害水产品生产基地”“农业部水产健康养殖示范场”“广东省龟鳖养殖标准化示范区”。绿卡生产的龟鳖、乌龟获农业部“无公害农产品”统一标志，2010年获中国名鳖称号。注册商标“绿卡”2012年被认定为“广东省著名商标”。

黄启成介绍，以汉信码为信息载体的水产品可追溯系统有效确保了绿卡产品质量的可控性，并为绿卡带来了可观的经济效益和社会效益。绿卡的养成商品龟鳖产品完全符合国家无公害标准，完成了无公害产地认定和产品认证复审扩项，成为广东省省内首家养殖龟鳖、乌龟的农业部水产健康养殖示范场。2010年绿卡牌龟鳖被评为“中国名鳖”。涉及的可追溯信息全面，为政府提供了可靠、有效的监管手段，为消费者提供了快捷简易的产品溯源手段，为整体提升水产品市场竞争力和促进龟鳖行业全面发展，水产品安全生产全程控制发挥了重要的推动作用（图7-24和图7-25）。

图7-24　绿卡公司注重龟鳖质量安全体系建设（黄启成报道）

图7-25　绿卡公司使用汉信码进行龟鳖质量安全追溯（黄启成报道）

二、龟鳖出口申报需要的材料

龟鳖业随着进一步发展，要融入国际轨道，寻找世界的市场需求，进入大循环，是必然之路。对于龟鳖出口企业来说，海关申报主要是检查龟鳖出口是不是合法，是不是国家保护动物，是不是经过有关部门批准。难点主要在出入境检验检疫局的审批，就是检查出口产品是否健康安全。在审核时，需要监管养殖全过程，填报的材料十分繁琐，要求很高。笔者简单介绍这方面的知识，一览申报材料，为今后龟鳖出口建立概念，加深印象。

龟鳖出口，按照检验检疫局的要求，申报材料分两个部分：一是产地备案，二是食品卫生登记。具体需要申报的材料为：

1. 产地备案

出境水生动物企业安全卫生质量管理手册；出境水生动物企业检验检疫注册登记申请表；出境水生动物调查问卷；出境水生动物养殖场注册登记申请考核记录表；供货证明签字手迹备案；养殖技术规范；捕捞制度；生产卫生用药管理制度；水质安全卫生项目监控计划；中转包装厂、发运点及进出场的管理制度；养殖场平面图。

2. 食品卫生登记

出口食品生产企业卫生注册登记申请书；不合格品控制的规定；产品标识、质量追踪和产品召回制度；计量监控设备标准程序；内部审核制度；生产工艺流程图；生产设备设施维护保养程序；使用的龟鳖养殖标准（国家标准或企业标准）；饲料安全卫生控制措施；委托检测协议；卫生标准操作程序；文件和资料控制程序；原料辅料卫生控制措施；职工培训计划；质量方针、目标和责任制度；质量检验管理制度；组织机构图及岗位职责。

三、对不合格品控制的规定

在整个生产过程中的任何工序中，一旦检出不合格品，立即查明原因，并及时纠正。对不合格品控制的规定如下：

1. 标识

生产流程中的任一次检验都可能检出不合格品。不合格品一经发现，应用适当的编号或标记进行明显地标识，以便于识别。同时，应保证不合格产品的编号和标记不被去掉或因工作的疏忽被擦掉。标识的主要方法：养殖池全部有编号，出口时具体标识到养殖池，必须采用按池出空的方法，并对出口产品的品名、批次、品种、规格、数量进行标识，一旦发现问题，可以追踪到养殖池，并立即召回。

2. 生产过程中不合格品的处理

当生产过程中发现不合格品时，应考虑是否停止该工序的进行。为证实产品的合格状况，有必要对不合格品发现之前的一批产品进行 100％的检验。处理产品不合格问题，必须依据产品的特性及缺陷的程度而定。

3. 隔离

使不合格品与合格品隔离开来。设置一个用以存放不合格品的隔离区域，并对该区域进行严洛控制，以防止在决定处置之前这些不合格品被使用。

4. 评审

由具有专门职权的部门对所有不合格的原料、零部件和产品进行评审，评审后可能出现如下情况：

（1）目前状况下的认可。不合格品的不合格程度较小，且不会影响最终产品的性能，可视该产品为合格。若供需双方有合同约束，此项决定应征得需方的同意。

（2）返工。有的不合格品经返工后能达到产品规定要求。如生产出的甲鱼外表不完整，有病害，可放入隔离池治疗修复，完全治愈后方可出场。

（4）降级。产品虽达到一定质量要求，但被定为低质品类，此类产品可注上次品标记降价出售。

（5）报废。若上述三项处理措施都不能采用，不合格品只能作为废品抛弃，并采用焚烧后深埋处理的办法。

5. 通告

对不合格品进行有效控制，有赖于书面程序中提出的与之相关的一系列措施。有关不合格品的不合格程度和决定由谁承担处理等内容应通告书面程序中的有关部门。尤其应立即通知生产部门，以便尽快采取补救措施阻止不合格品的产出。上述评审、处置和通告几项内容同样适用于与中间的有关不合格品识别的契约。中间商与供方的合同中应把具体内容表述明确。

6. 文件

不合格品通常在检验、试验过程中发现。检验、试验报告中应记录不合格品偏差的大小。为控制不合格品，必须汇总一份包括详细列出生产中出现的问题、不合格品对产品数量的影响和不合格品发现后所采用的措施的单独报告。为此，应按以下内容设计一专门的表格：

（1）不合格品的标记是否完善，对产品数量影响多大；

（2）不合格品在哪一阶段发现的；

（3）有关缺陷或不合格情况的详细材料；

（4）评审委员会的建议和对不合格品的处置决定；

（5）有关返工、返修的详细材料和实施结果；

（6）防止不合格品重新产出的纠正措施。

附录　读者反馈

笔者近期出版的龟鳖养殖书，受到读者一致好评。读者运用书中的知识，在龟鳖养殖中解决了一些技术难题。为感谢广大读者的厚爱，将反馈的信息公开，与更多的读者分享，从中可以学到更多的知识。

一．广东湛江读者韦妹的反映

2014 年 7 月 14 日，韦妹通过 QQ 发来感谢信：您好！我新买回来的台湾黄缘闭壳龟陆续生病，您总是尽心尽力的给我传授治疗病龟的知识，细心指导，不厌其烦，您还说了一句让我终生难忘的话，您说："如果我在湛江，就可以帮你救龟。"我听了感动，因为有您在，所以我不怕。感恩的心，感谢这几天有您的帮助。感谢中国龟鳖网这个平台（QQ 群：199700919）。

二．广东阳江读者旺姐的反映

2014 年 12 月 17 日，章老师，我是阳江唐丽珍的女儿，先谢谢你！按您的书上的指导，我学会了给小黄缘打针了，小龟打了第六针后病情开始好转，粪便没有氨味，恢复较好，活泼好动，争着吃东西。发病原因是母亲去湛江老家，龟由父亲饲养，可能换水不及时，误喝了脏水引起脂肪代谢不良症。治疗前，龟的排泄物恶臭，四肢僵硬（附图 1）。治愈后，氨味消失，四肢正常，恢复摄食（附图 2）。龟的体重 160 ~ 170 克。

按照笔者提供的治疗方法：头孢噻肟钠 1 克 + 5 毫升注射液稀释，抽取 0.2 毫升，加地塞米松 0.1 毫升，合计 0.3 毫升，为一次注射剂量，每天一针，连续 6 针治愈。

附图1 治疗前氨味较浓四肢僵硬

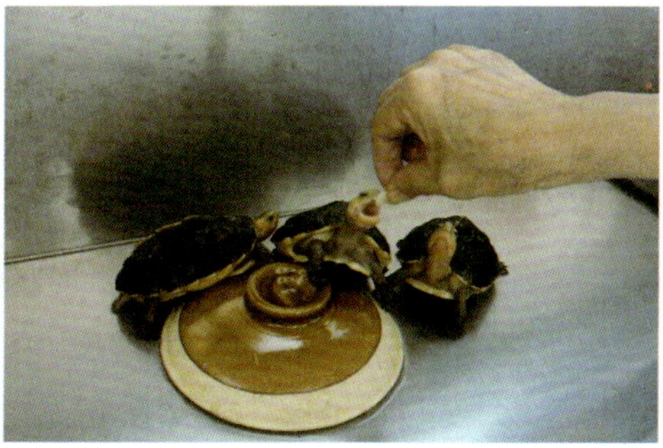

附图2 治愈后氨味消失摄食正常

三．广东顺德读者黄楚斯治疗疑难性石龟病

龟主反映：我们在巡查南石亲龟时发现一雌亲龟在沙池不愿意动，检查后发现该亲龟排泄孔肿胀，并有透明黏液从排泄孔流出，用手触摸肿胀处为软包。亲龟四肢有力，精神很好，但不进食（附图 3）。我们从未遇过这种情况，立即拍照片并联系章老师。我们虽与章老师刚通过网络接触不足两天，但章老师还是很无私地给我们治疗的药方：用庆大霉素 0.4 毫升 + 地塞米松 0.1 毫升进行肌肉注射，连续注射 6 天。注射两针后，发现亲龟排泄孔开始消肿，但仍可见有透明黏液流出。注射 6 天后排泄孔肿胀明显缩小收干，仍可见小许透明黏液并开始结痂。向老师反馈治疗情况后，老师建议再注射一疗程。第二个疗程注射完毕后，肿胀又缩小了，没有透明黏液从排泄孔流出，结痂片已开始脱离排泄孔。在两个疗程中，亲龟的四肢有力，精神状态良好，但一直不进食。

附图3 石龟疑难性肿瘤病治疗前

第二个疗程结束后我们继续向老师反馈治疗成果，此时老师仍很耐心地给我们讲解和指导，在这里衷心的向老师致谢，老师的无所求只付出的精神深深地感动着我们。老师向我们提出进一步

的治疗方案，此亲龟并不是一般的排泄孔肿大，而是长肿瘤了，建议我们把该异物切除并向我们详细讲解了方法。但由于我们从未操作过，未能大胆地把老师的治疗方案实行下去，在此向老师致歉。亲龟现在结痂已全部脱落，我们现在每天在其排泄孔上洒上消炎药粉，每天两次，待亲龟开口进食后放回种群中（附图 4）。

附图4　石龟疑难性肿瘤病治疗后

四．广州读者梁耀荣根据笔者的书治疗龟的疑难杂症

2014 年 7 月 12 日，该读者反映，章老师您好，现几只石龟有病，正在用你新书上的方法进行治疗，已注射头孢曲松和地塞米松两天，现在基本治愈。

2014 年 9 月 30 日，该读者进一步反映，他按照笔者书上的方法，成功切除了龟的肿瘤，治疗时间共 8 天。具体方法是：

（1）先注射头孢，预防感染；（2）局部麻醉，在肿瘤的周围注射麻醉药 3 毫升；（3）开刀挖肿瘤；（4）用“双抗”清洗；（5）缝合伤口，并用“双抗”清洗；（6）红霉素软膏加云南白药涂抹伤口；（7）肿瘤切除后，连续 3 天注射头孢；（8）每天用“双抗”2 厘米水位水喂和浸泡，然后换药涂抹伤口，现已开食（附图 5 至附图 8）。

龟主表示，第一次给龟做手术就成功，对此表示感谢。

附图5　龟肿瘤病手术前

附图6　龟肿瘤病手术后

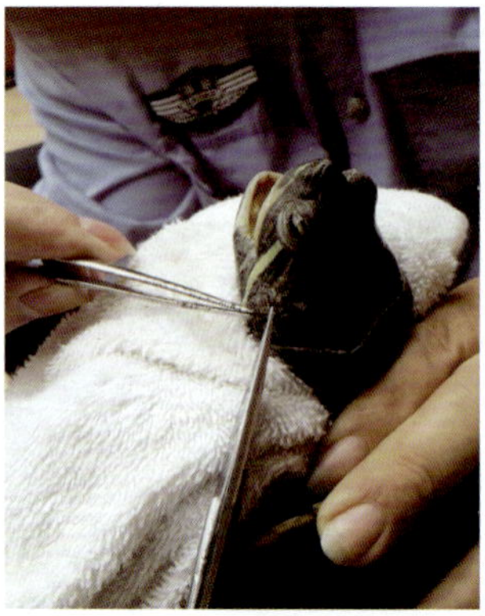

附图7　龟肿瘤病拆线

附图8　龟肿瘤病治愈

五．广东东莞读者风吹沙养殖的石龟钻沙问题得到解决

2015年4月11日，龟主反映：我有个母石龟，近来老上岸，爬进沙池，几天都不动，感觉其四肢无力。不知怎么回事？笔者根据龟主发来的图片，可见其养殖池水质色深，边上移植了水葫芦，在水葫芦净化水质的情况下，水色很浓，呈深绿色，是一种不经常换水的水质。分析可能是摄食了脏水或残饵引起的轻度肠胃炎，由于体内有炎症所致（附图9）。

诊断：龟钻沙型轻度肠胃炎。

治疗：肌肉注射庆大霉素0.3毫升，每天一次，连续3天。

结果：2015年6月17日，上次钻沙那三只龟全好了，谢谢老师！应该是三天前就好了，我怕它有反复不敢向您汇报。再次谢谢您！又为我解决了一大难题（附图10）。

附图9　石龟钻沙病治疗前

附图10　石龟钻沙病治愈

六. 广西百色读者海之韵养殖的石龟出现浮水型应激综合征

2015年4月24日，该读者反映，他养殖的石龟有一只发现浮水，是2014年的苗，现在体重60克，温室养殖，用过氟苯尼考和益达菌迪药物浸泡，但没有好转。根据经验，这种现象一般由于应激造成，为浮水型应激综合征。据调查，龟主说，此前换水有时直接使用非等温的自来水；使用过化冻不彻底的冻鱼。由此表明，此病因使用过非等温自来水和非等温饵料引起的浮水型应激综合征（附图11）。龟主按照笔者的方法进行治疗。

治疗：肌注庆大霉素0.1毫升+地塞米松0.05毫升，每天一次，连续3天。

2015年4月24日，该读者进一步反映，原计划3针为一个疗程，实际上一针见效，上午注射，下午龟浮水症状消失，能够下沉，经过几天静养后，目前龟病已治愈（附图12）。

附图11　石龟浮水病治疗前

附图12　石龟浮水病治愈

“红宝石”代表笔者，“海之韵”代表龟主。

红宝石 18:02:40

你平时使用的水，直接使用自来水吗？

等温没有？

使用的饲料是冰冻的吗?

红宝石 18:03:46

有化冻不彻底的情况吗?

海之韵 18:04:52

用自来水，有冻鱼和饲料。

海之韵 18:05:55

可能没完全化冻。

海之韵 18:14:05

前几天，有一两次直接用自来水进行换水。

红宝石 18:28:04

我就知道，被我分析对了。

2015 年 4 月 27 日，该读者进一步反映：

海之韵 7:02:44

老师的技术真厉害，一针见效，感谢老师的技术支持。

七．广西东兴市读者梁健养殖的石龟出现轻度肠胃炎

2014 年 7 月 6 日，读者反映，他的一只石龟，体重 1.5 千克，最近出现异常，主要表现无精打采，钻沙，很少下水，能摄食，但食量减少。大便基本正常。考虑投喂草鱼和白鱼，以及配合饲料的具体情况，笔者分析可能在饵料鱼中有个别不新鲜的鱼，或被苍蝇叮过，龟摄食后产生轻度肠胃炎（附图 13）。

附图13　石龟钻沙型肠胃炎治疗前

诊断：龟轻度肠胃炎。

治疗：肌注庆大霉素 1 毫升 + 地塞米松 0.1 毫升，每天 1 次，连续 3 天。

2014 年 7 月 16 日，该读者进一步反映，老师，上次你给的药方，后来我上网买了，现在那龟完全好了，谢谢老师，能得到你的帮助（附图 14）。

附图14　石龟钻沙型肠胃炎已治愈

八．广西读者雨过天晴的反映

2014 年 10 月 29 日，龟主反馈：老师，你好！每次我都按你书上的方法解除应激，都能成功（附图 15）。真的多谢老师！

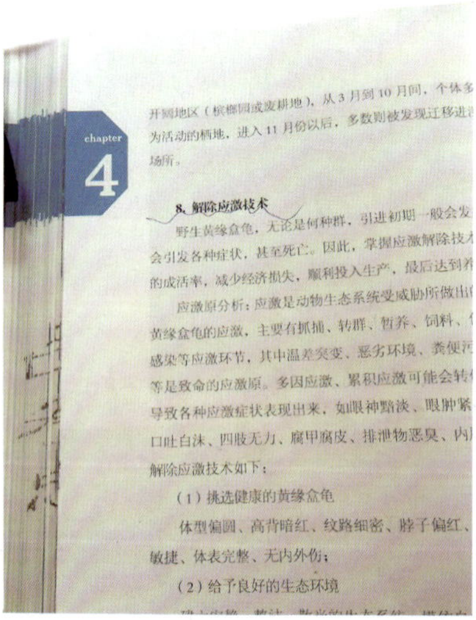

chapter 4

开阔地区（槟榔园或废耕地），从 3 月到 10 月间，个体多
为活动的栖地，进入 11 月份以后，多数则被发现迁移进
场所。

8. 解除应激技术

野生黄缘盒龟，无论是何种群，引进初期一般会发
会引发各种症状，甚至死亡。因此，掌握应激解除技
的成活率，减少经济损失，顺利投入生产，最后达到
应激原分析：应激是动物生态系统受威胁所做出
黄缘盒龟的应激，主要有抓捕、转群、暂养、饲料、
感染等应激环节，其中温差突变、恶劣环境、粪便
等是致命的应激原。多因应激、累积应激可能会转
导致各种应激症状表现出来，如眼神黯淡、眼肿紧
口吐白沫、四肢无力、腐甲腐皮、排泄物恶臭、内
解除应激技术如下：

（1）挑选健康的黄缘盒龟

体型偏圆、高背暗红、纹路细密、脖子偏红、
敏捷、体表完整、无内外伤；

（2）给予良好的生态环境

附图15　按照笔者书中的方法解除应激

九. 广西南宁读者莫玉红养殖的石龟摄食脏水发病

2015 年 3 月 29 日，该读者反映，她养殖的石龟由于摄食了脏水发病，经过笔者的指导已基本治愈，并已恢复摄食。此龟 130 克，一个星期前，摄食了脏水，四肢无力，不进食（附图 16）。在得到笔者帮助后，采取注射治疗，具体使用庆大霉素，每次注射 0.25 毫升，每天一次，连续 6 天一个疗程，结果治愈（附图 17）。

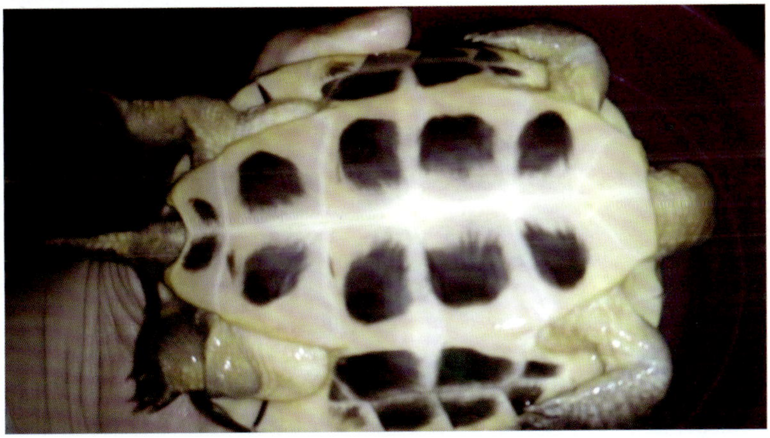

附图16　石龟摄食脏水发病治疗前

附图17　石龟摄食脏水发病治愈后

2015 年 3 月 31 日，读者进一步反映：老师好！首先感谢老师能把我治疗幼龟的情况作为典型事例在群里分享，非常荣幸！这完全得益于老师手把手的指导。养龟一年多来，我认识养龟圈的朋友寥寥无几，全靠老师的书指引着我往前走，现在我找到了您和中国龟鳖网群，感觉像找到了组织，心里淡定了许多，谢谢！又因我平时上班早出晚归，早上没能拍到进食的幼龟，晚上回来家里人已把它放进大盆了，只能拍到这效果，请老师见谅！以后我知道该怎么做了。

十．南宁读者郁郁葱葱养殖的石龟使用笔者的书中方法成活率100%

2014年10月10日，读者反映，谢谢章老师，你的书我都看坏一本了，昨天又去新华书店买了一本。你最近出的三本书我都买了，很实用。我用你的方法养石龟成活率100%，非常感谢！

十一．湖南常德养鳖读者华杰反映

2014年7月14日，该读者反映，自从加了中国龟鳖网（QQ群：199700919），学了不少的知识！感谢老师！感谢大家！

十二．广东茂名读者庞伟金反映

2016年4月30日凌晨5:42，读者九头鸟发来微信：章剑老师您好！我是广东茂名化州市的庞伟金。又打扰您了，在您的专著《中国龟鳖产业核心技术图谱》的指导下，庞伟金朋友的2014年南石龟，得到治愈了。占用您一些时间，向您汇报。祈求您再指导。衷心感谢您！关于石龟应激综合征的抢救：

1. 买龟过程

3月22日，钟老板、马赛克、聪仔、文仔、Jackey、牛的传人等6人，从电白沙琅镇两个养殖户家里，共买回2014年南石龟幼体354只。买回后，根据各人需要，分摊了这批龟幼体，其中刘老板67只，马赛克104只。

2. 病情概述

钟老板买龟回家的当晚，即抽井水冲洗龟幼体，并放水放龟入池。此后，都是抽井水换洗。3月底至4月初，早晚气温有11℃、12℃、16℃、18℃，白天气温多是16℃、18℃、20℃、22℃。早晚抽的井水25℃，由此温差在10℃左右，但是一斤左右的龟幼体，安全温差应该是±4℃。

4月7日，钟老板的龟幼体出现2只浮水。4月12日，2只浮水龟都死了。17日，来电说又有10只浮水。21日，又有2只快死了。

龟友马赛克在龟幼体放入池后，直接用自来水换洗过。因出水口大，一些龟幼体游到出水口，就被较低温的自来水冲撞。温差应该超过安全范围。4月15日，来电说有一只龟浮水。18日，马赛克亲自到庞伟金家索取药物浸泡。

3. 初次用药

龟友钟老板再发病后，没按庞伟金要求拍病龟图片。4 月 12 日，第一次死了 2 只后，发来死龟图片：一只龟嘴巴张得很大，四肢和脖子发白。另一只，闭着口，但泄殖孔很阔，且褶皱间夹着粪便。庞伟金推断：一只肺炎，一只肠胃炎。

4 月 17 日，马赛克发来病龟图片：两眼欲睡，头微垂，懒动，一边鼻孔有分泌物堵塞。庞伟金推断：感冒。

庞伟金指导用药，给两处方：一是，先用恒丰牌肺炎快治、浮水快治、呼喘快治，各 2 ～ 4 克，浸泡病龟，水位只过背，要确保能伸头呼吸（治感冒肺炎）。二是，黄连素片、土霉素片、维生素 C 各 2 片，阿莫西林胶囊 1 粒。同上方，水浸泡。两三天后，龟死了。

4. 病重过程

4 月 23 日，两户都急电：龟幼体大量浮水。庞伟金赶到钟老板家，只见：①一个加温托内放了 65 只龟，密度较大，房内闷热且光线极强。②有 5 只龟确是浮水，约 7 只龟张口呼吸，并有吹口哨声音。③超过一半龟，一边或两边鼻孔有分泌物堵塞。且嘴角有黄色或白色分泌物。④个别龟排出白色鼻涕状物。庞伟金推断：严重肺炎，且已经蔓延扩散。可能还有肠胃炎。用药过程如下：

（1）24 日，用药：肺炎快治、浮水快治、呼喘快治各 20 克，土霉素 25 片，复合维生素 B15 克，全池浸泡。

（2）25 日，复诊，感觉龟有好转。浮水减少到 1 只，张口呼吸的也减少到 3 只。用药：上述肺炎快治等各 20 克，金霉素粉 20 克。全池浸泡。

（3）26 日，再复诊，情况不妙，只见：① 1/3 龟张口呼吸，口哨声和罗音明显增多，此伏彼起。② 2/3 龟鼻孔堵塞。③ 3/4 龟都有嘴角分泌物。④精神极差，有 3 只垂头等死了。

笔记推断：本人最怕的，也是养龟以来从未遇到过的传染性疾病暴发了！再用药不当，这 65 只龟，最少会死亡一半以上，甚至全军覆灭！

庞伟金再也不敢用药了！看到钟老板年迈的父母痛苦的表情，看到他读初二的儿子因怕爷爷奶奶伤心的求助眼神，听到钟老板不断打电话给庞伟金身边人，希望庞伟金想办法救治这批龟的焦虑……庞伟金心更累了，唯有向水产专家求教了。

5. 病重救治

庞伟金分别向苏州市章剑高级工程师，杭州市龟鳖研究所所长赵春光教授，顺德松榕养龟场华女老师，中国龟鳖分会李艺会长，康益达公司车绮玲总经理，发出微信、短信和电话求救……

（1）徒弟有难，师傅献策

赵春光："速排水干养！正在珠海讲课，疗方后发。"

章　剑："是应激症，很严重了，庞伟金不能给你具体方法了，你看着办，很抱歉！"半小时后，在中国龟鳖网和庞伟金的朋友圈两次重发同一篇文章《头歪了，还有救吗？》。两小时后，庞伟金才发现，马上明白章老师的苦心：引导庞伟金去看他的专著《中国龟鳖产业核心技术图谱》，要庞伟金"按图索骥"啊。

华　女：从微信了解大致情况后，叫庞伟金发地址给她，即时寄药。药到前先用五色花煲水浸泡。

李　艺：建议送病体到康益达公司做活检。可考虑第三代抗生素"头孢它定"……

车绮玲：速送病体到珠海解剖后，再考虑疗案……

（2）有效疗法，现改现用

27 日晚 21：00，华女赠药快递送到。马不停蹄赶往新安钟老板家。华女微信说话，现场指导用药：阿米卡星和头孢曲松，灌服！

庞伟金和脑白金、脑白金弟阿聪，还有钟老板父母，五个人从晚上 21：40，一直忙到凌晨 2：48，才灌完 65 只龟幼体。收工时，腰酸背痛，与龟较力使其张口，庞伟金的手累到发抖……回到化州，已是凌晨 3：28 了。

28 日早上 7：15，华女又微信问："病重的 5 只龟怎样了？"得知有好转，又寄出第二批药灌服。并建议只用阿米卡星，停用头孢曲松，改用庆大霉素针水灌输，每支针水灌 4 只龟。

想起昨夜，耗时费力地灌服，庞伟金想，再灌，龟未死，人可能先累死了！

于是，起床后，庞伟金反复研究章剑的《核心技术图谱》中的应激症一章。到了中午，决定结合赵春光、华女和章剑图谱的疗法，修改为：①用后肢肌肉注射法。头孢噻肟钠一瓶 1 克 + 地塞米松一支 1 毫升 + 5 毫升生理盐水，摇匀后，供 15 只龟幼体注射。②用庆大霉素浸泡病龟。章剑要求 500 克水用 1 支针水，庞伟金改用 30 支庆大加水到龟背来浸泡。因为，庞伟金从未使用过注射法，又担心剂量把握不准，致使龟死亡更快。所以，每龟实际注射了 0.5 毫升，并且先捉了 5 只快死的来试针。注射半小时后，垂头等死的龟竟然奇迹般抬起头下水游走。两个小时后，病情有减轻，浸泡液中出现了白色鼻涕状物或黄色豆腐渣状物。

28 日晚 21：30，回到化州的家里，即叫龟友马赛克过来，授之以法！

29 日早上和中午，分别问过钟老板父亲，老人心情好转了，高兴地说："龟好转多了！"

29 日中午，与脑白金到马赛克家里，指导协助为 105 只龟幼体打针。马赛克也笑言："有一只快死的，准备扔掉，但打针后，也奇迹般爬走了！"

29 日晚上，庞伟金从沙琅回到家里，忙完捡蛋等工作，未作休息，夜里 24：00，又与龟友脑白金、老张、Jackey、林子，驱车到新安钟老板家帮龟打针。看到龟幼体精神状态好转了，好多在找食了，看到了钟父母脸上难得的微笑，庞伟金决定今晚注射再作改动：

①注射配药不变，但是一瓶混合针水，只供注射 8 只龟幼体（不再是昨晚的，供 15 只龟注射了）。即每只注射 0.8 毫升了。

②仍用 30 支庆大霉素针水，放入过龟背的水中，浸泡病龟。

又过了半小时，龟幼体更精神了！庞伟金同钟老板父母说："看来，龟得救了，病情基本上控制住了！"

6. 又是不眠夜

钟家老人憨厚地说：真是多谢大家啰，总算救回庞伟金的龟龟啰，庞伟金吊起的心，总算放下了！回到化州的家，又是凌晨 2：25 了！

回想起一周来的艰辛，总算皇天不负有心人——灌服的第二天，死了 5 只，打针之后，没有再出现死龟了。打针前，共死了 8 只龟。打针后，保住了 59 只龟。并且龟口腔的病症出现了明显的改善，口腔颜色逐渐恢复到正常健康时的粉红色。想着想着，庞伟金趁热打铁，写下这次救治的经历……

附图 18 和附图 19 是治疗前的病龟口腔，以及从口腔取出的导致其呼吸衰竭死亡的黄色的豆腐渣状分泌物。

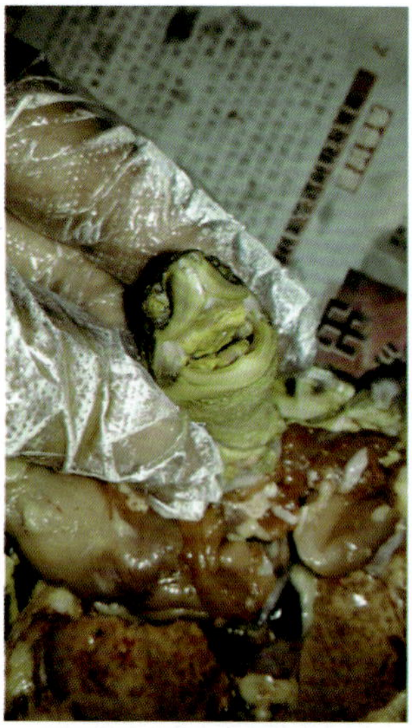

附图18　治疗前的龟口腔

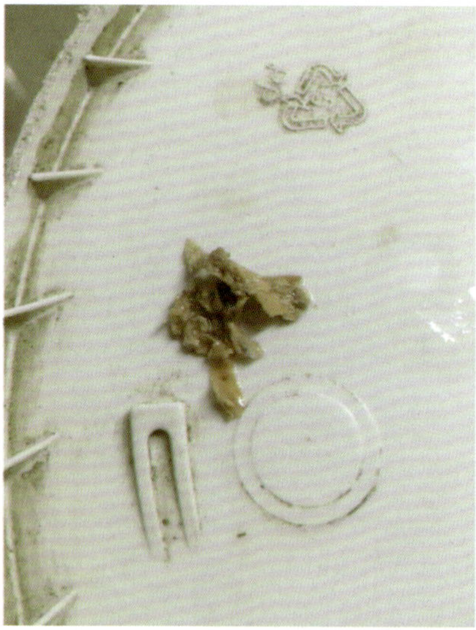

附图19　从口腔中取出豆腐渣分泌物

附图 20 和附图 21 是第一次打针后，仍有白眼病，口腔分泌物已明显减少，没有治疗前那么恐怖。

附图20　一针后仍有白眼症状

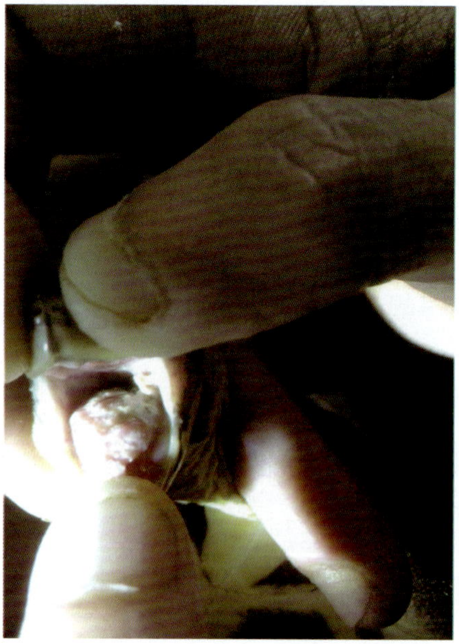

附图21　口腔分泌物减少

附图 22 和附图 23 是第二次打针后，逐渐好转，并康复中的病龟口腔。从橙黄色豆腐渣状物，塞满口腔。到少量白色豆腐渣状物，口腔逐渐疏通，呼吸逐渐顺畅。再到口腔分泌物消失，颜色逐渐转变为粉红色。

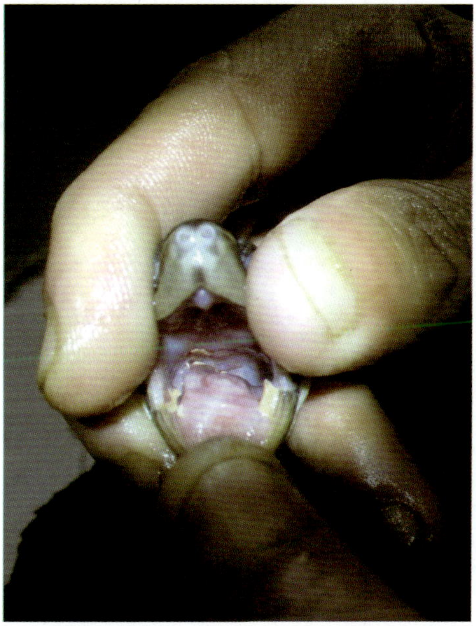

附图22　康复中的病龟口腔

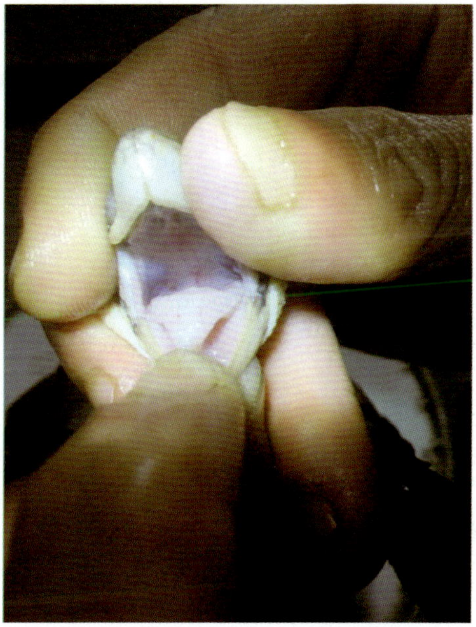

附图23　口腔中分泌物消失

十三 . 更多读者的反馈

《中国龟鳖产业核心技术图谱》出版后，好评如潮。给笔者极大的鼓舞，在此，向广大的读者表示感谢。

2014-1-23

宇宙 - 苏州（823782796）9:26:12

老师的书我昨天就已经开始阅读了，书中内容丰富，而且书的质量非常的好。

顺哥 - 深圳（9773386）9:49:03

刚才简单地浏览一下内容，很丰富。

顺哥 - 深圳（9773386）9:49:47
我家里养殖龟碰到的问题在书里都可以找到解决的方法。

顺哥 - 深圳（9773386）9:50:17
图书很精美，很实用，图片很清晰。

东方 - 广东惠阳（234688130）9:50:47
好重，捧着看，手累。

顺哥 - 深圳（9773386）9:52:07
书里面把龟的常发病都介绍到了，还有治疗的方法，注射的方法。

量子 - 佛山（1062115594）10:40:18
我刚翻了一下，手感很厚重，里面的彩图非常清晰精美，好像拿着实物来观赏一样，具体内容等我有空的时候再慢慢欣赏。

永恒 - 顺德（11322180）10:59:16
已收到书，正在阅读学习，太好的一本书！绝对值得珍藏！

永恒 - 顺德（11322180）11:01:28
对我这个多年从事犬、猫、龟病临床诊疗工作的人来说，老师的这本书对我来说是又一次飞跃性的提高，衷心感谢老师的倾力之作！

永恒 - 顺德（11322180）11:02:55
我觉得对很多龟友来说，本书应该算得上是养龟的字典级的工具书，必备书！

乌龟—广东佛山（254560426）2014-1-23 12:11:47
真的是本绝世好书！

2014-1-24

神鹰（沙琅）（418477254）9:49:47

一本好书，能给人完整的知识，而拥有了知识就拥有了一生用不尽的财富。书中图文并茂，集养殖 / 防病 / 治病 / 发病分析于一体，是养殖户们梦寐以求的好书，无论各路英雄豪杰、仁人志士都值得阅读和收藏的技术杰作…

兵马 - 台州（1831153828）10:52:39

老师的书我昨天简单的浏览一下，图片很清晰，对如何治疗，图文并茂一看就懂，绝对值得珍藏！

水静犹明 - 云浮 532818343 16:21

书拿到了，爱不释手，真心谢谢您为我们写了这么好的书！

钦州凉爽 - 钦州（2010035094）19:53:01

今天下午收到，书很好很好。多谢老师！

缘 - 江门（1559378088）2014/1/24 20:12:54

书中午已经收到，实在太好了，图片清晰，对龟鳖防治的详细解释，是养殖户们梦寐以求的好书。

新籽 - 信宜 21:56:30

对于老师的新书我的初步感受是舍不得放手，把这么多龟鳖知识用实例的形式，配以彩图让人一目了然，对于一个看文字想睡觉的读者来说，彩图提高了平时阅读的兴趣。以前是龟有病才会想起查阅资料解决问题，现在感觉变成了阅读老师的《中国龟鳖产业核心技术图谱》来预防龟鳖出现问题。

2014-1-25

东方 - 广东惠阳（234688130）9:27:39

满分好评。

爱龟之人 - 东莞（157522984）9:32:33

感觉实在，非常好，感谢老师出了本好书。

东方 - 广东惠阳（234688130）9:33:03

够分量！

爱龟之人 - 东莞（157522984）9:33:38

老师的书的特点是实在，现实，不是虚的理论。

吉祥 - 玉林（1192077724）11:59:41

终于收到了新书，翻看了一下，真是太好了，核心技术太到位了。如果早点时间得到这本书，那我也不会损失那么多了！多谢老师为我们大家出这么好的书，可见老师心血都在此书了！

玄武（313874763）17:47:56

老师，您的书昨天下午我收到了，图片精美，内容丰富……昨天只看了大概，今天再仔细阅读。是龟友值得收藏的实用型图书。

韦有强 - 贵港 18:13

书已翻阅，老师的心血见诸其间！国内同类书籍中其权威、科学、实用和可操作性应该是鹤立鸡群的。我会把它当为床头工具书，经常翻阅。

蛋蛋 - 广西（116910883）21:07:09

内容新颖～图文易懂～病例经典～总结丰富～一目了然！言简意赅！核心技术～用心体会！

蛋蛋 - 广西（116910883）21:15:47

很庆幸我的病例能上老师的书。以前都想看大家的病例现在都一书在手～万病莫愁！

2014/1/26

朦朦记忆 - 广西（291729748）0:16:12

我也粗略地看了下，书确实不错，是书中的精品，相比前两个版本的书还要通俗易懂，好书！

缘 - 江门（1559378088）0:17:44

老师这本书最大特点：图片清晰，对龟鳖病防治解释详细，读者容易理解。

潜龟则 - 梅州（1023460512）0:30:02

两年看了大概十本有关养龟的书，看了老师的书，个人认为是最好的一本，此书让我受益匪浅，对当前的一些产能过剩和对龟市的前景分析透彻，反对炒作。生态平衡，预防为主，病例分析和治疗井井有条。感谢老师的辛勤劳作。

蔷薇 - 南宁（799769774）17:56:09

老师的新书我刚收到，很棒！

ken- 博罗（微信）19:20

新书我已收到，内容、图片十分实用，物有所值。

龟行天下 23:50:41

老师好，书的内容很实用，图文经典，分析透彻，真的非常好。

2014-1-27

钱树彭（彭仔 - 东莞）（微信点评）12:15

本书印刷质量高，图片清晰。书中编写的内容丰富、新颖，让读者一目了然。本书汇集了老师二十几年的心血，在此衷心感谢老师的无私贡献，谢谢！

2014-1-28

陈永霖 - 新会（微信）13:29

多谢老师的新书，内容丰富，使我对龟有了更深的认识，我会慢慢地欣赏，慢慢地阅读，慢慢地学习！

2014-1-30

钦州凉爽 13:57:08

老师中午好，收到书我认真读了下，这次是老师出的最全面的一本，老师辛苦了！

2014-2-2

小龙 - 柳州 19:57:58

很不错。图文并茂，列举了很多实例，具备了较强的收藏性和实用性，是一本一线养殖人员的科普性图书。

2014-2-4

情缘 - 钦州 17:09:14

老师，新年好。今天拿起你的《中国龟鳖产业核心技术图谱》一书，沉甸甸的，这凝结了您二十多年的汗水和智慧，此书内容翔实，图文并茂，图片清晰，可借鉴性、实用性强，是一本不可多得的工具书。在此，跟老师说一声——老师，您辛苦了。

明龟 - 湛江 18:55:27

真是一本好书，图文并茂，启发心智，增长见识，爱不释手，我站在马路边看了一小时。感谢章老师倾力付出。

2014-2-5

钦州凉爽 20:00:33

从老师的书中我见到了我见过的，也见到我没见过的难题。非常感谢老师！

2014/2/6

龟行天下 - 湛江 <a672626198@qq.com> 0:24:20

已使用书中介绍的无沙养鳖的制作网巢方法，养殖的山瑞鳖爬到网巢里，原来互咬的问题解决了。

西西 - 南宁 20:35:55

老师这本书以实例、诊断、治疗方案、治疗效果、实图全面展示给读者！是我所看过的最好的、最有实用价值、最值得收藏的一本核心技术书！感谢老师这么多年心血都无私的奉献给我们！老师辛苦了！

2014-2-13

陈泳霖 - 江门 11:38:56

书重复看了几遍，非常好，可以在书上找到龟发病的原因还找到治疗的方法。读万卷书不如行万里路，行万里路不如明师指引……谢谢！

2014/2/15

茶道 - 东莞 17:18:32

老师，你的书我刚收到，简单看了一下，太完美了。

2014-2-16

阳光 - 江门（377483430）2:38:36

老师好！谢谢老师，我今天已经收到书啦！还未看，只看封面与目录就已知溶汇了老师不少心血。

天意 - 北海（342348060）16:36:11

书的内容太丰富了，对我有非常大的帮助，看完再发感想。

桂平 - 新手（1056938512）17:05:55

老师好，新书已收到，谢谢。我随便浏览了一下，挺好的。一句话，值，超值！

佩佩 - 武汉（718478413）17:59:22

老师好，新书刚刚拿到，随手翻了几页，图文并茂，清晰易懂，送老爸看了，他连说了两个好字，顺便把他收藏的书拿出来一看，原来他一直也是您忠实读者呢。

蓉儿 - 南宁 19:52:31

新书终于拿到手上了，印刷很精美，图文丰富，可见老师多年的心血都全部贡献给大家，我一定要好好阅读。

钦州凉爽（2010035094）19:56:38

新书对养龟一知半解的新手很有帮助，也对我有很大帮助，非常感谢老师！

2014-2-17

那乌主人 - 广州（490431147）9:10:03

老师，您花了不少精力，将养龟的经验和技术整理出版，并且图文并茂，直观易懂，内容丰富有引力。老师辛苦了！

佳佳 - 云浮（酷少 138336823）12:06:01

本书的内容很好。

大路虹鳟 - 北京（750624340）12:19:24

新书已收到，太好了。真是新老手都需要的经验及技术之书。

幸福手牵手广州（1768517490）20:04:15

书已经收到了，随手翻阅，书里面的内容丰富，图片清晰，而且有很多没有见识过的病例，值得认真阅读、学习，对以后在养殖方面有更好的帮助，谢谢你了，老师！

天龙 - 丽水 21:00:58

刚拿到还没开始看，随便翻了下，感觉图片非常清晰，内容也比较详细，我非常喜欢。

牛牛龟－南宁 22:10:48

实例和图片相当精彩，今天晚上才拿到书只是略微地翻看一下，还没有细细品读。

2014-2-18

半支烟 - 深圳 <szpgw@qq.com> 10:18:05

拿到章老师的书了，翻了起来，不知不觉，老婆叫吃饭都忘了，图片加经验，简单明了，很好的一本参考书！

钦州凉爽 20:31:51

老师发的第一批书，经过这几天已读完，总体来说是老师出版的书中最全面的一本，多谢老师多年来的对中国养龟业的辛勤努力，在这里向老师致敬，老师辛苦了！

服装男孩 -- 福建 21:06:47

老师好，书已收到，纸张质量很好，有老师的亲笔签名，现在看黄缘板块，介绍得很详细，其他还没看。

双鼎 - 钦州 22:24:08

老师的书太好了，看着看着忘记吃饭了。

快乐小子 - 田林 22:36:50

中午收到书的，在短暂的中午时分，略看了一下，书中大量的实图，展示了这本书有很强的实用性和操作性。内容丰富精彩，对龟鳖病害防治疑难问题的解决，养殖前景的深入分析，使得我对龟鳖的养殖增加了信心。特别对我这样的初学者启发较大，是一本不可多得的养殖工具书。谢谢老师，老师辛苦了。

2014-2-20

飞 - 云浮（2235718624）9:26:03

看了老师的书，让我受益匪浅。特别在第四章学了很多知识。

那乌主人 - 广州（490431147）9:39:39

书里我抽空翻看了好几个例子，龟肺炎以及浮肿应激我们常常遇到，有老师的书，明白了很多道理。书中也有详细的解析和治疗方案。老师的解剖图更是清晰利落到位。一本好书啊。集老师的心血、技术、智慧于一身。只要认真读老师的书就会有很大收获。

2014-2-21

那乌主人 - 广州 19:14:40

老师的书，没得说，一本好书啊，不但我认真看，比我认真的还有一个“小脑袋”在看。老师的书，龟龟都有兴趣看，何况是人啊。

钦州仍然是要闯 22:15:32

书很好，有各种详尽龟鳖病例和治疗实例，而且图文并茂，让人一目了然。

2014-2-23

小雨点 - 贵港 14:12:42

章老师，中午我收到书，吃完饭一直看到现在，这本书就是我想要的，图片直观、清晰，感觉就像老师在旁指导。

2014/2/23

花晓云 - 合浦 20:18:55

书已收到了，图文并茂，受益匪浅，章老师的书对广大龟友是一大福音。

2014-2-23

秋枫 - 茂名 22:34:53

章老师，我已细读了您的新作，确实是一本实用性很强的图书，经我介绍，身边的龟友也渴望拥有您的大作，故委托我帮其买两本您的新作。

阿新 - 茂名（50702486）12:51:14

收到老师的书了，图文一起解说，清楚明了，很好！

2014-2-25

一粟 9:31:41

章老师，书早就收到了，受益匪浅，谢谢。

漂 - 深圳

我看了书后，感觉我们是刚学习走路的孩子，这书就像大人在背后慢慢的牵引着自己，偶尔在你快摔跤的时候扶你一把……

不愧是老师二十来年的心血。

梦想 - 贺州

图文并茂，通俗易懂；引人入胜，精彩纷呈；重点突出而又不会有很多难理解的词；病害防治一目了然，对于我们这些新手来说受益匪浅，总之是一个好工具，一本好词典。

2014-2-27

福艺 - 佛山（2530165196）9:09:13

你的书我看了一大半，真的很好，都是经验之谈啊！谢谢你的技术指导！

2014-2-28

永不言弃 - 盐城

老师所有的书是我生命的血液，这是我对书的感受。我几乎收集了所有有关养龟的书，并都一字一句的读过，只有老师的书最真，最贴近读者。

当当读者 15:58:40

书确实不错，内容翔实，图片清晰，是一本难得的好书。

2014-3-3

源仔 - 深圳（手机短信）

章老师，书已收到。我会以一个外行者去阅读你的成果。如有疑问和建议我会和你进行探讨。

阳光女孩～（1147786353）11:24:51

多谢老师，老师你辛苦了，书我已看了，对于我们养龟用户有很大帮助，能够提高养龟技术，受益匪浅。

远方冰心 - 沙琅 21:50:10

整体感觉不错。比较系统，综合，全面，无论对老手，还是新手养殖户，都有很大帮助，值得大家去阅读。

2014-3-4

心中有爱 - 黄石 12:17:26

一本好书，一位好老师。

2014-3-5

陈峰 - 中山读者 14:19

书已收到。因为上班时间，翻看了一下，全是彩图，比我想象中的好百倍，还有你的签名，日后对我的帮助非常大。谢谢你了！

2014-3-7

小乔 20:13:45

老师：您的新书很好，图文并茂，技术性强，有很高的指导性，谢谢啦。

2014-3-9

吴国庆 - 北京 11:02

昨晚阅读到凌晨，书如其名，简明扼要，就好像让我在三岔路上找到了方向，是我阅读同类书中的好书。

朱金敏 - 吴江 18:25:08

今天中午老师的新书我已经收到，正在拜读中，这本书的信息量好大。谢谢老师写出了这么好的书，继续学习中，不懂的地方还请老师和各位前辈多赐教。

2014-3-10

天意 12:15:01

章老师你的书实在太好了，到我手的书老是被朋友抢去，你又要帮我邮寄一本了。

2014/3/29

杰 - 顺德 23:01:14

每天睡觉前都习惯看一下，每次都回味无穷，非常精彩。

2014/3/29

一袋香蕉 - 广州 23:10:52

这本书编排比较新颖，其中对于国外引种与龟病防治有独到见解，龟病介绍得比较好，有图、有真实案例，不显得空洞。

2014-4-1

会昌 - 大浪掏金（173345306）14:01:58

老师，您的书我已经收到了，印刷实在太精美了，图文并茂，文字介绍通俗易懂，太好了，我非常喜欢！

会昌 - 大浪掏金（173345306）14:16:24

好书，值得拥有，对养殖技术提高和鉴别鉴赏水平提升很有帮助。

2014-4-2

归途 - 江西（568103970）15:02:42

老师的书写得真好！纸张和图片非常的漂亮，值得收藏。内容非常丰富，是学习养殖龟鳖的好帮手！而且对龟鳖市场也分析的十分透彻。应该感谢老师多年来辛苦的研究，才让我们看到一本这么好的书！书中介绍了很多关于黄缘养殖核心技术和种群分类，都是以前从来没有了解的，让我学到了很多知识。

2014-4-15

养心缘 - 佛山

刚才我拿住老师的书拍照的时候，觉得书沉甸甸的，不过我相信当我看完、理解完老师的书以后，我的知识和财富也是沉甸甸的。我们要把老师的书转变成知识财富和经济财富。

2014-4-17

琳琳 - 贵港 10:09:05

你出的书很实用，图片清晰，实例讲解一目了然。

2014-4-24

华杰甲鱼 - 常德（2317203555）9:33:25

认真品读老师的新书，受益匪浅。希望自己在龟鳖网中学到更多知识，感谢老师。

2014/4/30

地平线 - 茂名 19:51:34

老师你的书叫我越看越着迷。

2014-5-2

普尔深秋 - 顺德 23:31

老师的书，夜夜看书到天明！

2014-5-10

张正猛 - 北海（2104550019）11:51:15

这本书是我所看过的三十多本书中最精华的一本，针对性治疗效果明显。让我更上一层楼。

线安布龟 - 茂名 <18926701283> 11:54:45

我的线安布浮水都是照章老师书上的方法治好的。

2014-5-30

持经达变 19:06:15

大概翻阅了一下，图文都非常详细，可以说是不可多得的力作！

2014-6-17

海阔天空 - 惠州（281228322）19:45:37

这个群（“中国龟鳖网 QQ 群” 199700919）让我获益良多，特别是老师的三宝典，让我增长知识，减少龟的损失，谢谢老师！

2014-6-29

亚明 - 吴川（147572638）22:01:22

核心技术图谱我已经看了两遍，还想看，太精彩了。

2014-7-3

化州 - 俊宇（2323339833）2014-7-3 21:32:13

老师晚上好，你那本书真的很好。

化州 - 俊宇（2323339833）2014-7-3 21:45:55

章老师，你那个头孢噻肟钠加地塞米松治好了我不少龟。

2014-7-7

会昌 - 大浪掏金

老师，我一只去年冬天买来的剃刀龟，前两个月腐甲和代谢不良（浮肿），按老师书上的方法龟病被治疗好了。

2014-7-7

缘 - 江门（1559378088）20:51:08

前三天，我根据《中国龟鳖产业核心技术图谱》成功切除黄缘肿瘤。缘已经康复。

2014-7-24

爱昵 - 潍坊 22:55:40

老师您好，买了您的核心技术这本书，受益匪浅。

2014-7-25

爱呢—山东潍坊（1044700776）20:05:38

老师，您的书救活了我五只缘。

2014-8-13

鸿仔 - 广州（280969930）9:06:40

好实用，昨晚看到被老婆骂，说我吃完饭就鬼鬼祟祟上楼。看到凌晨才睡觉，早上不愿起床。因为老师的书太实用，太吸引我。下班回去继续看。老婆说我看书看饱了，老婆都不理了。读此书受益匪浅，很多龟病我都没见过，感谢老师，其他具体病还在学习。我看你的书，长知识很多。就是没实践经验。

一叶一菩提 - 顺德（957884965）9:13:53

学习老师的书，自己当医生。我忘不了那一个晚上，龟在眼前不时痛苦的抬头呼唤着什么，而我没有针在手，只好无助的看着它在天亮时升天了。

钟婉兰 - 茂名 12:26:34

我初步看了核心技术那本书，这书为我营造了一个项目计划书，我有兴趣研究！

2014-8-29

一花一世界（516555888）10:14:30

章老师，你出的书我基本都购买了！特别是那本核心技术，真有效果！

2014/10/29

雨过天晴一广西（2296345853）14:21:51

老师，你好！每次我都按你书上的方法解除应激，都能成功，真的多谢老师！

2015-1-20

流星 - 贵港 14:33:40

你的书对我们养龟具有非常大的帮助，您是龟的名医，是我们的导师，谢谢您了！

2015-2-5

你懂的（微信号：L872598）02:11

虽天冷但看得我这只“井底之龟”一身发热。

你懂的（微信号：L872598）10:34

连续两晚初步读了下您的这本书，本想 2015 年扩大养殖佛鳄龟，但现在心里很忐忑，2012 年我第一次养了 86 只石龟，出现过死亡，现在还有 80 只。开始养时只听人家说好养，但看了你的书，原来养龟并不简单，没遇到过并不代表不存在，想想这两年自己的无知真的可怕啊！真的再次感谢你啊！

2015-5-5

张辉亭 - 清远（QQ：286382203）21:35

老师这本书写得好详细，还有图片的分析和对比，图文结合，极品。真没看过这么棒的书，老师很棒！

《中国龟鳖养殖与病害防治新技术》出版后，在广州华南农业大学召开了新书发布会，受到读者的很高评价，反映强烈。

顺哥 - 洪湖（2492299530）2016/1/2 19:08:39

老师的书确实好，和我养蟹技术一样，环境，营养，生态平衡。掌控高端市场与互联网结合。讲的我心服口服，老师的书超一流。

小明 - 南京（微信 2016 年 1 月 3 日 9:49）

中国龟鳖领域的顶尖核心技术书籍！

常熟 -sh.chen（12633556）2016/1/3 15:47:26

老师新书我收到了，终于凑齐四大名著了。实用指导，精神大餐。

小明 - 南京（87779474）2016 年 1 月 4 日 14:42:00

老师的新书我看完了。读后感：这本书不仅仅传授给读者龟鳖养殖的核心技术，也深度讲解了龟鳖行业的经营策略，更是对龟鳖行业未来健康发展作出了深刻的分析！书中对饲料和平衡非常细致和精确的论述让我受益匪浅！

唐润润 - 三明（1171450309）2016 年 1 月 4 日 14:47:02

我准备将平衡理念用于其他水产养殖上！

龟缘 - 镇远（929567156）2016 年 1 月 4 日 16:21:09

老师，书刚拿到，现在正在看。太丰富了，又一部绝品佳著！

南宁 - 莲姐 2016/1/4 16:29:43

老师，书本里面的内容讲的太好了，出版的新书让我能学习到很多的技术。

陈薇 - 北海 2016/1/6 12:53:12

这是一本实用性和创新性的书籍。封面设计精美，内页简洁，内容丰富，语言流畅，插图和病例摆放合理，让读者阅读起来通俗易懂，受益匪浅。在这个知识创造财富的时代，能够更高效地获取养殖与病害防治新技术，并将其转化为个人能力，才是一个养龟者成功的重要资本。《中国龟鳖养殖与病害防治新技术》这本书，属于中国龟鳖类书中第一，当今无人超越！

林东 - 玉林（56293727）2016/1/6 14:03:33

昨晚，收到老师的新书，谢谢老师，相当精美。

李忠国 - 江西南丰（459463964）2016/1/7 16:42:08

昨晚看了一晚上老师的新书，受益匪浅。

吉祥 - 玉林（1192077724）2016 年 1 月 13 日 21:13:37

老师，我昨天下午收到了新书，昨晚不知不觉看了几个小时，真是让人爱不释手，新书内容丰富，图文并茂，每一章都写出了养龟养鳖人所需的知识，真是有了此书让人少走弯路，值得拥有！值得珍藏。

北海～小蓝（2948911556）2016 年 1 月 16 日 11:27:00

章老师好！书已看过，很受益，感谢您！

利丰 - 佛山南海（QQ：254878594）微信 2016 年 1 月 17 日 9:14

书我看完了，这次特别想说：该书对应激讲得很全面，讲到平衡，生态等，都做了科学分析，对广大读者有着重要的指导作用。光从案例分析，就知道从资料收集，环境、病原分析，技术分享等，这么庞大的资料整合，老师的确是我国顶尖的科研人员。这本书写得比黄金手册还要好，特别在应激方面。

韦有强(贵港桂平市读者 13768259348)2016 年 1 月 17 日 12:19 手机短信书评：水向石边流出冷，风从花里过来香。如一杯清茶袭人，一本好书。

独善其身 - 桂平（522510968）2016 年 1 月 17 日 20:01

恭读了《中国龟鳖养殖与病害防治新技术》一书，高端、专业、实用，图文并茂的走心之作，龟鳖从业者案头必研读本。军队向前进，生产长一寸，拥有知识拥有核心技术，懂得平衡应激原理，才可在任何跌宕起伏的市场环境下更好地前进，更高效地获取养殖与病害防治新技术是立于不败之地的强有力保障。感谢章剑老师，申年献好书，猴年雪兆丰。

龟缘 - 镇远（929567156）2016 年 1 月 17 日 15:32:27

书是人类不可缺少的精神财富。好书让人生益，好书令人神往，书在人心里，龟在人身边。多少人因书而启迪，多少龟因新书而重生！谢谢老师的新技术一书。

李桂腾（13825536799，广东肇庆）2016 年 1 月 17 日 17:46

现在已经买你第三套书了，觉得你的书在预防应激和用药方面比较详细，对我们新手帮助很大。

B 计划 - 江门（1992068375）2016 年 1 月 18 日 23:25:15

我刚看完了《中国龟鳖养殖与病害防治新技术》一书，爱不释手。该书全方位，多角度介绍了龟鳖养殖核心技术和场地结构设计，令人叹为观止、大开眼界。独到之处是病例发病前与治愈后都有高清的图片强烈对照，一目了然，清楚明白，前所未见。治疗用药，详细列出，毫不保留，揭开龟鳖病害的神秘面纱。结合市场经营分析，四纵四横，极具专业性、实用性和战略性，是入门建场必不可少的工具书，确实是一本好书。

唐润润 - 三明（1171450309）2016/1/19 17:00:50

我将老师书上的知识应用于其他水产动物上。老师的书要反复读，每次都有新体会！

孙斌 - 湖北（微信）2016 年 1 月 20 日 15:43

我已拜读你的新书《中国龟鳖养殖与病害防治新技术》。内容很好，知识全面，深入细致，确实起到了答疑解惑的作用，对我帮助很大。

北京 - 心悟龟缘（780736085）2016/1/21 12:08:14

这是一部难得的好书，必须流传，广荐。

广东 - 哈哈（932926582）2016 年 1 月 25 日 0:20

我觉得老师的新书，足够开个养殖场了，内容很足量。

何伟 - 成都（13551193980）2016 年 1 月 25 日 22:04

我在你写的《中国龟鳖养殖与病害防治新技术》中又学到比上一本更实用的好技术，谨代表龟爱好者真心感谢您无私而透彻的技术传递。

永不言弃 - 盐城 2016/2/5 8:52:44

老师您好！盼星星，盼月亮，终于盼到了与宝典见面的日子。刚放下行李就迫不及待地打开了包裹。高贵、霸气、激动、兴奋。我放下了所有的事开始拜读，感觉就像婴儿吃奶。我是个见龟书必买的人。读别人的书和老师的书绝对是要我读和我要读的两种不同的感觉。书才看三分之一激动心情溢于言表，不得不放下说点什么，我是个农民没有华丽的词语，只有发自内心的感受！我只想说一句：恩师有您的宝典，我就没有过不去的坎！感谢您恩师！辛苦了！

麒麟 - 北京（632180233）2016 年 2 月 16 日 14:44

此书采用图文的形式，让我这样的新人容易理解书中精华。书很棒，老师辛苦了，谢谢老师。

地平线 - 茂名 2016 年 3 月 14 日

《中国龟鳖养殖与病害防治新技术》封面精美，内容清晰，丰富多彩。一页页往下看，就像生活在龟的世界，轻松愉快，与龟同乐，一幅幅迷人的龟环境，还有惹人喜爱的龟姿，让人着魔似的久久难以忘怀。图文并茂，详细的案例分析，让人易学，回味无穷。还有不同层次的丰富内容指导，此书可谓，名副其实的一本《中国龟鳖字典》。

桂平一踏浪（656795976）2016 年 3 月 21 日 14:54:02

今天初看了这本书，里面的技术非常实用，印证、改正了我们平常做不好的地方。

独善其身 - 广西桂平 2016 年 4 月 1 日

登泰山而小天下，读龟鳖名著，章剑老师的佳作，是龟鳖事业的导航。

江西～归途（568103970）2016 年 4 月 11 日 10:04:07

章老师好！书已经收到，内容很新很棒！我好喜欢！可以收藏！

微笑的大灰熊 2016 年 4 月 20 日 8:41 在微信平台上留言：

这本书我买了，里面图文并茂，值了。

茂名化州 - 九头鸟（微信）

凡您的著作，我都买。最新买的是今年一月初出版的。我印象中您的著作有八九本，但我家里买回来的只有七本，其他的网上没有货了。我要逐一核对，才知道是哪本漏订了。我需要您的所有养殖专著来做研究！我不是养龟能手，但我业余喜欢养龟、快乐养龟、研究业界的龟鳖专家和养龟高人。我手上买了 71 本国内外著名龟鳖专著，其中 7 本是您的，占 10%。我觉得您是中国龟鳖界、出版养龟专著最多的专家，关键是您的书实用、易懂、有效。虽然我同您素未谋面，但我敬佩您的急人所急的人格魅力、严谨的治学态度、勤奋科研和著述的敬业精神！所以，我也不遗余力地向身边人推介您的著作！

江西 - 归途（568103970）2016-5-2 10:12:23

没有老师的书，就没有我今天养龟的成功。

桂平－踏浪（656795976）2016-5-5 22:15:25

身怕不动，脑怕不用。手越用越巧，脑越用越灵。三天打鱼，两天晒网，三心二意，一事无成。一日练，一日功，一日不练十日空。拳不离手，曲不离口。刀不磨要生锈，人不学要落后。书山有路勤为径，学海无涯苦作舟。师傅领进门，修行在自身。熟能生巧，业精于勤。所以，老师的原创都是在专业、专注中自然流露、挥洒自如而出，当之无愧的高产著作龟鳖专家！我们感谢章剑老师大公无私的共享精神。

甘呈基 - 惠州（408536842）2016 年 5 月 27 日 20:42:44

老师的书让我们多长知识，受益匪浅。期待老师更多新书出版。

《中国龟鳖养殖与病害防治新技术》已惠及越来越多的读者，很多读者拿到这本书之后，运用该书中的核心技术，对养殖中发生的龟病进行及时有效的治疗。不少读者体会到：知识是无价的。这里与大家分享的是北海读者运用此书成功治愈龟病的案例。

2016 年 7 月 21 日晚，广西北海读者入云龙，高兴地来到中国龟鳖网反映，他运用笔者的新书《中国龟鳖养殖与病害防治新技术》中的核心技术，对龟病进行治疗，结果痊愈。

他说："今天晚上想和大家分享一下成功治疗印尼扁安龟，因为天气突变引起的恶性应激的病例，谢谢老师的龟鳖名著《中国龟鳖养殖与病害防治新技术》。采用书中介绍的两种药物混合注射治疗方法，3 天为一个疗程，仅用一个疗程龟就开食了。"并发来了治疗前后对照图片（附图 24 和附图 25）。

附图24　安布龟应激综合征治疗前（入云龙提供）

附图25　安布龟应激综合征治疗后（入云龙提供）

这是一种温差引起的龟泡沫型应激综合征。主要表现龟精神较差，缩头，嘴巴周围有大量泡沫，是由于呼吸道感染吐出的泡沫。江门缘表示："《中国龟鳖养殖与病害防治新技术》价值远超过定价了。"桂平踏浪认为："知识是无价的！"

参考文献

程天印, 王小君. 1999. 养龟与龟病防治新技术. 长沙：湖南科技出版社.

刘金兰, 杨广. 1999. 嗜水气单胞菌外毒素免疫血清的制备及其对中华鳖红底板病的防治效果. 湖北农学院学报. (3):233-235.

沈锦玉, 尹文林, 钱冬, 等. 2000. 中华鳖细菌性疾病免疫防治的研究. 浙江大学学报（农业与生命科学版）26(3): 325−328.

虞蕴如, 李克敏. 1996. 一起鳖病的快速诊治——诊断血清和高免血清. 水产养殖. (4):12-13.

张海宾, 杨桂芳. 2006. 灭活嗜水气单胞菌菌苗免疫巴西彩龟研究. 信阳师范学院学报自然科学版，19(1): 40−41, 50.

章剑. 1999. 人工控温快速养鳖. 北京: 中国农业出版社.

章剑. 1999. 鳖病防治专家谈. 北京: 科学技术文献出版社.

章剑. 2000. 温室养龟新技术. 北京: 科技文献出版社.

章剑. 2001. 龟饲料与龟病防治专家谈. 北京: 科技文献出版社.

章剑, 王保良. 2008. 龟鳖病害防治黄金手册.（第1版）. 北京: 海洋出版社.

章剑. 2010. 龟鳖高效养殖技术图解与实例. 北京: 海洋出版社.

章剑, 王保良. 2012. 龟鳖病害防治黄金手册（第2版）. 北京: 海洋出版社.

章剑. 2014.中国龟鳖产业核心技术图谱. 北京: 海洋出版社.

章剑. 2016. 中国龟鳖养殖与病害防治新技术. 北京: 海洋出版社.

后 记

龟鳖养殖业从20世纪90年代开始得到迅速发展，标志事件是日本打破鳖冬眠技术引进中国，各地加快发展控温养殖，初期养鳖业处于亢奋状态，到处建温室，鳖的价格曾经被推高到每市斤400元，野生的达到600元，炒作种苗成为当时的奇景。但是好景不长，1996年上半年鳖的市斤价格还在200～400元，下半年一下子跌落到60～80元。养龟业一样，从广东、广西开始进行局部加温以后，发展日新月异，但在全国范围，江浙一带的温室养殖商品龟技术最成熟。同样，养龟业进入歧途，炒作种苗成为赚取暴利的工具，坑害了一大部分散户，随着产能过剩，以神话破灭结束。标志性的事件是2014年鳄龟率先崩盘，紧接着是石龟和安南龟，接下来还有其他龟类。

理性健康发展才是正确的方向。市场调节被人为干扰后的重现，好比拨开迷雾重见光明。产业发展要尊重两个规律，一是价值规律，二是供求规律。炒作种苗只是病态利用第二个规律，就是供求规律，发展到扭曲，迷惑散户加入，继续炒作种苗，什么五十年不变的笑话，就是例证。其实，价值规律只能被掩盖一时，最终还是要依据这一规律进行可持续发展。石龟、安南龟，将会按照鳄龟先走一步的健康方向继续朝着良性循环的终端市场开发的路径前进。我们会看到，否极泰来，明年鳄龟将会在市场的调节下开始回升，后年石龟和安南龟也会随着市场调节的方向温暖回升。但是这种回升是小幅，不是大幅回到从前的炒作种苗时代。可以说，炒作种苗时代已经一去不复返了。炒作种苗的历史背景是种苗供不应求，产品处于开发初期，被人为放大价值的现象。一旦种苗问题解决，产能处于过剩后，市场调节必然到来，于是出现炒作种苗末期的景象，所谓的崩盘因此出现，终端市场打开，适应龟鳖业的可持续发展。养鳖业今年上半年就出现低潮，价格低迷得不亏损不罢休，但是下半年开始回暖，这些变化属于正常的市场调节引起的波动，不是人为的控制造成。多年来养鳖业就这样走过来，市场竞争已演变成技术竞争，养鳖的盈亏平衡点为13元，技术好的平衡点是10元，充分表明科技进步才能笑到最后，赢得未来。养龟业一样，需要核心技术，终端市场发展的结果也是技术好的赢得丰厚利润。

终端市场的开发，养龟业需要正确认识。以食用、观赏、药用等不同途径，面对消费者，其中以大众化的食用消费和观赏市场为主体，加工不是主要方向，深加工可以消化一部分产品，但不是全部。巨大的产能还是要靠普通消费来解决，打开大众化的消费突破口，需要商品价格进一步下降，适应消费水平，才能良性循环，而不是价格居高不下。药用的问题，需要找到科学依据，通过双盲对照反复试验，得到可靠数据，进入临床试验，结果经过科学鉴定，获得有关部门许可，才能作为药物上市。保健品的开发，可能要求和程序简单一些，但保健品不是药物。当然，笔者也看到，龟鳖业受宏观经济的影响。目前制造业正在面临转型升级，转变为创新型。互联网也在发生变化，朝着人工智能和物联网方向转变，未来竞争更加激烈。以光伏产业为例，开始供不应求，后来出现产能过剩，引发巨亏和倒闭。最近出现新的转机，因为我国已经掌握制造光伏产能的核心技术，晶硅已能国产，并且技术处于世界领先，过去90%的核心晶硅原料依靠进口、90%的光伏产品依靠出口的瓶颈已被打破，重新有序发展光伏产能，推动人类光伏事业的进步，逐渐解决能源危机问题成为可能。我国的龟鳖业正在市场规律的调节下不断健康发展，我们要抓住机遇，抄底降本，保持乐观的心态，相信前景广阔，积极振兴，促进龟鳖业健康发展。

笔者最近几年来在海洋出版社连续出版了3本高端工具书，分别是《中国龟鳖产业核心技术图谱》、《中国龟鳖养殖与病害防治新技术》和《中国龟鳖疾病诊治原色图谱》。第一本书主要讲述龟鳖整个产业需要的八大核心技术，包括高端产业链与基础产业链、养殖与病害等方面，具有宏观与微观的结合，不仅介绍技术，而且从产业链的各个环节进行分析；第二本书是第一本的深化版，重点讲产业链的整合，并涉及具体的实用新技术；第三本书就是本书，只讲龟鳖疾病，系统讲述龟鳖疾病的诊治，进一步深入分析发病机理，如何预防和诊断，对已发生的疾病进行对因治疗，强调技术核心是“对因”，而不是“对症”，通过大量的实例和原色图谱来解析77种龟鳖疾病，其中很多是疑难杂症和应激性疾病诊治新方法，并有很多药方首次公开。一本在手，治病足够。

《中国龟鳖养殖与病害防治新技术》这本书有三个亮点：一是新技术。重点介绍了国内前沿的龟鳖养殖核心技术和疾病诊疗新方法，解析环境、饲料与平衡构成核心技术的奥秘，平衡是龟鳖养殖的最高境界，实例介绍疑难性疾病与应激性疾病的诊疗新技术；二是高效。通过经营策略的改变来取得高效率、高效益和高价值，具体包括龟鳖产业结构和系统整合，在产业结构中剖析了高端产业链、养殖产业链和观赏产业链，并在系统整合中提出8种整合途径，四个纵向整合：基础与高端整合、保护与利用整合、产能与市场整合、输出与流通整合；四个横向整合：养殖与观赏整合、生产与环境整合、安全与质量整合、信息与知识整合。这种新思路、新方法，为养殖者提高经营水平和经济效益指明新方向；三是图解。读者见纯文字有些枯燥，采用全彩图解与专业精炼的文字相结合，图文并茂，一目了然，帮助读者理解和掌握新知识与新技术。

《中国龟鳖产业核心技术图谱》这本书，采用原色图谱的形式来展示产业链中各个环节和八大核心技术，包括佛鳄龟早繁技术、黄缘盒龟八大种群的区别、67种龟鳖疑难性和应激性疾病防治技术图解与实例、作者的四项发明专利等。具有创新性、实用性和收藏性。龟鳖产业链系统包括基础产业链和高端产业链。在基础产业链中包括养殖产业链和观赏产业链。在高端产业链中主要有项目设计、种苗引进、饲料加工、仓储运输、商品销售和质量追溯，介绍了美国龟鳖农场生产和出口情况。

《中国龟鳖疾病诊治原色图谱》，是一本专门介绍病害诊治的工具书，系统、全面、最新，是这本书的特色。很多病例是最近几年来新出现的，从理论到实践，都进行了大量的探索，内容适合科学研究，又非常实用。权威解析龟鳖病害，大量案例为您解惑。调节平衡对因诊治，可带来巨大经济效益。本书图文并茂，完整系统，内容创新。重点讲述77种常见性、疑难性和应激性龟鳖疾病的对因诊治，详细介绍龟鳖疾病的检索方法，生态防病与免疫防病等关键技术，龟鳖药物与食品安全方面的知识。强调生态平衡理念，通过生物修复治愈疾病。大量实例和原色图片，使读者一目了然。实用性、新颖性和创造性是本书的一大亮点，对因治疗是目前最为核心的技术。很多对疑难杂症疗效显著的药方首次公开。是我国目前最具权威的龟鳖疾病防治工具书，具有很高的阅读价值和收藏价值。